南阳古树名木

南阳市林业局　编著

中国林业出版社

图书在版编目（CIP）数据

南阳古树名木 / 南阳市林业局编著 . -- 北京 : 中国林业出版社 , 2018.6
ISBN 978-7-5038-9658-3

Ⅰ . ①南… Ⅱ . ①南… Ⅲ . ①树木—介绍—南阳
Ⅳ . ① S717.261.3

中国版本图书馆 CIP 数据核字 (2018) 第 147279 号

中国林业出版社
责任编辑：李　顺　袁绯玭
出版咨询：（010）83143569

出 版：中国林业出版社（100009 北京西城区德内大街刘海胡同 7 号）
网 站：http://lycb.forestry.gov.cn/
印 刷：固安县京平诚乾印刷有限公司
发 行：中国林业出版社
电 话：（010）83143500
版 次：2018 年 9 月第 1 版
印 次：2018 年 9 月第 1 版
开 本：889mm × 1194mm　1/16
印 张：27.75
字 数：400 千字
定 价：458.00 元

《南阳古树名木》编委成员

主　　任：赵　鹏

副 主 任：裴朝晖　刘化忠　张宏宪　刘宗才

委　　员：沙瑞山　程　云　王东升　王保刚

范培林　安　静　苗　青　刘正周

主　　编：赵　鹏

副 主 编：裴朝晖　刘化忠　张宏宪　刘宗才

执行主编：沙瑞山　范培林　孙新杰　丁立军

编　　委：程　云　王东升　王保刚　杜思高

梁　潭　李　冰　谢　新　刘　兴

王振翼　王庆河　毕学伟　郭占胜

勇　毫　孙增丽　薛照宇　沈元勤

外业调查人员（名次不分前后）：

程　云　沙瑞山　李　冰　范培林　苗　青　安　静　冯占亭

李　彬　王彦芳　张安华　徐康同　孙新杰　魏森林　金大勇

胡修东　刘淑景　王成庆　杨天保　谷建强　李悦彬　田文晓

王　丽　张道贵　孙永幸　房丽娟　刘华勇　左振琴　党新武

李万勇　陈　良　时富勋　李记华　郑金成　周晓峰　李　彬

李红亚　宋文奎　吴建波　宋海龙　杨　柳　王超然　卢中营

郭荣华　赵丰涛　张卫星　孙君策　陈奇涛　王　龙　周桃龙

序

南阳古称宛，位于河南省西南部、豫鄂陕三省交界地带，因地处伏牛山以南，汉水以北而得名。南阳历史悠久，文化璀璨，是国务院首批命名的历史文化名城。早在50万年前，与北京猿人同时代的南召猿人，就在这里繁衍生息；西汉时为全国六大都会之一；东汉时期为光武帝刘秀的发迹之地，故有“南都”“帝乡”之称。南阳属北亚热带和北暖温带的气候过渡地带，无霜期长，气候温和，四季分明，光照和雨水充足，植物资源丰富。

优越的自然条件和厚重的历史文化积淀，孕育了南阳丰富的古树名木资源，虽经历次战乱毁损和砍伐，仍有大量古树名木保存下来。目前全市共有百年以上的古树名木10687株，其中一级古树4495株，二级古树432株，三级古树5750株，有重要纪念意义的名木10株。这些古树名木或矗立于古刹，或留翠于宅院，或群居于林间，或装点于村落，就像一颗颗璀璨的明珠，镶嵌在古老南阳大地上，守护着南阳的风土，传承着南阳的历史，见证着南阳的变迁。

古树名木是活着的化石，是林木资源中的瑰宝。一棵古树就是一段历史的见证与一种文化的记录，一株名木就是一段历史的生动记载。透过一棵棵古树名木，我们可以领略到大自然的神奇、生命的顽强和南阳历史之厚重。尊重古树就是尊重自然与生命，爱护古树就是爱护我们的历史文化。我们应当抱着一种对历史和自然的敬畏之心对待每一棵古树，像尊重我们的长者一样尊重每一棵古树。

为宣传保护古树名木的重要意义，唤醒大众对古树名木的保护意识，在全市林业工作者大量调查研究的基础上组织编写了《南阳古树名木》。本书资料详实，图文并茂，既有古树名木的详细资料记载，又汇集了大量古树名木传说故事，对我们了解古树名木历史，学习各种树木知识，都有积极意义。我们真诚希望《南阳古树名木》能够成为全社会了解南阳古树名木的桥梁、爱护古树名木的纽带、生态文明建设的印记。让我们一起为保护南阳古树名木奉献爱心和力量。

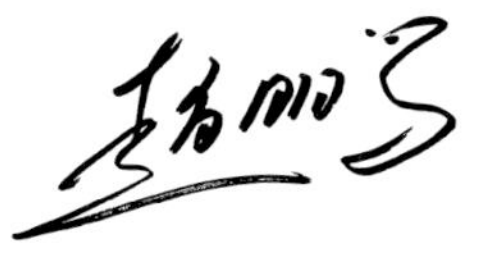

前　言

古树名木是宝贵的自然资源，是有生命的文物，是一个地方民族文化、悠久历史的象征和佐证，是生态文明建设的有机组成部分。搞好古树名木保护，对于保护自然生态、拯救珍稀植物、开展科学研究、发展区域经济、改善和丰富人民的物质和文化生活、增进友好交往、促进中外友谊都具有重要意义。

南阳地处南北气候过渡带，气候温和，雨量适中，适宜多种树木生长，古树名木资源丰富，形成了独特的自然生态景观。这些古树名木虽历经百年、千年，仍枝繁叶茂，生机盎然，营造出人与自然和谐共处的美丽景观，见证了南阳悠久的历史和文明。因此，每一棵古树都是南阳这块古老土地上的宝中之宝，都应该倍加珍惜。

近年来，随着人类生产生活的发展，古树名木的生存状况和保护情况越来越受到社会各界的广泛关注和重视。党的十八大提出大力推进生态文明建设以来，市委市政府对保护古树名木采取了一系列措施。一是组织开展古树名木普查。2014 年，按照市委市政府安排部署，市绿化委员会、林业局组织各县区林业专业技术人员，历时近三个月，对全市古树名木进行了全面、详细的普查，统一编号，登记造册，建立档案，基本摸清了全市古树名木家底。二是积极开展保护古树名木宣传教育活动。利用报纸、广播、电视等新闻媒体广泛宣传保护古树名木的重大意义和相关法律知识。三是组织开展古树名木挂牌保护、认领认养和救治复壮工作。四是加大对古树名木保护力度，严厉打击盗伐、偷挖、毁损古树名木违法行为。由于各级各界的广泛重视和积极参与，南阳古树名木得到了较好的保护和管理，爱护古树，保护古树在南阳大地已蔚然成风。

目前，南阳古树名木保护工作虽然取得初步成效，但仍然存在诸多问题，古树名木被损现象仍然时有发生，古树名木保护工作任重道远。为了加强南阳古树名木研究、保护和管理，宣传、普及古树名木保护知识，我们在全市古树名木普查的基础上编写本书。本书力求图文并茂，普及古树和树木知识，以县区为单位，分树种编写古树名录和索引表，并搜集和整理大量古树人文轶事和文化传说，以丰富知识内容，增加可读性。由于编者知识有限，书中差错难免，敬请广大读者批评指正。

本书在编写过程中，受到各县区林业部门和南阳报业集团的大力支持，并参阅了《河南古树名木》《洛阳古树名木录》和《栾川古树名木》等书刊资料，南阳师范学院刘宗才教授给予大量指导，在此一并表示感谢。

编者

2018 年 5 月

目录

第一篇

基本情况

一、南阳概况

南阳市位于河南省西南部豫陕鄂交界处，东接河南省驻马店市、信阳市，南临湖北省襄阳市、十堰市、随州市，西连陕西省商州市，北邻河南省三门峡市、洛阳市、平顶山市，地理坐标为北纬 32°17′ ~ 33°48′，东经 110°58′ ~ 113°49′，东西长 263 千米，南北宽 168 千米，总面积 2.41 万平方千米。

（一）南阳地形地貌

南阳地处全国第二级地貌台阶向第三级台阶过渡的边坡上，地势呈阶梯状，以河流为骨架，构成三面环山、向南开口与江汉平原相连接的马蹄形盆地，海拔高度在 72.2 米（新野县沙堰）至 2212.5 米之间（西峡县犄角尖），素称南阳盆地，平原、丘陵、山区大体各占 1/3，其中山地面积 9709 平方千米，占总土地面积 36.5%；丘陵面积 7908 平方千米，占总土地面积的 30%；平原面积 8911 平方千米，占总土地面积的 33.5%。山地包括北部的伏牛山，西南部的淅川岩溶低山与东部的桐柏山，海拔高度一般在 400 米以上，相对高度大于 200 米。高山海拔高度超过 2000 米，相对高度大于 500 米；低山海拔高度 400 ~ 1000 米，相对高度为 200 ~ 500 米。

（二）南阳气候特征

南阳处于亚热带向暖温带的过渡地带，属典型的季风大陆半湿润气候，春季温暖，夏季酷热，秋季凉爽，冬季较寒，四季分明，阳光充足，雨量充沛。一般年景，3 月 22 日 ~ 5 月 20 日为春季，5 月 21 日 ~ 9 月 12 日为夏季，9 月 13 日 ~ 11 月 11 日为秋季，11 月 12 日 ~ 次年 3 月 21 日为冬季。年平均日照时数 2047 小时。年平均气温 14.4℃ ~ 15.8℃，无霜期 255 天，有霜日数为 41 ~ 72 天。年平均降雨量在 697.7 ~ 1158.9 毫米。由于南阳属北亚热带和北暖温带的气候过渡带地区，南北气候条件悬殊，加之地形地貌、水文地质、母岩与成土质、植被以及农林业生产上的不同，所以分布着丰富多样的土壤类型，主要有 5 种：黄棕壤、褐土、棕壤、砂礓黑土和水稻土。

（三）南阳林业资源

南阳是林业大市，林业用地面积 108.67 万公顷，其中森林面积 88.27 万多公顷，森林覆盖率 39.52%，森林蓄积 2378 万立方米。全市共有高等植物 3200 多种。有南阳伏牛山世界地质公园，面积 13.4 万公顷；国家和省级自然保护区 6 处（河南伏牛山国家级自然保护区、宝天曼国家级自然保护区、桐柏太白顶省级自然保护区、桐柏高乐山省级自然保护区、淅川丹江国家级湿地自然保护区、内乡湍河省级湿地自然保护区），面积 12.3 万公顷；国家和省级森林公园 8 个（西峡寺山和桐柏淮源国家级森林公园，淅川上寺、镇平菩提寺、南召丹霞寺、南阳独山、方城大寺和七峰山省级森林公园），面积4000公顷。西峡县被国家林业局命名为“中国名特优经济林猕猴桃之乡”“山茱萸之乡”，桐柏县被命名为“中国名特优经济林木瓜之乡”“板栗之乡”，唐河县被命名为“中国名特优经济林栀子之乡”，卧龙区石桥镇被命名为“中国名特优经济林月季之乡”，镇平县被命名为“玉兰之乡”，内乡县被命名为“核桃之乡”、方城县被命名为“木瓜之乡”。

（四）南阳历史与文化

南阳是国务院首批命名的历史文化名城。早在50万年前，与北京猿人同时代的南召猿人，就在这里繁衍生息；西汉时为全国六大都会之一；东汉时期为光武帝刘秀的发迹之地，故有“南都”“帝乡”之称。现拥有全国重点文物保护单位13处，省级重点文物保护单位94处，文物藏品达10万余件，主要有楚文化系列、汉文化系列、三国文化系列、各类古建筑群开发利用系列。南阳人杰地灵，人才辈出，历史上曾孕育出“科圣”张衡、“医圣”张仲景、“商圣”范蠡及“智圣”诸葛亮，更滋养了哲学家冯友兰、军事家彭雪枫、文学家姚雪垠、科技发明家王永民、作家二月河等当代名人。

（五）南阳主要树种

全市范围有高等植物148科、754属、1673种及88个变种、3个变型。木本植物占河南省木本植物种的63.2%，其中乔木276种、39个变种、1个变型；灌木438种、37个变种、2个变型；藤本98种；半寄生6种；竹类6种，1个变种，重点保护植物56种。属国家一级保护的有南方红豆杉；属国家二级保护的有连香树、香果树、银杏、水青树、水曲柳、杜仲等；属国家三级保护的有冷杉、铁杉、核桃楸、青檀、猬实等。南阳经济林种类很多，其中山茱萸、辛夷、猕猴桃等地方名产，在全国占有重要位置。

二、南阳古树名木的分布与调查

（一）南阳古树名木调查

2014年9月，在市委市政府的高度重视和领导下，我市组织林业技术人员120余人，历时近三个月，对全市古树名木进行了认真详细的普查，制定保护方案和措施，取得了丰硕的成果。在本次普查与保护过程中，各县区林业部门高度重视，在人力、物力、财力和时间上给予了大力支持，保证了本次普查的顺利进行。

（二）南阳古树名木现存数量及分布

全国绿化委员会和国家林业局2001年颁布的《全国古树名木普查建档技术规定》对古树名木做了这样的界定：

古树名木范畴：一般指在人类历史过程中保存下来的年代久远或具有重要科研、历史文化价值的树木。古树指年龄在 100 年以上的树木，名木是指在历史或社会上有重大影响的中外历史名人、领袖人物所植或具有极其重要的历史文化价值、纪念意义的树木。

古树名木的分级与标准：古树分为国家一级、二级、三级。国家一级古树树龄在 500 年以上，国家二级古树树龄在 300 ~ 499 年，国家三级古树树龄在 100 ~ 299 年。国家名木受树龄限制，不分级别。

按照这一标准，南阳市古树名木调查结果显示，目前全市古树名木共有 10687 株，其中一级古树 4495 株，二级古树 432 株，三级古树 5750 株，有重要纪念意义的名木 10 株。在这些古树名木中，散生古树 3304 株，群生古树 7373 株，古树群 21 个。

南阳市古树名木分布于 2 区 10 县，分别是：卧龙区、宛城区、淅川县、桐柏县、西峡县、南召县、方城县、内乡县、唐河县、镇平县、新野县、社旗县。各县区古树名木分布情况见南阳古树名木分布表。

三、南阳古树名木的主要特征

（一）生物学特征

1. 根系发达　一般为深根性，这类树主、侧根都很发达，能深扎入土，根深茂盛，如银杏、侧柏、朴树等树种。

2. 萌发力强　许多古树都具有根、茎萌发力较强的特性。

3. 生长缓慢　一般古树大多为慢生树种，体内细胞生长活动慢，在生长季节内所需的水、肥养分相对较少，为它长期抵抗不良的生长环境提供了有利条件。

4. 抗性较强　树体结构合理，病虫害较少。

5. 起源于种子繁殖　由于种子繁殖的树木，其根系发达，抗性较强，适应性广，这也是古树长寿的前提条件之一。

（二）生态学特征

1. 适应性强　古树大多为乡土树种，对当地气候和土壤条件表现出很强的适应性，如银杏、侧柏、柿树等。

2. 生长的环境条件好　全市古树多分布于庙宇、院宅、村旁、路边，土层深厚肥沃，排水良好。特别是一些古树作为“风水树”“景观树”深受人们尊敬。

（三）文化特征

南阳位于河南省的西南部，故为汉楚的政治、文化中心，历史上众多的政治人物、文化名人足迹遍布河南南阳，留下了众多与树木有关的逸闻趣事。因此，南阳古树名木在留下深深的历史烙印的同时，也具有浓郁的文化特征。

南阳古树名木分布表

单位：株、个

县别	合计					散生古树				群生古树						名木
	计	一级	二级	三级	名木	计	一级	二级	三级	计		≥ 500 年		100 ~ 299 年		
										群数	株数	群数	株数	群数	株数	
全市	10687	4495	432	5750	10	3304	276	432	2596	21	7373	6	4219	15	3154	10
淅川	1320	56	148	1116		1148	56	148	944	1	172			1	172	
桐柏	2657	25	46	2586		1006	25	46	935	4	1651			4	1651	
西峡	1467	80	92	1295		452	48	92	312	9	1015	3	32	6	983	
南召	4579	4054	61	459	5	282	54	61	167	3	4292	1	4000	2	292	5
方城	191	40	35	116		191	40	35	116							
内乡	116	41	24	51		101	26	24	51	1	15	1	15			
唐河	76	1	12	60	3	32	1	12	19	1	41			1	41	3
镇平	28	6	7	14	1	27	6	7	14							1
卧龙	210	182	4	24		23	10	4	9	2	187	1	172	1	15	
新野	21	5		16		21	5		16							
社旗	16	2	2	12		16	2	2	12							
宛城	6	3	1	1	1	5	3	1	1							1

1. 与重大历史政治事件相关联 最具代表性的如淅川县荆紫关法海寺院中的银杏树，就是在明朝崇祯十一年（公元 1638 年）2 月，李自成自川陕受挫后，在荆紫关镇老会营修养期间，到法海寺亲自种下的银杏树。

2. 与历史名人及文人墨客的逸闻趣事相关联 历史上南阳籍的政治、文化名人以及在南阳生活、活动的历史名人多达上百人，他们或亲手植树，寄情于勃勃绿色生命之间；或邀友树下，行拳猜令，赋诗填词，以树言志，无不留下一段人与自然和谐相处的人间佳话。

3. 与寺庙、庙宇及宗教事务相关 由于佛教、道教等在我国流传已久，寺院、庙宇遍布各地，这些地方大多有修身养性的“禅林”“圣树”，一直保存至今。因此，一般在古刹胜迹之地都有古树生长，如河南六大名寺之一的淅川县仓房镇香严寺、南召县丹霞寺等。他们不仅是园林风景的重要资源，也是当地景观的“活文物”。

四、南阳古树名木的现状与保护

（一）南阳古树名木生存现状

南阳现有古树名木 10687 株，这些古树名木多数生长旺盛。其中树干圆满完整，躯体无伤残、枯损的古树占总量的 20%。而生长已达衰老期的古树，树木长势显著衰退，树形苍劲衰老，树干有大小不等的空洞，树体有主枝枯死和树干劈裂现象，树叶较稀少，树冠不完整，新稍生长极短，这类古树占总量的 21%。生长濒临枯死的古树，大枝干枯，树叶零落，树形残缺不全，这类古树占总量的 2%。

1. 自然因素

一是树龄高，内部生理机能下降。由于树龄老化，生命力减弱，根端组织活力降低，吸收能力变差，所吸收的矿物营养越来越不能满足地上部分的需要，树体营养被大量消耗而得不到有效补充，造成树体养分不平衡，导致树体衰弱。高龄树木，由于在漫长生命过程中的自然整枝或其他原因的断枝，往往留下许多枯枝死节或孔洞，为病虫害滋生创造了条件，或因积水造成心材腐烂，影响树木生长。

二是灾害性天气的威胁。如久旱久雨、风折雷击、冰冻雪压等，往往对林缘或孤立的古树名木造成严重威胁。

三是立地条件差，营养不足。古树多年来都生长在同一个地方，或受生长环境的限制，土壤养分得不到补充，有些古树又没有采取适当的保护措施，树体根系周围的营养物质减少，树木长势下降。

四是病虫害危害。古树对病虫害抗性较差，受到病虫危害易引起枝干枯死或形成树洞，影响树体对水分、养分的吸收，导致生长发育不良，遇到风、雪、雨、雷电，极易折断倒伏引起死亡。

2. 人为因素

一是人为直接损害。人为火烧、拉扯，以及受利益驱使，对具有经济价值的古树名木进行掠夺性折枝、采种、剥皮，造成古木损坏或死亡。

二是各类工程建设造成的损害。现在各类建设工程增多，建设单位不能善待生长在建设用地上的古树名木，擅自砍伐或随意移栽，轻则使其衰败，重则导致死亡。

三是一些园林和开发小区绿化建设急于出“效果”，从乡村、山区偷挖、倒卖古树进城，由于移栽难度大，成活率低，造成一些古树在倒卖和移植过程中死亡。

四是管理不当引起的损伤。在人工管理过程中，若修剪过度，则会造成损害，施肥量过多会导致烧根，各种人为管理不当会造成古树的长势衰弱。

（二）南阳古树名木保护情况及对策

南阳古树名木保护历来受到各级各届政府和社会的广泛关注和重视，先后开展了普查、统计、建档和挂牌保护等一系列工作。今后还应采取以下对策和措施：

1. 要进一步加大对古树名木保护管理重大意义的宣传，提高全社会保护古树名木的意识。对古树名木保护好的单位和个人要予以表扬，对损毁古树名木的行为要进行处罚和鞭策，让爱护古树、保护古树成为广大群众的自觉行动，在全社会形成一个人人爱护古树名木、人人保护古树名木的良好社会氛围。

2. 明确古树名木保护管理工作的责任，制定和建立古树名木保护机制。各级林业部门要对本地区的古树名木加强管理，并把管护的责任落实到具体单位或个人，对古树名木保护要设有专项经费，保证古树名木的养护、救治、病虫害防治等措施能及时有效落实。

3. 对现已普查建档的古树，实行挂牌保护。在古树周围设置牢固耐用的防护围栏，严禁在古树旁焚烧、搭建、排污，禁止对古树刮皮、刻字、折枝采叶。规划设计建设项目时，应尽量保护古树，特别珍贵的古树更要避让，不得危及古树的安全。对确实不能避让需要迁移的，必须要有严格的审批制度，依法按程序审批。

4. 对衰老古树要进行树势复壮工作，特别是对根系的更新和树干的养护。古树主枝梢头自然枯死，需要整形修剪，恢复树形和树势。极度衰老或树冠残缺的古树，要逐年分批对大枝进行回缩修剪，更新树冠。长期土壤板结或瘠薄之地，要进行换土、改土，或松土施肥，以便改善土壤的透水和透气性，提高土壤肥力。及时做好病虫害防治，防治应以预防为主，辅以综合防治，对古树名木进行相应地诊治，确保古树健康生长。负责古树名木日常管理的单位，要具体落实濒危古树名木复壮措施。

5. 应加大执法保护，依法保护古树名木。及时制止损毁古树名木的行为，并依法对各种损伤古树名木的行为进行惩处和打击。

6. 加强对古树的研究工作。要鼓励和组织市内学者进行古树生长、发育、衰老生理的研究，开展复壮与更新树势、树体整形技术措施等试验研究。定期组织开展有关古树保护研究的学术活动，总结古树保护的经验教训。

五、现有关于古树名木保护的法律、法规规定

（一）《中华人民共和国刑法》的规定

第三百四十四条规定：违反国家规定，非法采伐、毁坏珍贵树木或者国家重点保护的其

他植物的，或者非法收购、运输、加工、出售珍贵树木或者国家重点保护的其他植物及其制品的，处三年以下有期徒刑、拘役或者管制，并处罚金；情节严重的，处三年以上七年以下有期徒刑，并处罚金。

第三百四十五条规定：盗伐森林或者其他林木，数量较大的，处三年以下有期徒刑、拘役或者管制，并处或者单处罚金；数量巨大的，处三年以上七年以下有期徒刑，并处罚金；数量特别巨大的，处七年以上有期徒刑，并处罚金。

违反森林法的规定，滥伐森林或者其他林木，数量较大的，处三年以下有期徒刑、拘役或者管制，并处或者单处罚金；数量巨大的，处三年以上七年以下有期徒刑，并处罚金。

非法收购、运输明知是盗伐、滥伐的林木，情节严重的，处三年以下有期徒刑、拘役或者管制，并处或者单处罚金；情节特别严重的，处三年以上七年以下有期徒刑，并处罚金。

盗伐、滥伐国家级自然保护区内的森林或者其他林木的，从重处罚。

2000 年《最高法院关于审理破坏森林资源刑事案件具体应用法律若干问题的司法解释》有关的规定如下：

第一条：刑法第三百四十四条规定的“珍贵树木”，包括由省级以上林业主管部门或者其他部门确定的具有重大历史纪念意义、科学研究价值或者年代久远的古树名木，国家禁止、限制出口的珍贵树木以及列入国家重点保护野生植物名录的树木。

第二条　具有下列情形之一的，属于非法采伐、毁坏珍贵树木行为“情节严重”：

（一）非法采伐珍贵树木二株以上或者毁坏珍贵树木致使珍贵树木死亡三株以上的；

（二）非法采伐珍贵树木二立方米以上的；

（三）为首组织、策划、指挥非法采伐或者毁坏珍贵树木的；

（四）其他情节严重的情形。

（二）《中华人民共和国森林法》的规定

第二十四条：对自然保护区以外的珍贵树木和林区内具有特殊价值的植物资源，应当认真保护；未经省、自治区、直辖市林业主管部门批准，不得采伐和采集。

第四十条：违反本法规定，非法采伐、毁坏珍贵树木的，依法追究刑事责任。

（三）《中华人民共和国环境保护法》的规定

第二十九条：国家在重点生态功能区、生态环境敏感区和脆弱区等区域划定生态保护红线，实行严格保护。各级人民政府对具有代表性的各种类型的自然生态系统区域，珍稀、濒危的野生动植物自然分布区域，重要的水源涵养区域，具有重大科学文化价值的地质构造、著名溶洞和化石分布区、冰川、火山、温泉等自然遗迹，以及人文遗迹、古树名木，应当采取措施予以保护，严禁破坏。

（四）《城市绿化条例》的规定

第二十六条　违反本条例规定，有下列行为之一的，由城市人民政府城市绿化行政主管部门或者其授权的单位责令停止侵害，可以并处罚款；造成损失的，应当负赔偿责任；应当给予治安管理处罚的，依照《中华人民共和国治安管理处罚法》的有关规定处罚；构成犯罪的，依法追究刑事责任：

（一）损坏城市树木花草的；

（二）擅自修剪或者砍伐城市树木的；

（三）砍伐、擅自迁移古树名木或者因养护不善致使古树名木受到损伤或者死亡的；

（五）河南省人民政府的规定

河南省人民政府办公厅《关于加强古树名木保护工作的通知》（豫政办【2006】18号）规定：严禁倒卖、砍伐、损坏和擅自移栽古树名木。不准攀折树枝、剥损树皮和利用古树名木搭建各类设施，不准在树上钉钉、挂物和刻划。在树冠垂直投影以外5米范围内，不准挖土、堆物、建房，禁止倾倒有害废水、废渣和排放废气，燃烧可燃物等一切影响古树名木的行为。工程建设施工遇到古树名木时，要依照《中华人民共和国森林法》第二十四条的规定，严格办理审批手续。砍伐或移栽国家一级古树名木的，要报省人民政府批准。

对古树名木管护责任单位或责任人因失职或不尽责导致管护的古树名木损坏或死亡的，要追究其相关责任。对故意破坏古树名木的直接责任人要依法进行查处。情节严重构成犯罪的，由司法机关依法追究刑事责任。

第二篇

古树名木图谱

1/银杏

银杏（*Ginkgo biloba*），别名白果树、公孙树、鸭脚树、蒲扇。属裸子植物，落叶乔木，雌雄异株，5 月开花，10 月成熟，果实为橙黄色的核果。银杏是现存种子植物中最古老的孑遗植物，变种及品种有黄叶银杏、塔状银杏、裂银杏、垂枝银杏、斑叶银杏等。银杏生长较慢，寿命极长，从栽种到结果要 20 多年，40 年后才能大量结果，寿命可达数千年。

银杏幼树树皮近平滑，浅灰色，大树树皮灰褐色，不规则纵裂，有长枝与生长缓慢的矩状短枝。叶互生，在长枝上辐射状散生，在短枝上 3 ~ 5 枚簇生，有细长叶柄，扇形。种子核果状，具长梗，下垂，椭圆形、倒卵形、卵圆形或近球形。

银杏无病虫害，不污染环境，树干光洁，是著名的无公害树种。适应性强，对气候土壤要求不严。抗烟尘、抗火灾、抗有毒气体。银杏树体高大，树干通直，姿态优美，春夏翠绿，深秋金黄，是园林绿化、行道、公路、田间林网、防风林带的理想栽培树种，被列为中国四大长寿观赏树种（松、柏、槐、银杏）。

银杏是中国特有而丰富的经济植物资源，木材浅黄色，细致，轻软，供建筑、家具、雕刻及其他工艺品用树材。种子含有氢氰酸、组氨酸、蛋白质等。外种皮可提核胶，种仁供食用，多食中毒。种子和叶可以入药，性平，味苦涩，有小毒。

（一）黄石山万寿宫银杏

编号：豫 RH98　　地址：方城县独树镇白石嘴村黄石山万寿宫　　学名：银杏

树龄 2200 年，树高 29 米，胸围 750 厘米，树冠 27 米

“万寿宫前银杏树，六个小孩搂不住”。方城县独树镇北 10 公里左右，群山起伏。黄石山巍峨陡峻，独出于众峰之上，是著名的道教圣地和历史上兵家必争之地，又以盛产四大名砚之黄石砚而闻名。万寿宫即在黄石山脚下，宫前有一株银杏古树，至今历两千余年，仍枝繁叶茂，生机盎然，每年结果数千公斤。此树苍劲挺拔，高大遮天，被称为“银杏钻天”，是黄石山八景之一，树高约 29 米，树围 7.5 米，树冠荫地一亩有余，当地人附会其为“白果大仙”居所，至今仍有善男信女至此，顶礼膜拜，祈求赐福佑护。

黄石山是道教圣地，相传张良的师傅黄石公及葛仙翁，真武帝君张三丰都先后飞升或清修于此。万寿宫曾是刘秀之姐湖阳公主清修之地。万寿宫院内曾有一棵千年紫荆树，可惜在 20 世纪 70 年代，千年紫荆树被毁，后来，千年紫荆树再发两枝新芽，如今已有茶杯般粗细，每年春来，花开满院，景色迷人，紫荆、银杏交相辉映的景观又现黄石山。

（二）板场夫妻银杏

编号：豫 RE98　　编号：豫 RE99　　地址：内乡县板场乡让河村　　学名：银杏

树龄 550 年，树高 31 米，胸围 350 厘米，树冠 17 米

树龄 540 年，树高 33 米，胸围 377 厘米，树冠 18 米

内乡县板场乡让河村有两棵参天古银杏树，它们枝叶相连，像一对恩爱的夫妻，并肩生长于一农户住宅旁。当地的乡亲把这两棵银杏树称作“夫妻树”，对它们精心呵护、关爱有加。它们有着五百年以上的树龄，“丈夫”英俊魁伟，笔直粗壮，确实有些男子汉的感觉，其胸围约 3.8 米，高 33 米，树冠 18 米；“妻子”秀美挺拔，树冠如伞，还真有点女人的味道，其胸围约 3.5 米，高 31 米，树冠 17 米。

这对“夫妻”就这样脉脉地相互守望着，度过了五百余年的岁月。清晨，当地村民都会到“夫妻树”这儿来看看，除了呼吸新鲜空气外，还要与大树说说话，寻找自己当年的爱情。乡亲们尽心尽力地去保护这两棵古树，自发为其浇水、施肥、除虫等，确保其茁壮成长。前些年，有人看中了这两棵古树，想出高价挖走，善良的乡亲任凭对方嘴皮说破，仍不为之所动，他们的生活已和“夫妻树”融为一体，如何能够割舍得下呢？如今，很多青年男女都喜欢把自己的爱情希望寄托在“夫妻树”的庇佑上，也许他们从“夫妻树”的身上看到了爱的执着和专一。

岁月轮转，这对“夫妻树”每天都在枝与枝、根与根的触碰中，默默坚守着。村里的老人说，夫妻树其实有一个美丽的传说。相传，当地过去有一个大户人家的千金小姐，不顾世俗偏见，和她家的一个下人悄悄相爱了。但是她的父母知道后勃然大怒，非要拆散这对鸳鸯不可，因为当时讲究门当户对。没办法，最终他们两个人只能选择为爱私奔，当他们绝望地发现后面有家丁追赶，前面又实在无路可逃时，两个人就立下誓言，双双化为银杏树。

几百年后的今天当地村民依然保持着这么一种习俗，男女青年在结婚之前都要到“夫妻树”下，立下山盟海誓，以表终身相爱、白头偕老之意。

(三) 朱陈孤银杏

编号：豫 RE53　　地址：内乡县赤眉镇朱陈村　　学名：银杏

树龄 1700 年，树高 22 米，胸围 1050 厘米，树冠 20 米

内乡县赤眉镇朱陈村有一棵古银杏树，树龄已有 1700 多年，胸围 10.5 米，冠幅 20 米，树高 22 米。据当地群众讲，这棵古银杏树很有灵气，不但能够化解戾气，还能祛病消灾。每逢过年过节，周边群众都会专程跑来祭拜，据说这样可以保佑全家福寿安康。

近年来，当地村民为了更好地保护这棵千年古银杏树，还自发捐资为其盖起了围墙，修建了纪念碑，成立了义务护树队。护树队成员除定期对古银杏树采取浇水、施肥等管护措施外，逢年过节还积极引导慕名而来的群众远距离进行祭拜，使古树免受烟火熏烤。

当地群众之所以如此热心地保护这棵古树，除了有敬奉它的因素外，更重要的原因在于，内乡县近年来通过开展古树名木保护宣传教育活动，进一步提高了公众保护古树名木意识，使广大群众都能积极参与到保护古树名木地行动中来。

一切都是传说，去供一棵千年古银杏树就是去供自己的心灵而已。因为其古老，所以才增添了它在老百姓心中的灵气。但对于这棵古银杏树来说，能够得到诸多热心群众的精心呵护，无疑是一种很好的礼遇和福音。

（四）白果坪上“白果爷”

编号：豫 RF34　　地址：南召县乔端镇大竹园村　　学名：银杏

树龄 1500 年，树高 25 米，地围 1150 厘米，树冠 15 米

南召县乔端镇大竹园村白果坪有株被群众称为“白果爷”的古银杏树。据林业专家介绍，“白果爷”是南召县境内最老的一棵银杏树。

白果坪海拔1500 多米。这株银杏树在郁郁葱葱的各种林木中，显得格外壮观。巨大的树冠如一把巨伞，将大半个白果坪庄都罩在它的树阴下。此树高 25 米，地围 11.5 米，覆盖面积 1.5 亩，树龄已有 1500 年，现在仍枝繁叶茂，苍劲浓郁，年产银杏果1500 公斤左右。

白果坪仅有 5 户人家，而银杏古树就有 6 棵，银杏是当地最主要的经济收入，人们都很珍爱这些古树，认为这是前辈留下的产业，是镇山之宝。

白果坪上“白果爷”

（五）仓房银杏王

编号：豫 RD331　　地址：淅川县仓房镇清泉村　　学名：银杏

树龄 1500 年，树高 20 米，胸围 750 厘米，树冠 22 米

（六）白塔村奇银杏

编号：豫 RA5　　地址：卧龙区七里园乡白塔村小学　　学名：银杏

树龄 1000 年，树高 18.7 米，胸围 610 厘米，树冠 20.6 米

卧龙区七里园乡白塔小学院内有一株千年银杏，古树硕大的树冠几乎罩住了整个校园。树围逾 6 米，层层叠叠的粗大枝条多达 20 个，旁逸斜出，姿态各异，妙趣横生。

据说，此树源于唐代，曾经白河发大水时，随洪水而来，在此生根壮大。此后有人依树而居，遂有白塔村。1995 年，白塔小学为改善办学条件，请来专家给银杏树人工授粉，多年未结果的古树当年就挂满果实，竟致一根树枝不堪重负而折断，所幸无人受伤。当时银杏果行情大涨，古树为学校贡献了六七千元收入，断枝也被加工成了 9 个茶几。

古老的银杏树每年都吸引着大批人参观、膜拜。

（七）马寨村银杏

编号：豫 RA2　　地址：卧龙区蒲山镇马寨村　　学名：银杏

树龄 1000 年，树高 17.7 米，胸围 380 厘米，树冠 15.5 米

卧龙区蒲山镇马寨村一处农家院内有一棵大银杏树，虬枝绿叶，亭亭如盖，树高 17.7 米，需 3 人合抱。经测量，树干胸围 3.8 米。此树栽于何年何月，已无据可考。此树最高时年产白果数百公斤，村中人对其备加爱护，从不攀折采叶，只等秋后捡拾地上的白果叶治病。

（八）清泉寺汉银杏

编号：豫 RG101　　地址：桐柏县淮源镇后彭村歇马岭清泉寺　　学名：银杏

树龄 800 年，树高 20 米，胸围 710 厘米，树冠 20 米

桐柏县淮源镇后彭村歇马岭下有座清泉寺，寺院后面矗立着一棵古老而高大的银杏树，树旁立一石碑，碑文为清雍正十一年（1733 年）题《得修清泉寺庙碑记》，碑文记载：稽桐邑之西六十里，有古刹清泉寺，其庙前银杏之高大，几越数千年之遥。观其形势，四面环山，相连木成荫，而众鸟栖息，竹林茂树，群雀噪焉……

这棵银杏树距今已有近 800 年的历史。目前，该树高 20 米，胸围 7.1 米，冠幅平均 20 米，长势旺盛，每年都果实累累。树型雄伟，乍看上去，犹如十来棵银杏树簇生在一起。从它的基部萌发的根蘖也长成了大树，周围丛生的大树，簇拥着中间的母树，看上去像一个小树林。

古银杏树还有一奇观，就是树的主干上长了十来个树瘤子，树瘤子就是树宝。因此，当地人也称这棵古银杏为“白果大仙”。

（九）唐河源潭银杏王

编号：豫 RJ1　　地址：唐河县源潭乡何庄村　　学名：银杏

树龄 800 年，树高 20 米，胸围 590 厘米，树冠 19 米

唐河县源潭镇东南 3 公里泌阳河北岸何庄村，有一棵银杏树。其主干粗如碾盘，蓬罩面积千余平方米，当地人称为“银杏王”。据测量，这棵银杏树树高 20 米，胸围 5.9 米，冠幅 19 米，树干需 4 人才能拉手合抱。目前，这棵银杏树依然生长旺盛，夏季枝繁叶茂，晨起树冠雾气萦绕，远眺似白云浮盖，可供 300 多人同时乘凉。

关于此树的来历，相传是明代一浙江老人辞官归里，途经此地，喜见土地肥沃，庄稼旺盛，心生留恋之意，便在此处隐居下来。老人在种植农作物时，发现一块土地遇干旱却苗青地湿，觉得有灵气闪现，便动员农人在此处打了一眼直径约 3 米的水井，浇灌农田。为方便农民取水浇地时歇息乘凉，又在井边种了一株银杏树，就是这棵“银杏王”。

据村中老人讲述，抗日战争时期，何庄村曾被日本鬼子包围，村中大多数人已提前撤离，十几个来不及走的人紧急中就攀上银杏树躲藏。一小鬼子举枪朝树上胡乱开了一枪，还未走开，一条粗如小儿胳膊的长蛇从树上窜下，死死缠住鬼子脖子，小鬼子吓得滚倒在地，连人带蛇栽入井中，其余鬼子作鸟兽散，而树上群众却安然无恙。1941 年，不少地方闹饥荒，何庄人病倒者十有六七，既无药也无钱，有的病人在树下捡了银杏叶回家煮“茶”喝，病症竟奇迹般地减轻了。于是，何庄人都称这棵银杏树是救命树，更加自发地保护这棵古树。树顶有鸟类、蛇类等物栖息，群众也从不去伤害它们。井因树而水清，树因井而繁盛，充分体现着人与树的和谐共处。

（十）回龙寺救驾树

编号：豫 RC417　　地址：西峡县太平镇回龙寺　　学名：银杏

树龄 2000 年，树高 17.5 米，胸围 710 厘米，树冠 20 米

西峡县太平镇回龙村旁的这棵古银杏被称为“救驾树”，树龄约 2000 年，树高 17.5 米，胸围 7.1 米，冠幅平均 20 米。

据传，西汉末年，王莽篡政后很不得人心。一天，王莽兵马与刘秀作战，刘秀兵败，王莽兵马一路追击到了西峡县太平镇回龙村，刘秀只剩下两个随从，跑得精疲力竭，偶遇路边一老人，于是恳请老人救他。老人远远望见一队打着王莽大旗的人马追赶过来，就急忙将刘秀三人藏于已经中空的古银杏树干中，再用树枝将洞口遮挡严实后，又抱起一个罐子往一个岔路口的地上倒了些东西。不一会儿，王莽的兵马赶到了，问老人刚才那几个人逃跑的方向，老人指了指岔路口说：“刚才是来过三个人，他们跑到岔路口时，突然天上降下一条龙把他们背走了。”带队的将领半信半疑，就朝那个岔路口走去，顿时见有一大群蜜蜂、蚂蚁围了起来，堆成了堆。再一细看，原来是“王莽当亡，刘秀当兴”八个大字。这一大将一看长叹一声，带兵马原路返回复命。

王莽的兵马走远后，刘秀走出树洞，看了地上的字，甚感诧异，细问老人。原来这是老人用蜂蜜在地上泼成了八个大字，蚂蚁蜜蜂循着甜味纷纷爬来，用身体堆成了字。刘秀深深拜谢了老人，问老人要何报酬。老人答道：“如果将来你做了皇帝，就要做个善待老百姓的好皇帝，不要像王莽那样就行了。”

后来，刘秀果然做了皇帝，即东汉光武帝。他牢记老人的话，把国家治理得比较好，史称“光武中兴”。后来人们就在刘秀获救的地方盖了座寺院，起名“回龙寺”，这棵银杏树也被称为“救驾树”。

回龙寺救驾树

（十一）菩提白果三医仙

编号：豫 RI3　　编号：豫 RI4　　编号：豫 RI5　　学名：银杏

地址：镇平县老庄镇菩提寺院内

树龄 1300 年，树高 16 米，胸围 300 厘米，树冠 13.5 米。

树龄 1300 年，树高 23 米，胸围 315 厘米，树冠 23 米。

树龄 1300 年，树高 19.5 米，胸围 320 厘米，树冠 9.3 米。

镇平县菩提寺前有三株银杏古树，枝干交错，树干粗如大缸，两个成年人都不能合抱，树龄均在千年以上，最古老的一株树龄 1300 多年，高十余米，粗三四米。

银杏树全身是宝，深秋时节，常有人来此捡拾银杏叶、果治病。传说很久以前，杏花山一带疫病流行，民不聊生，天上的仙女动了恻隐之心，私自下凡为百姓施药治病，不料触怒了玉帝，派天兵前来捉拿，仙女们不舍众生，化为一株株银杏树，以泪化叶，以血凝果，继续救助百姓。

20 世纪 60 年代，此地修建工厂铺设通暖管道影响了树根，致使部分古树长势不良。近年来，县政府重视古树管理，派驻专人管护，三株银杏古树作为“千年银杏王”被列为国家级重点保护文物，受到精心照顾，再次焕发生机，并回报以累累硕果，来此的游客纷纷在树下驻足观看，赞叹不已。

菩提白果三医仙

（十二）菊花山李孟银杏

编号：豫 RC5　　编号：豫 RC6　　学名：银杏

地址：西峡县丹水镇潭沟村寺沟组

树龄 1200 年，树高 23 米，胸围 383 厘米，树冠 22 米

树龄 1200 年，树高 22 米，胸围 367 厘米，树冠 6 米

生长在西峡县丹水镇潭沟村寺沟组的两棵连根而生的古银杏树，相传为李白、孟浩然当年在此游玩时共同栽植，后人建祠纪之，号“李孟祠”，现遗迹尚存。目前，这两棵古银杏树均高为 22 米左右，胸围 3.6 米多，冠幅平均 14 米，树龄 1200 多年。

孟浩然当年在此游玩时曾留诗：“行至菊花潭，村西日已斜。主人登高去，鸡犬空在家。”此诗写他黄昏时来菊潭访友，而友人游兴正浓，天虽黑仍未归。李白也曾在此留诗：“昔在南阳城，唯餐独山蕨。忆与崔宗之，白水弄素月。时过菊潭上，纵酒无休歇。泛此黄金花，颓然清歌发。一朝摧玉树，生死殊飘忽。留我孔子琴，琴存人已殁。谁传《广陵散》，但哭邙山骨。泉户何时明，长扫狐兔窟。”据传元好问也有游菊花山的诗句：“我在正大初，作吏淅江边。山城官事少，日放淅江船。菊潭秋华满，紫稻酿寒泉。甘腴入小苦，幽光出清妍。归路踏明月，醉袖风翩翩。父老遮道留，谓我欲登仙。一别半山亭，回头十余年。江山不可越，目断西南天。”

相传，西峡菊花山有一位菊花仙人，用菊潭水酿出一种“菊潭红酒”，色泽纯正，长饮高寿。每年九月九日的重阳节，菊花仙人设酒于菊花洞内，款待四方游客。

菊花山李孟银杏

（十三）丹霞寺古银杏

编号：豫 RF131　　编号：豫 RF132

地址：南召县留山镇丹霞寺　　学名：银杏

树龄 1000 年，树高 22 米，胸围 435 厘米，树冠 20 米

树龄 1000 年，树高 25 米，胸围 239 厘米，树冠 27 米

南召丹霞寺是河南六大名寺之一，素有“八百里伏牛，五百里丹霞”之美誉，始创于唐代天然禅师。寺前生长着一雌一雄两株千年银杏树，它们分别屹立于丹霞河的两岸，犹如一对恩爱夫妻隔河相望。凡到丹霞寺观光的游客都会来到银杏树前走走看看，银杏树伟岸的身姿，令无数游客拍手叫绝。

雌树生长在丹霞河北岸，铁杆虬枝，纵横遒劲，高 20 多米，4 人方能合抱，挂果季节，串串银杏缀满枝头，煞是好看。雄树生长在南岸，由同根生长的六株银杏树组成，盘根错节，息息相连，开花季节，满树小花芳香四溢。

这一对“夫妻”树曾留下一段动人的故事。传说很久以前，在丹霞寺旁的一个村庄里，村民们过着男耕女织的平静生活。后来，由于蝙蝠精作祟，大人小孩常生病，家禽家畜不断失踪。观音菩萨派银杏仙子下凡为百姓祛病消灾。银杏仙子化作一棵银杏树长在孤身青年张五的门前，受到张五的精心护理，银杏仙子也悄悄地照顾张五的饮食起居。后来，张五发现病灾都是蝙蝠精搞的鬼，于是善射的张五决定除掉蝙蝠精，为乡亲们除害。蝙蝠精被张五射伤后心生恨意，在水中放毒，全村老少大都染上瘟疫。前往丹霞山寻找仙果救治乡亲的张五也染病不起，银杏仙子以银杏果救活张五，张五醒来见门前银杏树果实满枝，随用银杏治愈乡亲。张五与银杏仙子合力斗败蝙蝠精后，互诉衷肠，为了能使善良、幸福永驻人间，他俩甘愿化作雌雄两株银杏树，隔河相望，永远造福子孙后代。

时至今日，丹霞寺周围的村民常拾取两树的银杏叶泡茶喝，据说可以清热降压，延年益寿。

丹霞寺古银杏

（十四）庹店古银杏

编号：豫 RH81　　地址：方城县四里店乡庹店村　　学名：银杏

树龄 1500 年，树高 28 米，胸围 480 厘米，树冠 18 米

（十五）双子银杏耀普严

编号：豫 RH187　　编号：豫 RH188

地址：方城县大乘山普严寺　　学名：银杏

树龄 1000 年，树高 23.4 米，胸围 386 厘米，树冠 13.7 米

树龄 1000 年，树高 23.5 米，胸围 431 厘米，树冠 11.3 米

在方城县东南 15 公里的大乘山南麓的普严寺，兴建于唐太宗贞观四年，宋徽宗崇宁五年重修。寺门口有两棵“兄弟”银杏树，系建寺时栽种的。

虽然这里沙土瘠薄，但这两棵银杏树却长得参天耸立，树粗已有两围。西边一棵树高 23.5 米，胸围 4.3 米，东边一棵树高 23.4 米，半边被火烧坏，又从烧坏半边的西部根边重生一棵新株，现已有一围多，形似母子相抱，胸围分别为 3.9 米和 4.3 米。

传说在清顺治年间，八仙之一吕洞宾云游到此，在银杏树下做饭，因烧黑了东侧的银杏树，庙里和尚索赔，吕洞宾便赔了一棵小银杏树，形成了现在的母子相抱奇观，后人假吕洞宾之名作诗曰：“一洲三岛常栖身，特来瞻仰寺殿林。赔树道人我就是，八仙之一号洞宾。”

岁月沧桑，一千多年来，这两棵树也历经磨难。据说，民国年间，土匪多次放火烧山；1958 年，全国上下大炼钢铁时，满山的树木都被伐掉；20 世纪 70 年代，普严寺内的大型木雕佛像都被烧毁，这两棵树都能一次次幸免于难。目前，大乘山普严寺这两棵“兄弟树”依然生机勃勃，同满山的林木一起，装点着大好河山。

（十六）黄楝岗村古银杏

编号：豫 RG902　　地址：桐柏县回龙岗乡黄楝岗村　　学名：银杏

树龄 1000 年，树高 28 米，胸围 610 厘米，树冠 27 米

（十七）南王银杏

编号：豫 RE23　　地址：内乡县大桥乡南王村　　学名：银杏

树龄 810 年，树高 19 米，胸围 550 厘米，树冠 20 米

这棵古树为元代种植的银杏树，树高 19 米，树围达 5.5 米，距今已有 810 余年历史，是我市目前发现的最大银杏树之一。

南王村是一个以蒙古族为主的少数民族聚居村落，此次在该村发现如此高龄的银杏树，证明了以游牧为主的蒙古族南下之后迅速融入到了中原地区。

该村农民王充都介绍说，这棵银杏树在近代曾遭遇过兵灾战祸，大跃进年代还面临被砍掉炼钢的命运，并且在上个世纪 70 年代的一场暴风雨中，剧烈的雷电袭击导致树干中间被烧成空洞。但就是这样一棵饱经风霜的空心大树，至今却依旧昂然挺立在灵山脚下，见证着沧海桑田的人间变迁，静静守望着古老的村落。

（十八）达店姊妹银杏

编号：豫 RH57　　编号：豫 RH58

地址：方城县四里店乡达店村　　学名：银杏

树龄 2100 年，树高 25 米，胸围 585 厘米，树冠 21 米

树龄 2100 年，树高 23 米，胸围 510 厘米，树冠 18.5 米

方城县四里店乡达店村，远山绵延，近水蜿蜒，风景如画。在村口，生长着两棵千年姊妹银杏，其中，较大的一棵树围 5.85 米，较小的一棵树围 5.1 米，树高均在 23 米以上，冠幅 20 米左右，两树相距 5 米，枝叶相接如姊妹牵手，树冠垂直投影面积达 300 余平方米。这两棵姊妹银杏，虽经千年风雨，却纤尘不染，树干古朴，枝条飘逸，千姿百态，尽显刚柔相济之美，似有出尘神韵。

据传说，这两棵相依相伴的银杏树，已有 2100 多年历史。20 世纪 50 年代，曾有人要将两棵树放倒拿来炼钢，一群人持斧拎锯，刚到树下，一阵风吹来，树上果实、叶片簌簌飘落，竟把领头的人砸晕了头，结果众人作鸟兽散，两棵古树得以保存。

如今，每到深秋时节，当地老乡及慕名而来的游客都争相到树下捡拾叶子、果实，据说以叶冲茶，以果煮汤，可延年益寿，祛除百病。但人们都对两株古树怀敬畏之心，从不恣肆攀爬树枝采果摘叶。林业部门还特意设置了一座钢支架，撑起古树一段老枝，保护其不被折断。

（十九）吴城千年银杏树

编号：豫 RG812　　地址：桐柏县吴城镇郭老庄　　学名：银杏

树龄 800 年，树高 18 米，胸围 550 厘米，树冠 15 米

桐柏县吴城镇郭老庄村小学附近，有一棵树龄在千年左右的银杏树，胸围 5.5 米，高约 18 米，枝繁叶茂。因其树根爬满了树下的全部空地，盘根交错，如虬互搏，当地人称这棵银杏树为“众龙拱珠”。经年累月的尘土、落叶积在树下，形成沃土，风吹鸟啄落下的树籽在里面生根发芽，曾一棵小楝树长到了鸭蛋般粗细，人们称之为“母女树”，可惜的是，这棵树不幸被一场暴雨毁掉。

夏季这里就成了孩子们的乐园，树下嬉戏之余，还可采果换钱，其乐无穷。

（二十）武候祠银杏

编号：豫 RA11　　地址：南阳市武侯祠　　学名：银杏

树龄 350 年，树高 22.6 米，胸围 285 厘米，树冠 16.5 米

2/柏

柏树属裸子植物门，松杉纲，柏科。为常绿乔木或灌木。叶小，鳞形或刺形，在枝上交互对生或 3 ~ 4 枚轮生，有时在一株树上兼有鳞形叶和刺状叶，称异形叶。雌雄同株或异株，球花单性，单生于枝顶或叶腋。雄球花具 3 ~ 8 对交互对生的雄蕊，每雄蕊具 2 ~ 6 花药，花粉无气囊；雌球花有 3 ~ 16 枚交互对生或 3 ~ 4 枚轮生的珠鳞，每珠鳞腹面有一至多枚胚珠，珠鳞与苞鳞完全合生。球果球形，成熟开裂或肉质合生成浆果状，发育的种鳞有一至多粒种子； 种子具窄翅或无翅。其木材具树脂细胞，无树脂道，纹理直或斜，结构细密，材质好，坚韧耐用，有香气，可供建筑、桥梁、舟车、器具、文具、家具等用材质；叶可提芳香油，树皮可提栲胶。多数种类在造林、固沙及水土保持方面占有重要地位。代表种有：

侧柏（扁柏）*Platycladus orientalis*，柏科，侧柏属。常绿乔木。树皮灰色，小枝扁平，排列成复叶状，叶全为鳞形，雌雄同株。花期 4 ~ 5 月。

刺柏 *Juniperus formosana*，柏科，刺柏属。常绿乔木。树皮褐色，只具有刺状叶，球果近球形，有白粉。花期 4 ~ 5 月。

铺地柏 *Pinus bungeana*，柏科，圆柏属。常绿匍匐状灌木。枝条沿地面扩展，稍向上斜展，叶 3 枚轮生。花期 4 ~ 5 月。

圆柏（桧、桧柏）*Sabina chinensis*，柏科，柏属。常绿乔木。树皮深灰色，具有鳞形和刺状两种叶，球果近球形，有白粉。花期 4 月。

柏树有益于人的身体健康。柏树发出的芳香气体具有清热解毒、燥湿杀虫的作用，因其主要成分为萜萜、柠檬萜。这些天然物质不仅能杀灭细菌、病毒，净化空气，而且对人具有松驰精神、稳定情绪的作用。日本开展的森林疗法，就是让癌症患者到柏树林中去休闲娱乐，多数患者精神状态改善，有的还消除了化疗引起的恶心呕吐反应。特别是柏树林中弥漫的大量负氧离子，能够提高人体免疫机能，调节呼吸和中枢神经系统的功能，素有“空气维生素”之誉。

（一）云阳楚王柏

编号：豫 RF181　　编号：豫 RF182

地址：南召县云阳镇第一小学院内　　学名：圆柏

树龄 2700 年，树高 21 米，胸围 279 厘米，树冠 5 米

树龄 2700 年，树高 18 米，胸围 226 厘米，树冠 6 米

南召县云阳镇第一小学所处位置，是周庄王九年（公元前 688 年）楚文王灭申后，在鹿鸣山南麓建的行宫遗址，《河南省通志》《明嘉靖南阳府志》中均有记载。院内有两株古柏，树高均 19 米，枝冠半枯半绿，据林业专家初步认定此古柏的树龄当有两千年以上。

明成化十三年（公元 1477 年）南召知府将楚王行宫遗址改造为文庙，从文庙石板的遗存构造可以看出，为保护这两株古树，当时修建地基时特意避开了古柏的根部。柏树人称寿树，亦是祭祀的象征，由于楚王行宫和文庙的缘故，这两株古柏得以历经风雨和战火保存下来。

楚王行宫（今称文庙）解放前为县立中学校园，现为云阳第一小学校址。如今，两棵古柏如同两位历史老人，似在听着朗朗书声，默默追忆着悠悠岁月。

（二）柏富寺旁无壳柏

编号：豫 RA1　　地址：卧龙区蒲山镇高庄村柏富寺　　学名：圆柏

树龄 2000 年，树高 13.1 米，胸围 270 厘米，树冠 8.5 米

蒲山镇高庄村柏富寺有一株古柏，树龄逾千年，胸围 2.7 米，高 13.1 米，虬枝突兀，枝繁叶茂，犹如伞状，柏枝墨黑，如翠如烟，粗壮笔直的树干呈螺旋式生长，纹路清晰，东西两根主枝朝不同方向对称扭结，满树枝条皆状如麻花，籽粒无壳，令人称奇。

古柏树形独特，在不同位置观看，或于不同时间观看，古柏都会呈现不同的姿态，如蛟龙，如猛虎，如奔马，如宝塔……变幻不定，堪称一绝。

此处人称“一柏担三庙”，意为古柏周围修建了石庙、仙爷庙和玉皇庙三座庙宇。相传此地原是茫茫一片林海，后遭过度砍伐，只留一棵古柏，当年李自成带兵路过，还曾拴马此树。

2000 年，市政府命名该寺为柏富寺，定为市级文物保护单位，柏富寺因树成寺，寺中僧人及附近村民一直对古柏爱护有加，自发在树周围修建栏杆，保护裸露的树根，又用两根圆柱支撑古柏两根主枝，预防其折断。“千年古柏庙院中，从古到今有名声。”每年正月十五，方圆百里的村民都来古柏前赶庙会，热闹非凡，盛况空前。

（三）闻庄圆柏

编号：豫 RA8　　地址：卧龙区石桥镇闻庄村　　学名：圆柏

树龄 1600 年，树高 12.1 米，胸围 240 厘米，树冠 7 米

（四）淮渎庙遗址汉柏

编号：豫 RG655　　地址：桐柏县东关县第一高级中学　　学名：圆柏

树龄 1600 年，树高 14 米，胸围 350 厘米，树冠 8 米

淮渎汉庙遗址位于桐柏第一高级中学院内。在当年的大殿前面，有两棵古柏，据说是在建庙时种下的，距今已有 1600 多年历史。

淮渎庙是古代帝王遣官祭淮的地方。汉代时为了祭祀方便，在此修建淮渎庙，官方定期来祭拜。据记载，当时庙宇修建得气势宏伟，庙前广植柏树，楼宇殿堂一应俱全。经过历代统治者的不断扩建，最多时有五百多间房屋，雕梁画栋，雄伟肃穆。

原来院内有两棵奇树：一为“桐包柏”，大桐树里长出了一棵柏树；一为“楸包桐”，大楸树里长出了一棵桐树。两株连理树，令人称奇，成为当时闻名一时的景观，桐柏的名称便由此而来。后来“桐包柏”枯死，其遗干至今仍傲然屹立。

1936 年，冯玉祥驻军桐柏，大力兴学，将庙宇改建为学堂，成为现在的桐柏县一中。原来的柏树林历经战火和庙院的改扩建，大都不存，现仅存活两棵，尤为珍贵。20 世纪 70 年代，这两棵树的树干也被人锯去不少。现在学校对这两棵汉柏爱护有加，严禁攀折损伤。两棵参天古柏，枝繁叶翠，生机勃勃。夏天，树下是师生乘凉的好地方；冬天，树上栖息了许多鸟雀，柏籽是它们越冬的佳肴。

淮渎庙遗址汉柏

（五）丰山古柏

编号：豫 RA3　　地址：卧龙区蒲山镇大庄村丰山

学名：圆柏，别名：龟柏

树龄 1000 年，树高 8 米，胸围 376 厘米，树冠 11.6 米。

（六）李家圣柏

编号：豫 RG1 豫 RG2 地址：桐柏县埠江镇李营村 学名：圆柏

树龄 1100 年，树高 16 米，胸围 365 厘米，树冠 15 米

树龄 1100 年，树高 15 米，胸围 360 厘米，树冠 14 米

桐柏境内的李营村，有一株参天古柏，如巨人般伸展着身躯，威风凛凛，稳如铁塔，守护着桐柏的西大门。

传说当年，玉皇大帝巡至南天门时，见守护南天门的四大天王不知为何睡着了，勃然大怒，把他们悉数贬下天庭。四大天王来到人间后化作四棵古柏，帮助当地百姓挡风遮雨，做了许多好事。玉帝得知天王们有悔改之意，便将他们召回。可最小的天王因贪恋人间美景，一时竟误了归期，便留在人间，继续为当地百姓遮风挡雨。至今，此地还有春季植柏树的风俗。

虽经千年风雨洗礼，这棵古柏仍高入云端，苍翠挺拔。坚硬皱褶的树皮仿佛向世人诉说着岁月的沧桑巨变，倔强顽强的树干成了敢于向命运抗争的象征，浓翠欲滴的树枝透着勃勃生机。

（七）石堂山古柏

编号：豫 RE7　　地址：内乡县岞岖乡白杨村石堂山

学名：圆柏　　别名：翠柏

树龄 1500 年，树高 19 米，胸围 350 厘米，树冠 10 米

石堂山位于内乡县岞岖乡境内，乃中原名山，著名道教圣地，享有“南有武当，北有石堂”之誉。

走进石堂山，紧挨着竹林有一棵树龄达 1500 年的古柏，胸围 3.5 米，高 19 米，因其树龄之长安然稳坐于内乡县古柏家族第一把交椅。古柏是石堂山四大景之一，虽历经沧桑仍枝繁叶茂，生长旺盛，树干扭曲盘旋上升，枝条螺旋盘曲向上生长，似盘龙姿态，被当地人尊奉为保护神。古柏树干中部伸出的侧枝展向前方，恰似一位好客的主人，挥展双臂，热情欢迎每一位来此游览的宾客，故称“迎宾柏”。每有游客到此，顿时游兴倍增，纷纷摄影留念。

石堂山是闻名遐迩的麻衣道场，历史上因麻衣子影响深远，这里曾一度辉煌，后遭兵燹，毁于一旦，唯千年古柏得以幸存。据传几百年前曾有工匠试图对古柏进行砍伐，不料古柏白天砍夜间长。当工匠增派人力连夜砍伐时，古柏却流出了鲜红的血汁，人们以为得罪了神仙，忙祷告一番停了砍伐，千年古柏因此幸免于难。20 世纪 50 年代也曾有人准备砍伐柏树，当地村民群起保护，于是古柏又逃过一劫。

而今，随着当地群众古树保护意识的不断提高，千年古柏得以精心管护，焕发出新的生机，刚劲挺拔傲然挺立成为石堂山历史的见证。

石堂山古柏

（八）杨家义柏

编号：豫 RA9　　地址：卧龙区陆营镇杨营村　　学名：侧柏　　别名：香柏

树龄 500 年，树高 13.5 米，胸围 301 厘米，树冠 7 米

卧龙区陆营镇杨营村南路口一棵古柏挺拔耸立，树冠如游龙攀云，气势非凡，树高约 13.5 米，树干为三棱柱形，周长 3 米多，3 个小学生才能合抱。据记载，这棵古柏是自山西洪洞县迁徙而来的移民定居时所栽，树龄已有 500 年以上。

传说，明朝时此地有一恶霸怙恶不悛，百姓敢怒不敢言，幸有一位杨姓义士多次仗义执言阻其恶行，恶霸便纠集几十个爪牙把杨家满门尽屠，只有一个小孩因外出玩耍而幸免于难。杨氏遗孤隐姓埋名三十年，长大成人后，向官府报案，陈说冤情，终使血案昭雪，恶霸伏法。为彰显正义，官府特下令在杨家墓园种植柏树以表彰杨氏的忠孝侠义之举，鼓励民众为善向上。

古柏所在之处原有一片柏林，后毁于战火，只有此树劫后复生，依然吐绿。

柏树有长寿的寓意，杨营村多长寿老者，70 岁以上的老人就有 30 多人，其中年纪最大的华氏三兄弟被镇政府命名为“老寿星”，兄弟三人身板硬朗，一生未生过大病，至今仍能坚持干农活，成为远近有名的新闻人物。

(九) 古柏沧桑历风雨

编号：豫 RD244　　地址：淅川县厚坡镇柳林村　　学名：侧柏　　别名：柏树

树龄 300 年，树高 12 米，胸围 260 厘米，树冠 7 米

淅川县厚坡镇卢咀小学院内，有一棵苍翠葱郁、虬枝盘旋的古柏树，树龄 300 年以上，树高约 12 米，胸围约 7 米，树冠 7 米，两个人才能勉强合抱。

为保护这棵古柏，当地流传着很多传说。一种传说是，由于该树年代久远，苍翠葱郁，被一条神龙当作巢穴。逢年过节凡祭拜过它的人，都会在来年交到好运；凡对它有一点不敬的人，必将遭到报应。希望人们把这棵古柏当作神灵的化身，从而自觉地保护它。另一种说法是，20 世纪 70 年代，破“四旧”之风盛行，一些人欲将古柏当作“四旧”破除，其中一个人拿刀砍树，谁知一刀下去，所砍之处便流出如鲜血般的树液，吓得众人一哄而散，砍树之人当夜便得了怪病而亡。口口相传，从此人们对古柏敬畏有加，古柏方得以保存至今。

目前，林业部门已把古柏作为古树名木建档立案，采取措施加以保护，古柏亦如一位安详老人，在校园一角默默为莘莘学子遮风挡雨。

（十）一柏一步凌霄花

编号：豫 RB1　　地址：宛城区东关街道医圣祠内　　学名：侧柏

树龄 1000 年，树高 13 米，胸围 150 厘米，树冠 3.5 米

东汉灵帝时期，张仲景曾举孝廉，官至长沙太守。有一年，河南一带暴发流行性疾病，民不聊生。张仲景不忍心看到人民饱受疾苦，遂弃官回乡行医治病，救了不少人。后来人们为纪念这位医圣，就在他行医治病的处所建了医圣祠。明末战乱，祠部分被毁，祠内仅保存下来“怀济桥，九阶层，一柏一步凌霄花”等景观和建筑。

古柏高约 13 米，胸围 1.5 米，冠幅平均 3.5 米。树被凌霄缠绕，树干已腐朽，树头部已枯，唯有东南方向垂下几条青翠的枝条，搭在屋脊上。民国初年，石友三率兵驻扎在医圣祠，士兵在古柏下生火做饭，不慎失火，将古柏烧死半边，至今古柏未能恢复生机。凌霄树也因过于古老而于前年枯死。

关于“一柏一步凌霄花”还有一个传说。明代一府台是个孝子，其母有病，久治不愈。一天晚上，睡梦中有位老先生给他开了药方，老太太服药后病就好了。府台再次梦到老先生时就问：“先生是哪里人士？”老先生答到：“仁济桥，九阶层，一柏一步凌霄花。”原来梦中的老先生就是医圣张仲景。

一柏一步凌霄花

（十一）丹霞寺古柏

编号：豫 RF121　　豫 RF122　　地址：南召县留山镇丹霞寺　　学名：圆柏

树龄 1000 年，树高 21 米，胸围 190 厘米，树冠 5 米

树龄 1000 年，树高 22 米，胸围 230 厘米，树冠 12 米

在南召县留山镇丹霞寺内，有两棵约 1000 多年树龄的古柏，其中一棵高大挺拔，而另一棵显得斜而有趣，据说，此树旁边原有一仓库，里面存放着柴禾和衣物。曾经仓库失火，将这棵古柏半边烤干。人们都认为这棵树肯定活不成了，谁料不知过了多少年，这棵被烧干了半边的柏树又活了过来，青翠挺拔，重现了往日的生机。

据介绍，这棵古柏树身原本并不倾斜。1987 年秋，由于暴雨不断，致使这棵古树根部的泥土因渗水过多而变得非常疏松，后经北风一吹，整棵树就向南倾斜。为了保护这棵古树，县文物保护部门就在树下垒了一个石柱支撑这棵树。时至今日，这棵古柏仍旧舒服地“躺”在这个石柱上。

虽然这棵古柏历经了上千年的风霜雨雪，但仍然枝繁叶茂，长势喜人。如今，每到傍晚时分，树上就落满了各种各样的小鸟，它们叽叽喳喳的叫声，给宁静的寺院增添了不少热闹的气氛。

丹霞寺古柏

（十二）桐柏文庙虬柏

编号：豫 RG659　　地址：桐柏县城关镇大同社区文化馆院内　　学名：圆柏

树龄 1000 年，树高 13 米，胸围 440 厘米，树冠 12 米

南阳市桐柏县文化馆原为文庙旧址，生长有两棵古柏。每棵树高都在 13 米多，胸围 4.4 米多，冠幅直径 12 米。据记载，文庙始建于北宋大中祥符七年（1014 年），古柏为建文庙时栽植，距今已有近 1000 年的历史了。

这两棵古柏分左右矗立在原文庙大殿门的两侧，像是两个踏实的武士，虔诚地守护着文庙大殿。传说，这两棵古柏是两条虬龙变化而成的。当初建庙时，南山老龙潭里有两条很顽皮的小虬龙，看见桐柏城里建了一座很精美的庙宇，一时贪心大起，异想天开地想占有它，好冒充神仙，享受一些人间香火。后经孔夫子教化，收敛了贪欲和逞强好斗之心，决意跟随孔夫子修身养性，于是就变化成两棵柏树守护在大殿门前。这个传说给当年的文庙增添了一层神秘的色彩。不过，矗立在文庙殿旁的明正德十年《重修至圣先师文庙碑记》中“见青松柏丸焉，松角有梴焉”之句却佐证了这两棵古柏当年的风采。

如今，这两棵饱经风霜的古柏仍茁壮生长，显示出其顽强的生命力。特别是它那奇形怪状的枝丫，如蛟龙戏水，又似飞龙在天。大大小小的树瘤，形态各异，令人产生千奇百怪的联想。

（十三）菩提寺古柏

编号：豫 RI8　　地址：镇平县老庄镇果营村菩提寺　　学名：侧柏

树龄 800 年，树高 26 米，胸围 280 厘米，树冠 6 米

（十四）北黄龙香柏

编号：豫 RE77　地址：内乡夏馆镇北黄龙村　学名：圆柏

树龄 710 年，树高 18 米，胸围 189 厘米，树冠 7 米

黄龙庙位于内乡县夏馆镇北黄龙村，这里曾有一个美丽的传说。

据传，古时候有一天天上掉下一条黄龙，人们提桶端盆往黄龙身上泼水，于是黄龙得救。后来天上起了一团云，接着下了一场雨，黄龙升天了。从此以后，周围的人们每逢天干地旱，就到此地求雨，居然非常灵验。人们为感黄龙降雨之恩，在此地建造庙宇，栽植柏树（自古庙前多植柏），于是黄龙庙就此诞生，今黄龙村地名就源于此。

据当地老年人讲，革命先烈曾洒热血于此。新中国成立前后，当地地主武装负隅顽抗，做垂死挣扎。为彻底铲除匪患，夏馆区政府派工作队驻扎黄龙庙，负责监视匪情，并维持治安。1949 年 6 月，工作队因受通匪奸细所害，遭匪徒突然袭击，工作队队员借庙院内古柏树为掩护，与匪徒展开了激烈战斗，用生命和鲜血谱写了一曲可歌可泣的战歌。

而今，黄龙庙前的这棵有着 700 余年历史的古柏树，虽历经沧桑，依然枝繁叶茂，生机勃勃，似乎在无声地诉说着革命先烈的英雄事迹。作为国家一级古树，内乡县政府已为其挂牌保护，县林业部门定期为其“体检”。而与此树仅一墙之隔的黄龙村学校师生，则经常来此接受爱国主义教育，悉心照料古柏。

北黄龙香柏

（十五）白石嘴古柏

编号：豫 RH99　　地址：方城县独树镇白石嘴村　　学名：圆柏　　别名：柏树

树龄 800 年，树高 15 米，胸围 220 厘米，树冠 9 米

（十六）显圣庙翠柏

编号：豫 RE28　　地址：内乡县王店镇显圣庙村　　学名：圆柏　　别名：翠柏

树龄 710 年，树高 15 米，胸围 230 厘米，树冠 10 米

内乡县显圣庙位于王店镇西北4公里处的显圣庙村，始建于元朝大德年间，现为显圣庙村小学所在地。

据《内乡县地名志》记载："村北有古刹显圣庙一座，村以庙名，相传有龙王显圣的故事。"据说内乡县衙正堂与显圣庙庙堂处于一条中轴线上，故当地流传有"南有县衙，北有庙堂"之美誉，"庙堂"即显圣庙。

显圣庙前有一棵约700年树龄的古柏树，虽历经风霜雪雨，雷轰电击，至今仍巍然屹立，郁郁常青。在这里，人们视古柏为吉祥昌瑞的"神柏"，无论是大人还是小孩，谁都不会去折它的一根枝丫。为保护古树免遭破坏，学校师生和当地村民还自发进行管护。柏树是庙宇中最常见的树种，它斗寒傲雪、坚毅挺拔，乃百木之长，素为正气、高尚、长寿的象征。这棵古柏也是内乡显圣庙历史的见证。

（十七）回车堂圆柏

编号：豫 RC14　　地址：西峡县回车镇回车堂村　　学名：圆柏　　别名：刺柏

树龄 600 年，树高 12 米，胸围 380 厘米，树冠 5 米

西峡县回车镇回车堂村一棵古柏，被当地人称为“仙柏”。此树高近十二米，需四个人才能合抱。远远望去，古柏就像一棵傲然挺立的“迎客松”笑迎八方来客。该村村民每逢春节、接亲等大喜事，都要在柏树上贴上对联，他们把古柏当作吉祥之物，以期给人们带来好运。

远观古柏，似是两棵大树相依，但实际上它是一棵树，两个树干生长在一个树根上，细树干（粗 2.9 米）是在粗树干（粗 3.9）米，根部发出的一个树杈长成的。从近处不同的位置观看，古柏时而像松鼠下树，时而像骏马立睡，时而像盘龙飞天。两个树干上的叶子形状和果实大小也不相同，粗树干上的叶子呈条形，成簇的籽为麦子形状大小，黄绿色；较细的树干上条形叶子头部呈针尖形，其籽为豌豆状，银白色。

这棵参天古柏能长到今天，与村民的保护关爱密不可分。1957 年，西峡县造船队派人伐树，想造一只大船，村民们坚决抵制，男女老少围成一堵人墙，救下古柏。1962 年，当时有人曾提出用一台东方红拖拉机来换这棵树，也被村民们断然拒绝。

1988 年秋，一位上海客商来西峡做生意，路过回车堂村，对这棵古柏树大加赞叹，当即投资一千多元钱，买了材料，请民工将树根周围的土垫高，并在树周围四米处垒起一个围墙，把古柏保护起来。每逢夏天人们就在围墙里乘凉，其乐融融。

回车堂圆柏

（十八）红庙兄弟柏

编号：豫 RE9　　地址：内乡县岞岖乡红庙村　　学名：圆柏　　别名：香柏

树龄 550 年，树高 18 米，胸围 284 厘米，树冠 8 米

在内乡县岞岖乡红庙村，有两棵参天古柏，它们并排耸立，已有 500 余年树龄。其中的一棵 18 米高，胸径 2.8 米，冠幅 8 米。

这两棵柏树长相神似，枝叶苍翠，树姿雄伟，蔚为壮观。它们蓄日月之精华，养天地之正气，高大挺拔，就好像两个顶天立地的男子汉昂首并肩而立，故而人称“兄弟柏”。

在这里，人们视古柏为“神柏”，是村中的“吉祥树”“如意柏”。有的孩子偶尔把落在地上的枯树枝捡回家当柴烧，都会受到家中老人的严厉责骂，非要叫孩子把捡回的枯树枝送回去不可。在古柏的枝干上，过去挂有祈祷祝福的布条，乡民们都希望神柏保佑自己生活吉祥平安。

这两棵“兄弟柏”虽历尽沧桑，但如今仍苍翠青葱，生机盎然。它们是绿色文物，是内乡悠久历史的见证，已成为菊乡灿烂文化不可或缺的一部分。

红庙兄弟柏

（十九）卢医神柏

编号：豫 RI23　　地址：镇平县卢医镇政府院内　　学名：圆柏

树龄 700 年，树高 12 米，胸围 290 厘米，树冠 8.3 米

在镇平县卢医镇，有一气势雄伟的卢医庙，又名扁鹊庙。庙前矗立着一棵古朴苍劲、伟岸挺拔的古柏，其树体通直，虬枝盘生，树皮开裂，裂纹呈螺旋状，树干基部四周瘤状突起，无不显示着该树的古朴与苍劲。

相传战国时期，一代名医扁鹊游医到此，他用精湛的医术治好了当地的疑难杂症，深受当地人地爱戴。后来人们为了纪念扁鹊，于明嘉靖二十三年（1544 年）在此修建了扁鹊庙。由于扁鹊是卢村人，又是个医生，因此该庙起名卢医庙。庙前栽植了许多柏树，后来由于明末战乱，庙宇被毁，树也被毁，仅剩此棵。清朝重修此庙时，就是以此树为参照，修建了现在的卢医庙。周围群众都把此树当做神树，每逢佳节或有重要事情，人们就到此树前烧香祭拜，并在树上挂绸布以祈求平安。年复一年，树干基部被烤黄，树干上也被钉得千疮百孔，树势逐渐衰弱。20 世纪 80 年代后期，当地政府为了保护好古树，就在此树周围设置了护栏，不让人们靠近树木，此树得以焕发青春。

（二十）小水圆柏

编号：豫 RC316　　地址：西峡县双龙镇小水村　　学名：圆柏

树龄 2000 年，树高 21 米，胸围 302 厘米，树冠 11 米

古老的蛇尾河蜿蜒而下，到了西峡县双龙镇的小水村却放慢了脚步，在这里形成了千亩沃土。小水村南头，生长着一棵千年古柏，主干3人合抱不住，树高20余米。它像一尊门神站在村头，保佑着这方百姓的平安。相传，汉武帝刘秀当年败走南阳，整天被王莽追兵追赶。这天在双龙镇吃过午饭，正要赶路时，天却下起了大雨。待雨停后，刘秀动身往东，过了河南，来到大河边上，这时河水突然暴涨。刘秀手下人惊叫："大水到了，大水到了。"刘秀因成天奔波，十分困乏，这时正闭着双眼在思考着下一步的事情。他从路人口中打听到前面的村子叫筱水，猛听手下人说大水到了，以为是手下人搞错了，把筱水当成大水了，就闭着眼说："哪是大水，小水到了。"谁知经他这么一说，那滔滔洪水顿时消退。手下人都十分惊奇，说幼主一句话，大水即刻变小水，以后这个地儿干脆就叫小水吧。刘秀当夜就住在小水，这可急坏了住在街南头那棵千年古柏上的胡仙了。胡仙想："一个龙子住在这，没有个城池怎行？"于是就准备筑城。这事被土地爷知道后，就对胡仙说："人家只住一晚上，一夜工夫，你咋能修座城？"胡仙说"能"。土地爷不信，他俩就打赌论输赢，如果胡仙胜了，土地爷情愿把自己的庙和香火让给胡仙，若胡仙输了，自己仍住在大柏树上不说，还得听从土地爷的调遣，叫干啥就干啥。两人当即说定。胡仙一声令下，四乡八村的胡仙都来了。堆土的堆土，夯墙的夯墙，不到四更时，一座土城的毛坯子就堆成了。土地爷眼看自己要输了，就变成一只大公鸡，"喔喔"一叫，四邻八舍的公鸡可都叫开了。胡仙一听鸡叫，想着天亮了，自己的城还没修好，输定了。于是众胡仙一哄而散，只留下住在大柏树上的胡仙。所以直到现在他仍在大柏树上住着，说来也怪，听老辈人讲，这棵千年古柏，从未有鸟在上面垒窝。

1955 年，有一支秦岭地质队在小水住了数月，其间对小水的古城墙、古柏树均作了考证。据他们讲，从已经出土的石器和陶器片论证，这座城已有 4000 余年历史，是奴隶社会的产物，是劳动人民的杰作，并非"鬼修城"。小水也因出土了大量的石器及陶瓷，被上级文物部门定为"新石器时代遗址"。那棵古柏树，已有 2000 年树龄，也被政府定为受保护树木。

（二十一）葛营古柏

编号：豫 RC40　　地址：西峡县五里桥乡葛营村马营组　　学名：侧柏

树龄 500 年，树高 13 米，胸围 210 厘米，树冠 11 米

西峡县五里桥乡葛营村马家营有一棵柏树，当地人称之为“双柏”，此树树干胸围近 2 米，枝繁叶茂，苍劲挺拔。

据传说，明崇祯年间，李自成行军至此，下马歇息欲将缰绳拴于柏树树干上，无奈柏树太粗，缰绳又短，怎么也栓不上去，李自成随即抽出宝剑把柏树从中间一劈两半，从此，这棵柏树便在距地面约半米高的地方分别向东西两个方向拧着生长，东面的一枝向东拧，西面的一枝向西拧，好似两股从中间分开的草绳。

传说 20 世纪五六十年代，曾有人要把这棵柏树砍了炼钢铁用，不曾想刚上树还没有动斧，此人眼前便一片漆黑，什么也看不见了，吓得他丢下斧子赶忙下树，从此，再也没有人敢动这棵柏树。正是这些神奇的传说才使这棵古柏树幸免于难，能走过千年风雨活到今天，也许这也是人们在无能为力时保护这棵古的一种独特办法。

现在，每逢初一、十五，都有很多人来烧香求愿，每年的农历二月十五日，村里人还搭台唱戏，乞求神树保平安，保庄稼风调雨顺。

葛营古柏

（二十二）汉王城绕龙柏

编号：豫 RC363　　地址：西峡县二郎坪乡汉王城村

学名：侧柏　　别名：螺丝柏

树龄 500 年，树高 13 米，胸围 210 厘米，树冠 11 米

相传汉王城为汉高祖伐秦驻兵地，以后历代在此建庙。民国年间，仍有四合院庙堂，新中国成立后设小学于此。

汉王城地处山谷盆地，四周奇峰林立，东有擂鼓石寨和宝盒山，南有险要关隘闪莽岭、烽火台和圪辽瀑布，西有陡峭千仞的石壁，相传猪八戒在此扒了道沟壕，故又称耙楼山。汉王城附近的地名传说也有很多，如附近崖上修建的古石寨，至今完好无损，有“小长城”之称。汉王城北有孤峰擎天的赶山坡寨，神话传说此山是二郎神担山赶太阳担出的，故又名赶山坡。

（二十三）罗堂侧柏

编号：豫 RG703　　地址：桐柏县月河镇罗堂村　　学名：侧柏　　别名：扁柏

树龄 650 年，树高 12 米，胸围 350 厘米，树冠 11 米

（二十四）鱼贯侧柏

编号：豫 RE56　　地址：内乡县赤眉镇鱼贯口小学

学名：侧柏　　别名：香柏

树龄 230 年，树高 12 米，胸围 168 厘米，树冠 6 米

在内乡县赤眉镇鱼贯口小学门前有一座古庙，古庙前有两棵古柏，如今，古庙已破烂不堪，但两棵古柏依然郁郁葱葱，曾经发生在这里的故事已载入共和国史册，千古不朽。

解放战争时期，中国人民解放军陈赓所率部队挺进到伏牛山东麓之后，蒋介石派李铁军第五兵团前来“清剿”，妄图捕捉到陈赓部队主力并予以歼灭，陈司令员摆出一个迷魂阵反而把李铁军这条“牛”牵入豫西歼灭了，这就是闻名全国的“豫西牵牛战”。

当年阻击战就发生在古庙对面的山坡上，陈赓旅长和几个将领就站在古庙前的柏树下指挥这场战斗。

（二十五）黄狮九柏伴关帝

编号：豫 RC41　　地址：西峡县五里桥乡黄狮小学　　学名：侧柏

树龄 500 年，树高 13 米，胸围 246 厘米，树冠 8 米

西峡县五里桥黄狮小学的校园里有九棵明万历年间的古柏。因这里原是修建于 1377 年至 1623 年间的关帝庙，且庙内有 9 株柏树，故被称为“黄狮九柏伴关帝”。

走进校门，两排苍劲的古柏分列道路两旁，左 5 右 4，好像 9 员勇猛的大将，英武逼人。古柏挺拔茂密，亭亭如盖，林荫蔽日，最粗的一株树围达 2.1 米。按建庙时期所栽计算，9 株古柏已有 500 余年的历史。

相传庙内最初种有 10 棵柏树，后有一个土地爷在距黄狮东 1.5 公里的封店“安家”，其庙内无树，见关帝庙内有 10 棵柏树，于是向关帝要了一棵，移到自己庙内。巧合的是，封店确有一棵孤零零的古柏树，和此处的 9 棵柏树差不多大小，让人称奇。

黄狮 9 棵古柏中，有 1 棵已经死亡。新中国成立前一位共产党员被敌人绑在古柏上，浇上汽油活活烧死，古柏也随之而亡。但是 50 多年过去了，没有人因古柏死亡而把它砍掉，至今仍然屹立在那里，犹如那名宁死不屈的共产党员一样，虽然烧死了它的躯体，但烧不死他的精神。

3/松

松树（*Pinus*）为松科，松属。针叶树类，常绿树，绝大多数是高大乔木。其最明显的特征是叶呈针状，常 2 针、3 针或 5 针一束。如油松、马尾松、黄山松的叶为 2 针一束，白皮松的叶为 3 针一束，红松、华山松、五针松的叶为 5 针一束。

松树为雌雄同株。雌球花单个或 2–4 个着生于新枝近顶端；雄球花多数聚集于新枝下部。松树的球花一般于春夏季开放，但花粉传到雌球花上后，要到翌年初夏才萌发，使雌花受精，发育成球果（俗称松塔或松球，不是果实）。球果于第二年（稀第三年）秋后成熟，种鳞张开，每个种鳞具两粒种子。

松树对陆生环境适应性强。它们可以忍受 −60℃的低温或 50℃的高温，能在裸露的矿质土壤、沙土、火山灰、钙质土、石灰岩土及由灰化土到红壤的各类土壤中生长，耐干旱、贫瘠，喜阳光，因此是著名的先锋树种。

松树树姿雄伟，枝叶繁茂，世间万物莫过于松树之盛。它以刚毅常青荣居“岁寒三友（松、竹、梅）”榜首。松树长寿，少者百岁，长者逾千，被人们誉为“百木之长”，素有“劲松”之美称。

（一）太白顶上大马尾松

编号：豫 RG973　　地址：桐柏县淮源镇淮源村　　学名：马尾松

树龄 220 年，树高 20 米，胸围 215 厘米，树冠 9 米

桐柏县境内的桐柏山太白顶附近的几个山头上生长着760多亩天然马尾松林，已被列为省级重点保护对象。这片马尾松林已有200多年历史，林中的几棵大马尾松格外喜人，其中最大的一棵，树高20米以上，胸围2.1米。

这片天然马尾松林，是我国马尾松地理分布的最北限。桐柏山太白顶地处亚热带北部边缘，兼有亚热带和暖温带气候特点，属亚热带季风型大陆气候，四季分明，温暖湿润，雨量充沛，无霜期长，年平均气温 15℃，无霜期 211 ~ 231 天，年平均降水量 993 ~ 1181 毫米，土壤为黄棕壤。这些特点适合马尾松的生长习性，因而这片马尾松能够发育良好，生长健壮。

（二）三潭柴松

编号：豫 RI15　　地址：镇平县二龙乡三潭村　　学名：油松　　别名：柴松

树龄 350 年，树高 9 米，胸围 140 厘米，树冠 11.5 米

（三）蚌峪马尾松

编号：豫 RE69　　地址：内乡县七里坪乡蚌峪村

学名：马尾松　　别名：青松

树龄 210 年，树高 18 米，胸围 242 厘米，树冠 15 米

在内乡县七里坪乡蚌峪村，有一棵古松树，树姿秀美，树龄约200年左右，树高18米，胸围约2.5米，系国家三级古树。该树多条粗壮枝条向四方延伸，枝叶繁茂，冠幅15米，远远望去，似一把浓绿的大伞，庇护着这片土地。数百年来，它汇天地之灵气，积日月之精华，长成了参天古松。它经历了时间的洗礼和岁月的风霜雨雪，“千磨万击还坚劲”，仍以顽强不屈的生命力，保持着伟岸郁葱的形象。

在当地，人们视这棵松树为吉祥之兆，相信它能给人们带来富贵和吉祥。据说在晚上，当皎洁的月光洒满山坡，这棵松树的影子就会照到并赐福于某一人家。传说当地曾有一对年轻夫妇，他们过着快乐的日子。当太阳从东方升起的时候，他们就到田里辛勤地耕种，当月亮升起的时候，他们就在皎洁的月光下织布。奇怪的是他家的水缸里倒映着一棵苍翠欲滴的古松，水缸里的水始终满而不溢、甘甜爽口，把夫妻俩滋润得健健康康，从未生过病，他们家的日子也越过越红火。夫妻俩清楚是此树的福佑，天长日久遂生祭拜之心。丈夫在梦里受了老神仙的指点，循影子方向找去，历尽艰辛终于找到了这棵松树，原来就是它留下的影子。于是夫妻俩年年虔诚地前来祭拜，风雨无阻，从未间断。从此，这对夫妻富贵如意，平安旺财，健康长寿。

松树结松子意味“送子”。在当地至今还保留着这样一个习俗，谁家要是嫁闺女必定去这棵老树上折一枝松枝来，意味着送子成功。

如今，这棵古松树在当地政府的高度重视和有力保护下，再次焕发出新的生机与活力，继续见证着岁月变迁。

（四）西杨马尾松

编号：豫 RG954　　地址：桐柏县城关镇西杨社区

学名：马尾松　　别名：青松

树龄 300 年，树高 19 米，胸围 195 厘米，树冠 8 米

（五）走马坪白皮松

编号：豫 RC228　　地址：西峡县石界河镇走马坪村

学名：白皮松　　别名：三针松

树龄 200 年，树高 8 米，胸围 178 厘米，树冠 6 米

4/皂荚

皂荚（*Gleditsia sinensin* lam），别名扁皂角、平皂角。豆科，皂荚属，落叶高大乔木。棘刺圆柱形，常分支。羽状复叶互簇生，小叶6～16枚，卵形至长卵形，长3～8厘米，宽1～2厘米，先端钝或尖，基部楔形，边缘有细齿。总状花序腋生及顶生，花杂性；花萼4裂；花瓣4个，淡黄色；雄蕊6～8个；子房沿缝线有毛。花期5～6月，果熟期10月。荚果扁长条状，长12～35厘米，宽2～4厘米，紫棕色，有时被白色蜡粉，有光泽，不开裂。种子卵圆形，红棕色。

皂荚分布广，产于我国黄河流域及以南地区，我省的太行山、桐柏山、大别山及伏牛山均有野生。

皂荚为深根性树种。喜光不耐阴，耐旱性强。喜生于土层肥沃深厚的地方，能在石灰岩山地及石灰质土壤中生长，在轻盐碱地上也能长成大树。它耐热、抗寒、抗污染，是用于城乡景观林和道路绿化的好树种，也是重要的绿篱树种。它还能固氮，适应性广，抗逆性强，综合价值高，能较好地改良土壤，是天然林保护和人工造林的优选树种。它与松树混交，还可抑制松毛虫的发生。

皂荚树木材黄褐色，有时杂以红褐色条纹，纹理直或斜，年轮明显，宽窄不匀。不易干燥，容易开裂。木材强度大，耐腐耐磨，可作桩柱、车具、车辆等用。果荚富含胰皂质，可代肥皂用，洗涤丝织品，不损光泽。种子可榨油，可作滑润剂、制肥皂用。皂刺入药，活血并治疮癣。荚果有祛痰、利尿的功效。种子有治癣和通便秘的功能。皂荚果、叶煮水，可防治红蜘蛛等害虫。

（一）吉祥寺古皂荚

编号：豫 RE29　　地址：内乡县灌涨镇杨集村吉祥寺　　学名：皂荚

树龄 1150 年，树高 22 米，胸围 335 厘米，树冠 18 米

吉祥寺位于内乡县灌涨镇杨集村，始建于宋，历经多个朝代的重修，一度香火甚旺声名远播。后改为学堂，近年又恢复成寺院，请来寺僧，重塑佛像，初具规模。

吉祥寺内有两棵古皂角树，树龄均在千年以上，相传为建寺时所植。2007 年，内乡县政府按照古树分类相关规定，将其确定为国家一级古树，列入内乡县古树保护名录，实行严格保护。站在历经沧桑的大树下，令人油然而生一种敬畏感。

2014 年 9 月，内乡县林业部门对这两棵古皂角的保护状况和相关数据进行了复查，结果显示其胸围达到 335 厘米，一棵 22 米高，冠幅 18 米；另一棵 20 米高，冠幅 24 米。古皂角树保护状况良好，虽历经千年仍郁郁葱葱，每年春天长出嫩绿的叶子，直到深冬严寒时节，树叶才逐渐枯黄飘落。随行的镇村干部介绍，炎炎夏日，这里成了避暑的绝佳去处，人们在树下纳凉下棋聊天，老幼同乐，其乐融融。

（二）刘备挂剑树

编号：豫 RL16　　地址：新野县公安局院内　　学名：皂荚

树龄 1800 年，树高 21 米，胸围 241 厘米，树冠 17 米

在新野县公安局院内东北角，有一棵约有 1800 年树龄的古皂角树，高约 21 米，树冠约 17 多米，主干胸围 2.4 米左右，两个成年人都合抱不来。

此地原为旧时的县衙。相传刘备当年屯兵新野时，实行宽仁爱民政策，植树种桑，造福百姓。他还自己亲手在当时的校马场边，种下这棵皂角树，以示表率。刘备常在此树下舞剑练拳，研读兵书，休息时便把剑挂在树的枝头上，久而久之，挂剑的树枝留下了深深的印痕，形如一弯形挂钩，后人便称这棵皂角树为挂剑树。当年诸葛亮火烧新野，刘备临走前曾安排军卒对此树专门保护，使得古树免于火灾。

历经千余年的风霜雨雪，这棵皂角树仍枝繁叶茂，果实累累，结出的皂角又大又长，酷似一把把利剑，风动之时，犹如万剑挥舞，瑟瑟有声，令人肃然起敬，仿佛要把人带回那个风起云涌、英雄辈出的时代。清乾隆十九年新野知县余达仁有《挂剑树》诗曰："老树成虬干，风霜几百秋，相传昭烈帝，挂剑在枝头。"

1958 年，为炼钢铁，古树险些被伐，幸被保护至今。1999 年，此树主干顶端出现一盆口大内窟，为防止雨水灌注其内，致使树干腐枯，该县公安局遂用水泥封其洞口。现在古皂荚树又萌发新芽，

在春雨的滋润下，千年古树又焕发出了勃勃生机。

（三）土门前皂荚

编号：豫 RF119　　地址：南召县留山镇土门前村　　学名：皂荚

树龄 500 年，树高 21 米，胸围 330 厘米，树冠 19 米

南召县留山镇土门村李八井组有一棵神奇的百年皂角树，树体庞大，枝繁叶茂，树干需两个成年人才能合抱得住。树干胸围为3.3米，树高 21 米，冠幅近百平方米。

据介绍，1936 年秋，一伙土匪来到村里抢劫后，点燃了堆在树下的干柴，整个树干被烤着了一半，当时人们认为这棵皂角树要被烧死。谁知，其生命力顽强，烧着的树干后来形成了一个槽形的树洞，经过60年的“愈合”，树洞越来越小，现如今连拳头也伸不进去了。更神奇的是，只要逢灾，这棵“皂角王”就会结出无籽皂角。

（四）夏馆大仙皂荚

编号：豫 RE74　　地址：内乡县夏馆镇夏馆村　　学名：皂荚

树龄 660 年，树高 14 米，胸围 380 厘米，树冠 13 米

元朝初年，内乡县夏馆镇不过是个只有 40 多户人家的小山村，40 多户人家零零散散分居于湍河两岸。山中大树成荫，遮天蔽日。在夏馆村北头，有一棵皂荚树，秋季硕果累累，人们常用皂荚来洗衣裳或治病。树旁有一户人家，低湿的茅屋内住着母子二人，母亲年高，儿子尚幼，母子度日全靠乡邻接济。

转眼数年过去，儿子长大成人，开始下田干活，上山打柴，承担起养活老母亲的责任。一日，儿子穿一身干干净净的白衣衫上山打柴。谁知，突遭大雨，直下得沟满河平。儿子惦念家中老娘，急忙过河回家，不幸落入水中身亡，母亲也因伤心过度，不久后死去，乡邻将其埋葬。后来，村民常见一白蛇盘旋在村旁这棵皂荚树上，怎么赶也赶不走，但蛇却从不伤人。若有村民在树下纳凉将遇毒蛇、猛兽袭击时，小白蛇总会发出丝丝声提醒村民防备。

有一年夏天，天上突然下起碗大的冰雹，打得村民无处躲藏。情急之下，村民纷纷跑到树下躲避。只见有一条白光在树枝下翻滚腾挪，牢牢托住树枝，树枝上竟积起 1 米多厚的冰雹，而树下却无一人受伤。

从此，人们把这棵皂荚树敬为神树，并在树旁建蛇仙庙一座，乞求平安。后来，此地也慢慢成为古时重镇，商贾云集，货通天下。据传，在 20 世纪 70 年代，有人要砍掉皂荚树，拆除此庙。谁知正拆庙时，皂荚树一侧枝忽然掉下，不偏不歪，正好打在拆庙人头上，从此落下头疼病，久治不愈。这棵皂荚树才得以存活下来，未被砍伐。

（五）张堂皂荚

编号：豫 RE51　　地址：内乡县赤眉镇张堂村　　学名：皂荚

树龄 600 年，树高 19 米，胸围 430 厘米，树冠 14 米

内乡县赤眉镇张堂村，是一个安静闲适的村落，这里有一棵古皂角树远近闻名。远远看去，这棵古树犹如一把巨伞撑在村子中间，虬枝凌空，一阵风吹过，庞大的树冠迎风起舞，树叶沙沙作响。

村民们说，夏日的皂角树浓荫如盖，翠绿的枝叶间蕴藏着生机无限，绝对是村子里一道抢眼而亮丽的风景，大人小孩都愿意来这里玩。炎夏之夜，村里人聚在树下，或坐着小马扎，或干脆席地而坐，天南地北，家长里短，迟迟不愿离去。

走近细看，古皂角树干中间还有一个长长的空洞。这个空树洞是啥时候形成的，村里没人能说个大概。村民们说，每到知了鸣唱的夏天，就有调皮的孩童爬进空树洞里嬉戏，乐此不疲。这里还有一个美丽的传说呢，传说这树洞里住着一位慈祥善良的神仙老爷爷。这位神仙爷爷，有着菩萨心肠，村民们要是遇到困难，来到树洞前，向大树虔诚地许下愿望，最终都能实现。

站在这棵历经沧桑的大树下，令人油然而生一种敬畏感。当地村民说，这棵古皂角树是村里的“绿色文物”，是“镇村之宝”他们世世代代精心呵护，祖祖辈辈以此为荣，它的沧桑好像在诉说着张堂村的历史和故事。

每年皂角树开花结果时，附近许多村民都跑来看。满树的花串，引来了许多蜜蜂和蝴蝶在皂角树的花瓣丛中飞来飞去。在秋天结果后，许多村民还争相摘皂荚回去。“过去这棵树可是给我们出了大力！”村民们说，在以前生活用品贫乏的年代，他们都是用皂荚代替肥皂洗衣服，用皂荚水洗过的头发又黑又亮。以前很多人采摘皂荚，它可是天然的去污“高手”，去

除衣领、被头的污垢效果可好了。老人们说，皂荚洗的衣服穿在身上不得病。

如今，这棵皂角树在村民们的精心照顾下，枝繁叶茂，长势茁壮。每当清晨，一群群轻盈翻飞的喜鹊在树冠枝叶中间叽叽喳喳鸣叫，十分悦耳动听。

（六）王庄皂荚

编号：豫 RE52　地址：内乡县赤眉镇王庄村　学名：皂荚

树龄 500 年，树高 20 米，胸围 330 厘米，树冠 13 米

在内乡县赤眉镇王庄村的村头有一棵皂荚树，据说有 500 多年的树龄了。在树干 1 米左右高的地方长得疙疙瘩瘩的，根部一半已干枯腐朽。

据村里老人说，20 世纪 50 年代末，这棵树划定要被砍掉。尽管村民竭力反对，但还是挡不住“政治命令”。几个砍伐者锯了半天，也只锯了树的一半，第二天当他们接着锯树的时候，头天锯过的一半又长住了，锯树者心虚害怕，弃树而逃，这棵树得以保存下来。后来，树干锯过的地方，周围长得疙疙瘩瘩，很不规则。树干似乎长了个大大的“痈”。根部锯过的一半，由于养分不能向上畅行，所以慢慢干枯。但该树生命力旺盛，夏季依然枝叶繁茂。村民们都说这是棵“长命树”。

如今，这棵皂荚树仍巍然挺立于村头，像守护神一样，庇佑着这里的村民，村民也十分注意对它的管护。

（七）茶峪皂荚

编号：豫 RC43　　地址：西峡县丁河镇茶峪村　　学名：皂荚

树龄 350 年，树高 22 米，胸围 310 厘米，树冠 13 米

（八）石门皂荚

编号：豫 RH21　　地址：方城县拐河镇石门村　　学名：皂荚

树龄 300 年，树高 18 米，胸围 335 厘米，树冠 14 米

（九）闯王练兵古皂荚

编号：豫 RC118　地址：西峡县西坪镇操场村　学名：皂荚

树龄 400 年，树高 18 米，胸围 289 厘米，树冠 14 米

生长在西峡县西坪镇操场村 3 组的这棵古皂荚，树高 18 米，胸围 2.89 米，冠幅平均 14.5 米，树龄约 400 年。

传说明末农民起义领袖李自成在西坪的养眼洞养好眼伤后，为了尽快推翻腐败的朱明王朝，解民倒悬，就整日在淇河沙滩上操练部队，他还常常在这棵皂荚树下召开会议。

一杆杏黄色的“闯”字大旗下，将士们精神抖擞，杀声震天。不仅附近农民纷纷杀猪宰羊，箪食壶浆前来慰问，还惊动了天上仙女下凡帮助。

原来，天宫司管布雾织云的九天织女——纺花仙子知道闯王替天行道，普救众生，她看见李自成的将士一个个破衣烂衫，冒着鹅毛大雪在操场练兵，冻得发抖，顿生怜悯之心。遂奏明玉帝，下凡助闯王练兵保民。她骑着金鸡来到淇河西岸的高山项下，听见鸡叫就起床纺花织布，裁剪做衣，没几天，义军营房就堆满了军衣棉被。闯王的部队有了棉衣，一路北上，打了很多胜仗。

后来，人们就把这段淇河叫“鸡听河”，东面的山洞叫“金鸡洞”，西边的山寨叫“纺花寨”，据说如今还时常隐隐听到山上纺花织布的声音和鸡叫声。

（十）铁佛寺皂荚

编号：豫 RF188　　地址：南召县云阳镇铁佛寺村　　学名：皂荚

树龄 130 年，树高 13 米，胸围 113 厘米，树冠 11 米

（十一）香严寺皂荚

编号：豫 RD511　　地址：淅川县仓房镇香严寺　　学名：皂荚

树龄 700 年，树高 21 米，胸围 260 厘米，树冠 16 米

5/槐

槐树（*Sophora japonica* L.）为被子植物门，双子叶植物纲，豆目，蝶形花科，槐属，槐种。原产我国，为了区别原产于北美的刺槐，也称为“国槐”“家槐”。槐树分布在我国各地，树型高大、根深、喜光、生长迅速，但和其他豆类植物不同，根部没有共生的根瘤菌。

树冠圆形，小枝绿色，皮孔明显，冬芽芽鳞不显。奇数羽状复叶，互生，小叶 7 ~ 17 枚，对生，卵形至卵状披针形，浅缘。顶生圆锥花序，花冠蝶形，浅黄绿色。荚果于种子间缢缩成念珠状，熟时开裂，肉质，悬挂树梢，经久不落。花期 6 ~ 8 月，果期 10 月。

槐树树阴浓密，是很好的行道树，羽状复叶和刺槐相似，但刺槐的叶比较半透明。槐树的花可以作为染料，也可作为一种中药。其荚果也和其他豆类植物不同，肉胶质，俗称“槐米”，也是一种中药。盛花期在夏末，和其他树种花期不同，所以是一种重要的蜜源植物。

国槐木材坚硬且富弹性，纹理致密，是制家具、农具的上等用材。其花是优良蜜源。花、果、叶、根、皮皆可入药，有清凉、收敛、止血、降压之功效。

刺槐又称洋槐、白刺槐、德国槐。为蝶形花科落叶乔木，高可达 25 米；树皮灰褐色，有纵裂纹。枝条具托叶刺，奇数羽状复叶，小叶 7 ~ 25 枚，互生，椭圆形或卵形，长 2 ~ 5.5 厘米，宽 1 ~ 2 厘米，先端圆或微凹，有小尖头，基部宽楔形。总状花序，花白色，花萼筒上有红色斑纹。花果期 5 月，果 10 ~ 11 月成熟。

（一）刘秀插鞭成槐

编号：豫 RB3　　地址：宛城区瓦店镇光武小学院内　　学名：槐

树龄 2000 年，树高 8 米，胸围 430 厘米，树冠 12.5 米

宛城区瓦店镇光武中学院内，有一棵巨大的古槐，相传为光武帝刘秀鞭杆插地长成，至今已有两千年的历史。

《后汉书·光武帝纪》载："地皇三年（公元 22 年），南阳饥荒，诸家宾客多为小盗。光武避吏新野，卖谷于宛"。传说，刘秀和其兄参加了农民起义，为躲避王莽部下的追铺，逃遁至此，不小心把马鞭杆插在了地上，谁知竟长成了一棵大槐树。

世纪风雨剥蚀了古槐的身躯，乍一看，它老态龙钟，皮暴棱凸，主干黝黑的，遍布裂痕，树围约三人合抱，中间已成洞穴，小孩儿能钻进洞去，站在树下望去，却是另一番景象：古槐虬曲多姿，苍劲遒拔，古槐树粗大，如同英勇将士威风凛凛，向世人讲述那天地悠悠的动人故事。为保护这株古槐，几年前，光武中学在古槐周围围上铁栏，如今，古槐已成为当地一个景点，经常有人专程前往观看留影。

（二）千年古槐过街来

编号：豫 RA7　　地址：卧龙区石桥镇汉槐街　　学名：国槐

树龄 1700 年，树高 12.1 米，胸围 350 厘米，树冠 14.4 米

卧龙区石桥镇汉槐街有一颗千年古槐，高约 12.1 米，胸围 3.5 米。树根扎在街的西沿，而树梢却弯弯曲曲一直向东扩展，越过汉槐街，直伸向对面的屋顶。整棵树与地面呈 51 度夹角。看似岌岌可危，实则稳如泰山。

古槐虽饱尝千年风霜雨雪，枝干半边已枯，却依旧生机盎然，每年夏季，它都枝繁叶茂，满树泛黄的槐花散发出浓郁清香，沁人心脾，根根枝条如同虬龙，似乎要腾空跃起，奔向南流的白河。在古槐的掩映下，周围的几座古老建筑，更显得古色古香。

（三）子房山下大仙槐

编号：豫 RH97　　地址：方城县独树镇金银店村　　学名：国槐

树龄 800 年，树高 15 米，胸围 422 厘米，树冠 16 米

方城县独树镇金银店村有株近千年古槐，树龄800年，威武壮观，树围达4.2米，树高15米，树冠罩地几百平方米，枝繁叶茂。走近古槐，伸手可摘树叶，树的一枝斜向西北，正压在一处平房顶上寻求支撑，像是不堪历史或枝叶的重载；一枝斜向东南低垂，正遮着一户人家的房门，像撑起的一把大伞。古槐最高的一枝粗近 3 米，昂扬蓬勃，向着日出的方向，给人以奋发向上的感觉。树身有三个大小不一的树洞，村中顽童经常在树洞里玩耍嬉戏，抛石块，捉迷藏。树洞内壁发白、发乌，但不腐朽，甚至有些地方看上去仅有树皮相连，但树枝上依然绿意盎然，可见生命力之强。

古槐由来已久，相传西汉留侯张良功成身退后，路过此地，见此处民风淳朴，村民待人和善，遂隐居于此，并赠村民金银，帮助村民开设作坊，打造金银器皿，于是该村就被称为金银店村，村西南 3 公里的山被称为子房山。村民们感激张良赐银之恩，在唐太宗年间，从张良恩师黄石老人故居移回寿槐一棵，植于金银店村，以纪念张良，告示后人。后人称此树为大仙槐，至今，古槐已有近千年历史。

（四）李洼国槐

编号：豫 RH104　　地址：方城县独树镇李洼村　　学名：国槐

树龄 600 年，树高 14 米，胸围 350 厘米，树冠 9 米

(五) 西河堂槐树

编号：豫 RE73　　地址：内乡县夏馆镇西河堂村东沟组　　学名：国槐

树龄 510 年，树高 11 米，胸围 420 厘米，树冠 9 米

“问我祖先在何处，山西洪洞大槐树。”

数百年来，这首民谣在中华大地广为流传，妇孺皆知。据说，当年外迁移民在洪洞集结时，依依难舍之际，多采集大槐树的种子，将它种在新家的房前屋后。

槐树这一原产于中国的普通树种，因为传奇的大槐树根祖文化，在老百姓的心目中格外崇高。内乡县夏馆镇西河堂村的群众坚信，他们那里的那棵有着 500 余年树龄的大槐树，当初一定也是采集山西洪洞大槐树的种子抑或枝条而来。

这棵古槐树高 11 米，胸围 4.2 米，冠幅 9 米。内乡县人民政府根据古树分级保护的相关规定将其列为国家古树名木保护名录，采取严格的保护措施。

在这里，这棵槐树被人们视为吉祥、幸福、美好的象征。当地群众流传，“门前一棵槐，财源滚滚来”“门前一棵槐，不是招宝，就是进财”等，表达出了对美好生活的向往。

当地群众都说这棵生长了 500 余年的古槐给他们带来了好运，群众也与它结下了难以割舍的亲情，因此对古槐呵护有加，有人义务为其喷药灭虫，有人义务为其松土施肥，所以它的长势一直很茂盛。

西河堂槐树

(六) 铁佛寺槐树

编号：豫 RF187　　地址：南召县云阳镇铁佛寺村石坑组　　学名：国槐

树龄 130 年，树高 13 米，胸围 140 厘米，树冠 14 米

6/桑

桑（*Morus alba* L.）是桑科，桑属 落叶乔木或灌木，高可达 15 米。树体富含乳浆，树皮黄褐色。叶卵形至广卵形，叶端尖，叶基圆形或浅心脏形，边缘有粗锯齿，有时有不规则的分裂。叶面无毛，有光泽，叶背脉上有疏毛。雌雄异株，5 月开花，葇荑花序。果熟期 6 ~ 7 月，聚花果卵圆形或圆柱形，黑紫色或白色。叶为桑蚕饲料。木材可制器具，枝条可编箩筐，桑皮可作造纸原料，桑椹可供食用、酿酒，叶、果和根皮可入药。

原产中国中部和北部。中国东北至西南各省区，西北直至新疆均有栽培。朝鲜、日本、蒙古、中亚各国、俄罗斯、欧洲等地以及印度、越南亦均有栽培。

喜光，幼时稍耐阴。喜温暖湿润气候，耐寒。耐干旱，耐水湿能力强。

（一）沙堰关宿桑

编号：豫 RL5　　地址：新野县沙堰镇政府　　学名：桑　　别名：关宿桑

树龄 1800 年，树高 23 米，胸围 257 厘米，树冠 16 米

（二）桐安桑

编号：豫 RG862　　地址：桐柏县固县镇桐安村　　学名：桑

树龄 200 年，树高 15 米，胸围 250 厘米，树冠 18 米

（三）汉桑城上汉桑情

编号：豫 RL15　　地址：新野县汉城乡原汉桑城小学

学名：桑　　别名：关植桑

树龄 1860 年，树高 17 米，胸围 305 厘米，树冠 15 米

在新野县汉桑小学院内有座汉桑城，被吉尼斯世界纪录收录，称为“最小的城”。这座“城”实际上是一座砖筑护树城池，是一处长宽不过 3 米的古迹建筑，用砖砌起一圈围墙，墙头仿城池修起一个个砖垛，一棵高大的千年汉桑生在城内，枯枝苍劲、霜皮虬柯，年年吐绿，显得生机勃勃。

据记载，建安六至十三年，刘备驻军新野，三顾茅庐，请得诸葛出山，从此争霸天下。诸葛亮任军师之初，便通过采取宽仁爱民、严肃军纪两项措施赢得民心，使得周围百姓争相投奔。相传，一天关羽操练归来，随手将赤兔马拴在门口一棵桑树上，便回屋研读兵书。不料，赤兔马把树叶、树皮啃食精光，不久桑树便干枯而死。诸葛亮得知后，找到关羽，重申了爱民纪律，并要关羽自觉补栽一棵桑树，以示歉意。关羽仔细思考，觉得诸葛亮的话十分有道理，宽仁爱民，严肃军纪，就要将兵一视同仁，己不正，焉能正人？于是他亲自买来一棵桑树，种回原处，并再三向树主人赔礼道歉。为了不让这棵桑树再遭损失，关羽又带领官兵，围着桑树建造了一座砖筑护桑城池。久负盛名的“汉桑树”便由此而来。

据历史推算，“汉桑城”距今已有 1800 多年了，虽经几次修整，但基本保持了原貌，城内古桑，虽饱经风霜，仍生长旺盛。“汉桑城”虽然只是一种象征，但其厚重的历史内涵，却对后人大有启迪。

（四）落驹铺汉桑

编号：豫 RH129　　地址：方城县赵河镇果园村　　学名：桑

树龄 1800 年，树高 10.9 米，胸围 103.7 厘米，树冠 9.25 米

方城县赵河镇果园村罗渠铺西南有一棵树龄达1800多年的古桑树，其高10.9米，胸围1.03米，树冠覆盖面积63平方米。

据传，西汉末年，王莽追赶刘秀到此，刘秀人困马乏，下马歇息时把马拴在桑树上，片刻该马生下一小马驹，所以该处起名为落驹铺（后演化为罗渠铺），拴马的树亦被誉为汉桑树。古桑虬枝纵横，远远望去，左枝恰如巨龙腾空，昂首摆尾，喷云吐雾；右枝犹似凤凰展翅，龙凤呈祥，情意绵绵。

（五）彭雪枫将军树

编号：豫 RI24　　地址：镇平县雪枫街道办事处七里庄村彭雪枫将军故居

学名：桑

树龄 120 年，树高 16 米，胸围 220 厘米，树冠 15 米

“新四军，彭师长，谁提起来谁夸奖。你种田，他帮忙，你打麦子他扬场。日本鬼子来扫荡，抗敌拿起冲锋枪。军民团结一条心，打跑鬼子保家乡……”这首民谣来自彭雪枫将军的故乡，经久传唱……

彭雪枫将军故居位于河南省镇平县城南七里庄。1907 年 9 月 9 日，一代名将彭雪枫就出生在这里。故居占地约三亩，其主房为旧式“三磕头”房屋，坐东面西，东屋为主房，分南北厢房布局，北厢房一间为过道。沿着茂密的修竹前行进入另一个小院，便是将军的出生地。通过过道，来到院里，一棵古桑植于院中，树下有个二尺见方的石凳。这棵桑树枝干向四周伸展，树的胸围要两人合抱，枝干高约十二三米，树冠有十五米宽，大如华盖，每一根枝丫分杈都均匀有致，让人很是感叹。

据将军的侄子彭建中介绍说，这棵桑树栽于清代，到现在有些年代了。近些年更加枝繁叶茂，因其枝丫分杈参差错落，状如龙爪，又被人们称为“龙爪桑”。

说起这棵树，彭建中的话也多了起来，他向我们讲述了将军与这棵“龙爪桑”很多的往事……

他说，他小时候，这棵“龙爪桑”就有碗口粗了，听老人们常说，大伯雪枫小时候常常在这棵树下读书习武，每遇天大旱时，就天天到竹园西边小河沟的井内挑水浇树，与这棵“龙爪桑”结下了深厚的感情。后来，将军参加革命后，这棵桑树曾险遭地方恶势力的摧残，是村里人竭力保护才没有遭其厄运。

解放战争时期，我军著名将领陈赓将军曾先后两次来这里，将战马系于此树下，留下了一段佳话。那还是“豫西牵牛”之战时，一次陈赓将军骑马专程前来看望彭雪枫的父亲彭延泰先生，将战马系在桑树上，坐在桑树下的小石凳上与彭老拉家常，嘘寒问暖。1948 年 5 月 6 日，陈赓将军和警卫员身着便衣一同骑马前来看望彭老，二次拴马于“龙爪桑”上。在谈话中，陈赓告诉彭老他的次子之久在山西牺牲的消息。7 日，第三野战军团长杨德龙又来七里庄拜见彭老，并带给老人雪枫不幸牺牲的消息。接连听到两个儿子牺牲的消息，彭老悲痛欲绝，失声痛哭……当杨德龙问他有什么要求时，彭老却坚定地说：“雪枫、之久牺牲了，我还有两个儿子，如革命需要，就让他们去吧！”院内桑树下，杨德龙与彭老挥泪告别……新中国成立后，张震、李先念、张爱萍等国家领导人也曾先后前来探视、瞻仰。

望着这棵高大伟岸的“龙爪桑”，似在仰视将军的英姿，心中顿生钦敬之情，仿佛又看

到了将军少年时在树下读书习武、立志报国时的情景。一百多年过去了，院中这棵茂盛的“龙爪桑”伴随着世事的沧桑，更显英雄豪气。

彭雪枫将军树

7/柳

柳树（*Salix babylonica* L.）是旱柳、腺柳、垂柳等柳属植物的总称。落叶乔木或灌木，共有520多种，中国有257种，120个变种和33个变型。落叶乔木或灌木，芽鳞1枚，雌雄异株，雄蕊2、3、5或多数。蒴果，2裂。

主要树种有旱柳、垂柳和白柳。主要分布于北温带和亚热带，少数种分布到热带和南半球地区。我国有3属，320种，南北各地均有分布。本科植物根系发达，喜光，适应性强，生长快。插条埋于土中极易成活，也可用萌芽更新，用种子繁殖极易丧失发芽力，应随采随播。

其形态特征为单叶，互生，稀对生；锯齿缘或全缘，有托叶，常早落，稀缺。气孔器平列型。花单性，雌雄异株，偶有例外。花常先叶开放。无花被，着生于苞片腋内，排成下垂或直立的葇荑花序。有腺体或花盘，稀退化，雄蕊二至多数，风媒或虫媒传粉，雌花由雌蕊、花盘或腺体组成，子房由2～4（5）心皮合成一室。花粉二细胞型，柳属一些种为三细胞型。蒴果2～4（5）瓣裂。种子数粒至多数，基部围有丝质长毛，借风力传播。

柳属树种适应性强，生长迅速，为各地营造材林、防护林、行道树和绿化的重要树种，木材轻软，纤维长，供建筑、板料、火柴杆和造纸用。柳属一些种，枝细长柔韧，可编制筐、篮、箱和帽等用具。柳属树种多喜生长于潮湿环境中。

（一）金河移植园腺柳

编号：豫 RD867　　地址：淅川县金河镇抢救保护移植园

学名：腺柳　　别名：红心柳

树龄 1000 年，树高 7 米，胸围 280 厘米，树冠 7 米

（二）五间房杏叶柳

编号：豫 RH45　　地址：方城县四里店乡五间房村

学名：腺柳　　别名：杏叶柳，柳、河柳

树龄 1000 年，树高 15 米，胸围 420 厘米，树冠 16.5 米

（三）捷道腺柳

编号：豫 RC139　　地址：西峡县寨根乡捷道村大沟组

学名：腺柳　　别名：河柳

树龄 500 年，树高 11 米，胸围 465 厘米，树冠 20 米

（四）杏树坪千年柳树王

编号：豫 RE35　　地址：内乡县马山口镇杏树坪村李家庄

学名：腺柳　　别名：水柳

树龄 1100 年，树高 15 米，胸围 385 厘米，树冠 16 米

内乡县马山口镇杏树坪村的这棵柳树，千年有余，高 15 米，胸围 385 厘米，冠幅 16 米，系国家一级古树，是当地有名的“柳树王”。它树形优美，姿态婆娑，随风起舞，婀娜多姿，令人产生无限遐想，“柳叶眉”“柳腰身”“杨柳腰”等美词大概都源于此。背靠千年古柳，不由想起与之有关的柳文化。

“碧玉妆成一树高，万条垂下绿丝绦。不知细叶谁裁出，二月春风似剪刀。”唐代大诗人贺知章的这首《咏柳》，想必很多人都已耳熟能详。古往今来，人们插柳、折柳、赏柳、喻柳、咏柳、爱柳，古人在送别朋友亲人时，常以折柳（谐音“留”）为意，表达恋恋不舍之情。春秋时人柳下惠，原本不姓柳，因为爱柳才改为姓柳；当年大运河开通后，隋炀帝下令在新开的大运河两岸种柳，并亲自示范栽植，御书赐柳树姓杨，享受与帝王同姓之殊荣，从此柳树便有了“杨柳”之美称。古人在寒食节（清明节前一两日）这天，家家门前插柳枝迎春、驱霉运，他们认为柳树有着神奇的力量。

“这树是俺们村的一部分，也是俺们生活的一部分。”提起千年“柳树王”，附近村民津津乐道，说它是镇村之宝。古柳树冠如盖带来大片浓荫，为劳累的人们提供了休息闲聊的场所，陪伴着村民们走过风风雨雨。千年“柳树王”就像寿星老人一样，备受人们关心与呵护。

（五）艾庄紫柳

编号：豫 RG29　　地址：桐柏县程湾镇艾庄村

学名：腺柳　　别名：紫柳、红叶柳

树龄 300 年，树高 12 米，胸围 410 厘米，树冠 19 米

8/桂花

桂花（*Osmanthus fragrans*）为木犀科（Oleaceae）木犀属（*Osmanthus*），常绿乔木或灌木，高 3 ~ 5 米，最高可达 18 米；树皮灰褐色，小枝黄褐色，无毛。叶片革质，椭圆形、长椭圆形或椭圆状披针形，长 7 ~ 14.5 厘米，宽 2.6 ~ 4.5 厘米，先端渐尖，基部渐狭呈楔形或宽楔形，全缘或通常上半部具细锯齿。果歪斜，椭圆形，长 1 ~ 1.5 厘米，呈紫黑色。花期 9 ~ 10 月上旬，果期翌年 3 月。

桂花原产中国西南喜马拉雅山东段，印度，尼泊尔，柬埔寨也有分布。中国桂花集中分布和栽培的地区，主要是岭南以北至秦岭、淮河以南的广大热带和北亚热带地区，大致相当于北纬 24° ~ 33°。该地区水热条件好，降水量适宜，土壤多为黄棕壤或黄褐土，植被则以亚热带阔叶林类型为主。在上述条件的孕育和影响下，桂花生长良好，并形成了湖北咸宁、江苏苏州、广西桂林、浙江杭州和四川成都五大全国有名的桂花商品生产基地。

桂花喜温暖湿润的气候，耐高温而不甚耐寒，为亚热带树种。桂花叶茂而常绿，树龄长久，秋季开花，芳香四溢，是中国特产的观赏花木和芳香树。桂花中较为常见的有蜀绿朱砂桂、四季桂、丹桂、金桂、银桂等。

（一）石头庄金桂

编号：豫 RG28　　地址：桐柏县程湾镇石头庄村　　学名：桂花

树龄 1200 年，树高 13 米，胸围 270 厘米，树冠 14 米

（二）代兴沟月桂

编号：豫 RD25　　地址：淅川县西簧乡代兴沟村　　学名：桂花

树龄 500 年，树高 13 米，胸围 250 厘米，树冠 11 米

（三）玄庙观金桂

编号：豫 RB2　　地址：宛城区东关街道玄庙观遗址　　学名：桂花

树龄 139 年，树高 8 米，胸围 38 厘米，树冠 8.5 米

宛城公安分局大院是原玄妙观（曾为全国道教四大名观之一）旧址，院内生长一株桂花古树，树高 8 米，胸围 0.38 米，向上分三个大枝，树冠南北长 6 米。

据记载，元代玄妙观曾有五株桂花树，观内招待尊贵客人的地方被称作"五桂堂"，至 1949 年，尚保存两株桂花古树。1954 年冬，由于连月大雪，其中一棵较小的桂花树遭冻害而死，目前只有这株古树留存至今。1972 年，由于树旁修建房屋，其生长受到一些影响。目前，玄妙观已被定为市级文物保护单位，受到妥善管护，该桂花树也重新焕发生机。

此桂花古树品种为金桂，每年花期，一树金黄，微风徐徐，满院异香，令人心旷神怡。每到农历闰八月，这棵金桂能开再次花，令人称奇。

（四）竺桂增色县衙美

编号：豫 RE58　　地址：内乡县城关镇内乡县衙　　学名：桂花

树龄 700 年，树高 11 米，胸围 160 厘米，树冠 16 米

位于内乡县衙二堂和三堂之间的夫子院内，元代桂花树和清代南天竺如同一对姊妹，相映成趣。位于西侧的元代桂花树，枝条粗大，枝叶繁密，犹如一把撑开的大伞。清代南天竺位于桂花树的东侧，两树间隔不足 3 米，南天竺从根部分成 30 余根枝条，株体自上而下郁郁葱葱。

据介绍，桂花树栽种于元代，距今约有 700 多年的历史，南天竺栽植于清代，距今约有 300 年左右的历史。两棵树栽在一起，取“竺”和“桂”的谐音，意为“主贵”之意。两棵古树历经数百年经久不衰。据资料记载，20 世纪 70 年代，由于当时的县革命委员会以及县公安局、水利局、商业局等八大局都在古衙院内办公，两棵树才得以完整地保存下来。

如今，两棵古树愈发焕发出勃勃生机。每年全国各地的游客到衙内旅游参观，都对两棵古树悠久的历史叹为观止，曾经象征“主贵”的两棵古树成为古衙的一道亮丽景色。

清代
内乡知县章炳焘展

9/望春玉兰

望春玉兰（*Magnolia biondii* Pamp）又名望春花、迎春树、辛兰、辛夷（河南）属木兰科木兰属多年生落叶乔木，一般树高 6 ~ 12 米，最高达 25 米以上，胸径 1.4 米，它于早春 2 月先开花后发叶，花期 20 天。

它是药用、香料、用材、观赏兼用的优良珍贵树种，在山区、丘陵、平原、城乡、庭院均可栽植，是值得大力推广的速生、优质、用途广、适应性强、寿命长的好树种。

（一）西华园辛夷

编号：豫 RF223　　地址：南召县云阳镇西华园村路边

学名：望春玉兰　　别名：辛夷

树龄 500 年，树高 11 米，胸围 420 厘米，树冠 9 米

（二）郭家庄辛夷

编号：豫 RF224　　地址：南召县云阳镇西华园村郭家庄门前

学名：望春玉兰　　别名：辛夷

树龄 500 年，树高 16 米，胸围 310 厘米，树冠 10 米

（三）下扁辛夷

编号：豫 RF262　　地址：南召县云阳镇下扁村九里山南沟

学名：望春玉兰　　别名：辛夷

树龄 60 年，树高 9 米，胸围 132 厘米，树冠 9 米

（四）马庄辛夷王

编号：豫 RF254　　地址：南召县小店乡马庄村仓房组　　学名：望春玉兰

树龄 400 年，树高 24 米，胸围 240 厘米，树冠 22 米

10/玉兰

玉兰（*Magnolia denudata*）为木兰科木兰属，别名白玉兰、望春花、玉兰花、天女木兰。多为落叶乔木，树高一般 2—5 米或高可达 15 米。花白色至淡紫红色，大型，芳香，花冠杯状。先叶开放，花期 10 天左右。

玉兰为中国著名的花木，北方早春重要的观花树木。原产于中国中部山野中，已有 2500 年左右的栽培历史，现北京及黄河流域以南均有栽培。玉兰花外形极像莲花，盛开时，花瓣展向四方，使庭院青白片片，白光耀眼，具有很高的观赏价值，再加上清香阵阵，沁人心脾，为美化庭院之理想花型。

古时多在亭、台、楼、阁前栽植，现多在园林、厂矿孤植或散植，以备观赏之用或于道路两侧做行道树。此外，玉兰还有一定的药用价值。

（一）扳井白玉兰

编号：豫 RH91　　地址：方城县独树镇扳井村光武庙

学名：玉兰　　别名：白玉兰

树龄 300 年，树高 5 米，胸围 80 厘米，树冠 3 米

（二）果营白玉兰

编号：豫 RI10　　地址：镇平县老庄镇果营村　　学名：玉兰　　别名：白玉兰

树龄 100 年，树高 10 米，胸围 126 厘米，树冠 7.8 米

11/栎

壳斗科（Fagaceae）栎属（*Quercus*）植物的统称，亦名山毛榉科，又名橡、柞、槲、枹、青冈等。多为常绿或落叶乔木，稀为灌木。单叶互生，革质，羽状叶脉，有托叶。花单性，雌雄同株，无花瓣，雄花排成柔荑花序；每苞片有 1 花；萼 4 ~ 8 裂；雄蕊和萼裂同数或为其倍数，花丝细长，花药 2 室，纵裂；花粉粒为长球形，少数近球形或扁球形，除水青冈属和栎属 2 属外，花粉粒一般较小，多具 3 孔沟，外壁表面具颗粒状雕纹或模糊不清。雌花单生或 3 朵二歧聚伞式生于一总苞内，总苞由多数鳞片覆瓦状排列组成，萼 4 ~ 8 片，与子房合生；子房下位，3 ~ 6 室，偶达 12 室，每室胚珠 2 个，但整个子房仅一个胚珠成熟为种子；花柱与子房室同数，宿存。坚果单生或 2 ~ 3 个生于总苞中，总苞呈杯状或囊状，称为壳斗。壳斗半包或全包坚果，外有鳞片或刺，成熟时不裂，瓣裂或撕裂。种子无胚乳，子叶肥厚。染色体 X=12。

壳斗科有 6 ~ 8 属，900 余种。主要分布于温带及北半球的亚热带，是北半球温暖地区主要的组成树种，主要分布于欧洲（包括地中海周围）、亚洲东半部、北美洲至中美洲（含南美洲北部），而北极区、大洋中的岛屿、沙漠、南美洲与撒哈拉沙漠南方的非洲并没有它的踪迹。其中广义的栎属植物共约 450 种。欧美以落叶的类别为主，也有硬叶的种类，常绿的类群以亚洲东部为主要分布区，落叶的种类不分布于东南亚。我国有 7 属，约 320 种，代表种如油叶柯、板栗、青冈栎等。

我省的壳斗科树木主要有栗属（*Castanea*）、青冈属（*Cyclobalanopsis*）、栎属等。

（一）青杠扒槲栎

编号：豫 RF286　　地址：南召县四棵树乡青杠扒村　　学名：槲栎

树龄 600 年，树高 11 米，胸围 325 厘米，树冠 13.8 米

（二）七棵树槲栎

编号：豫 RD22　　地址：淅川县西簧乡七棵树村　　学名：槲栎

树龄 600 年，树高 11 米，胸围 480 厘米，树冠 11 米

（三）树中珍奇栎生柏

编号：豫 RF103　　地址：南召县崔庄乡仓房村

学名：栓皮栎　　别名：花栎树

树龄 2000 年，树高 12 米，胸围 200 厘米，树冠 16 米

在南召县崔庄乡仓房村秀龙潭风景区就有这样一棵古树，栎树上长了柏树叶。该树在高高的山崖上状似黄山迎客松，一人搂抱不住的树干有四五米高，3 枝粗大的枝杈曲曲弯弯向东南方向伸展 10 米多，尽管苍老，但仍枝繁叶茂，在肥大的栎树叶间细看，真有一丛墨绿色的“柏树叶”，难怪当地人称其为“柏栎树”。其实，这一从“柏树叶”只是酷似柏树叶而已。

相传，东汉光武帝刘秀被王莽追杀至此，人困马乏，刘秀坐骑饥饿难忍，啃食栎树的树叶，被土地公拦住，刘秀情急之下，许愿道：“吃一枝，还百枝。”刘秀得天下后，还其许下的百（柏）枝之愿，从此，这棵栎树便长出了许多酷似柏树叶的叶子。

最神奇的是，这棵树上落下的种子长出的也是柏栎树，在离大树 3 米远的山垭上，可以看到同样的小柏栎树。大自然的鬼斧神工使秀龙潭风景区充满无限魅力，这棵千年柏栎树更为之增添了神秘的奇景。

（四）胡家栓皮栎

编号：豫 RJ5　　地址：唐河县祁仪乡古沟村栎树底自然村

学名：栓皮栎　　别名：花栎树

树龄 380 年，树高 15 米，胸围 250 厘米，树冠 16 米

有唐河县祁仪乡古沟村栎树底自然村胡应春家院内生长着一棵树龄达 380 余年的栓皮栎树，目前该树仍生长茂盛，年产橡籽达 100 千克左右。

据传，这棵栓皮栎树栽植于清代，当时，胡家祖先为躲避战乱从湖北襄阳搬迁到交通不便、人烟稀少的深山区——唐河古沟村，选择山腰一处较为平坦的地方安家，随后，其后代出了个举人，当过知县。为了光宗耀祖，胡家人在老家院内和院外分别栽植了两棵栓皮栎。其中院外一棵较粗的栓皮栎树在 20 世纪 50 年代被砍伐掉，当时院内这棵栓皮栎也险遭厄运，经胡家人的奋力保护，此树才躲过一劫。如今，该自然村的村名也由此而来。

（五）湍源栓皮栎

编号：豫 RE83　　地址：内乡夏馆镇湍源村河西组

学名：栓皮栎　　别名：橡树

树龄 360 年，树高 30 米，胸围 425 厘米，树冠 22 米

（六）三潭麻栎

编号：豫 RI16　　地址：镇平县二龙乡三潭村二潭坪组

学名：麻栎　　别名：栎树、花栎

树龄 350 年，树高 16 米，胸围 370 厘米，树冠 27 米

（七）方庄栓皮栎

编号：豫 RC132　　地址：西峡县寨根乡方庄村

学名：栓皮栎　　别名：花栎

树龄 250 年，树高 17 米，胸围 325 厘米，树冠 19 米

（八）关山巴东栎

编号：豫 RC276　　地址：西峡县米坪镇关山村仓房组

学名：巴东栎　　别名：牛绳树

树龄 200 年，树高 8 米，胸围 131 厘米，树冠 10 米

（九）上店岩栎

编号：豫 RC67　　地址：西峡县丁河镇上店村六组

学名：岩栎　　别名：小叶疆子

树龄 300 年，树高 14 米，胸围 380 厘米，树冠 8 米

12/榆

榆树（*Uimus pumila*）属榆科榆属，别名白榆、家榆、落叶乔木。我国的榆科树木有8属约50种，分布遍及全国，其中榆属占将近一半，青檀属为其特有属。树冠圆球形，树皮灰黑色，纵裂而粗糙。小枝灰色，常排列成二列状。叶椭圆状卵形，先端尖，基部稍歪，边缘具单锯齿。花先叶于3～4月开花，紫褐色，簇生于一年生枝上。翅果近圆形或倒卵形，先端有缺裂。种子位于翅果中央，4～5月果熟。

榆树喜光，耐寒，抗旱，不耐水湿。能适应干凉气候；喜肥沃、湿润而排水良好的酸性或微酸性土壤，在干旱、瘠薄或轻盐碱土也能生长，生长较快，寿命长达百年以上。萌芽力强，耐修剪，主根深，侧根发达，抗风、保土力强。对烟尘及氟化氢等有毒气体的抗性较强。

榆树树干通直，树形高大，绿荫较浓，是城乡绿化的重要树种，作行道树、庭荫树、防护林及“四旁”绿化用无不合适，也可在庭园孤植或群植。在干瘠、严寒之地常呈灌木状，有用作绿篱者。又因其老茎残根萌芽力强，可自野外所取制作盆景。

其繁殖以播种为主，分蘖亦可。榆树种子易失去发芽力，宜采后即播。

（一）干角脱皮榆

编号：豫 RC242　　地址：西峡县米坪镇干角村尚庄

学名：大果榆　　别名：脱皮榆

树龄 300 年，树高 20 米，胸围 325 厘米，树冠 13 米

（二）栗坪脱皮榆

编号：豫 RC400　　地址：西峡县二郎坪镇栗坪村上庵组

学名：大果榆　　别名：脱皮榆

树龄 400 年，树高 14 米，胸围 429 厘米，树冠 12 米

（三）四厂白榆

编号：豫 RF246　　地址：南召县小店乡四厂村

学名：白榆　　别名：榆树

树龄 230 年，树高 18 米，胸围 345 厘米，树冠 24 米

（四）杨盘千金榆

编号：豫 RC236　　地址：西峡县石界河镇杨盘村　　学名：千金榆

树龄 300 年，树高 18 米，胸围 295 厘米，树冠 20 米

（五）大寺青皮榆

编号：豫 RD81

地址：淅川县荆紫关镇大寺村

学名：大果榆　　别名：榆树

树龄 450 年，树高 16 米，胸围 320 厘米，树冠 15 米

（六）陡岭榔榆

编号：豫 RD52

地址：淅川县荆紫关镇陡岭村

学名：大果榆　　别名：小叶榆

树龄 500 年，树高 18 米，胸围 520 厘米，树冠 14 米

（七）杨坟脱皮榆

编号：豫 RC241　　地址：西峡县石界河镇杨坟村　　学名：脱皮榆

树龄 100 年，树高 21 米，胸围 190 厘米，树冠 19 米

13/楸树

楸树（*Catalpa bungei* C. A. Mey.），别名梓桐，金丝楸，旱楸蒜台，水桐。

楸树是中国珍贵的用材树种之一，其材质好、用途广、经济价值高，居百木之首。楸树木材具有许多构造上的特点和工艺上的优良特性。其树干直、节少、材性好；木材纹理通直、花纹美观、质地坚韧致密、坚固耐用、绝缘性能好、耐水湿、耐腐、不易虫蛀；加工容易、切面光滑、钉着力中等、油漆和胶粘力佳。楸材用途广泛，被国家列为重要材种，专门用来加工高档商品和特种产品。主要用于枪托、模型、船舶，还是人造板很好的贴面板和装饰材；此外还用于车厢、乐器、工艺、文化体育用品等。

楸树枝干挺拔，楸花淡红素雅，自古以来楸树就广泛栽植于皇宫庭院，胜景名园之中，如北京的故宫、北海、颐和园、大觉寺等游览圣地和名寺古刹到处可见百年以上古楸树的苍劲挺拔风姿。

楸树叶、皮、种子均为中草药，有收敛止血，祛湿止痛之效。种子含有枸橼酸和碱盐，是治疗肾脏病、湿性腹膜炎、外肿性脚气病的良药。根、皮煮汤汁，外部涂洗治瘘疮及一切肿毒。

楸叶含有丰富的营养成分，嫩叶可食，花可炒菜或提炼芳香油。

（一）武侯祠大拜殿梓桐

编号：豫 RA19　　地址：南阳市武侯祠大拜殿内　　学名：楸树　　别名：梓桐

树龄 600 年，树高 16 米，胸围 270 厘米，树冠 9.8 米

（二）诸葛庐前拴马楸

编号：豫 RA10　　地址：南阳市武侯祠大门处　　学名：楸树　　别名：梓桐

树龄 1700 年，树高 12.7 米，胸围 276 厘米，树冠 7.5 米

位于南阳武侯祠三顾处牌坊前的这棵古楸树，当地人称为“拴马树”。传说当年诸葛亮的茅屋门前有三棵楸树，刘备三顾茅庐时，刘、关、张曾分别将马拴在三棵树上。由于历史变迁，年代久远，另两棵楸树已不复存在。现仅存的这棵也因遭雷电袭击，树干受损，树皮开裂，且向西南方向倾斜，后人用柱子支撑，用铁条紧缚，对其进行加固。令人称奇的是，仅靠树皮吸收营养的树干又枯木逢春，分别从东、西、南三个方向抽生出三个大的主枝，形成了今日郁郁葱葱的树冠。目前该树枝繁叶茂，长势良好，树冠稀疏有致，树姿苍劲，具有较高的园林观赏价值。

关于该树倾斜的树体还有一个说法。据说当年刘备三顾茅庐时，老见不着卧龙先生，耐不住性子的张飞要闯进去，被刘、关二人急忙拉住，张飞一气之下一脚踩在这棵楸树上，将树蹬歪。这棵树从此再也直不起身子来，越长越倾斜，最终长成了现在这个样子。

近年，武侯祠自筹资金对该树进行养护复壮，使得这棵古楸树在今人的呵护下茁壮成长，继续向人们诉说着历史的沧桑。

(三) 张花楼水桐

编号：豫 RL4　　地址：新野县上港乡张花楼村　　学名：楸树　　别名：水桐

树龄 535 年，树高 11 米，胸围 289 厘米，树冠 8 米

（四）死而复生八棱楸

编号：豫 RC8　　地址：西峡县田关乡王营村黄水河村西岸边　　学名：楸树

树龄 280 年，树高 10 米，胸围 113 厘米，树冠 11 米

在西峡县田关乡王营村黄水河西岸边，生长着一棵楸树。由于此树树干外形有 8 个棱，当地群众称之为“八棱楸”。此树有一扁平枝伸过大路，来往车辆和行人从树下穿过，放牛娃常在枝上躺卧、嬉闹，别有一番情趣。

相传，王营村有位姓靳的老人，在黄水河西岸栽下了这棵楸树。他经常为树松土、浇水、施肥，树木长得很快，树冠如伞，枝叶茂盛，遮天盖日。村民常在树下乘凉避雨，全村老少都关心爱护这棵古树。

新中国成立初期，这棵树龄 200 多年的老树在当地政府和群众的照料下，已长高至 10 多米，胸围 1.1 米多，枝下高 3 米，树冠覆盖面积 600 多平方米。1958 年时，树头被锯掉，虽留下树干，但枝叶干枯，34 年没有发芽。到 1992 年春，沉睡 30 多年的“八棱楸”复活。树杈上又萌生出新枝，叶片油绿，嫩枝吐出扑鼻的香气。1994 年冬天，村民们为了保护此树，自发捐款捐物，在树旁盖了三间瓦房，住人看护此树。现在新树枝围已有 20 多厘米，老树干也开始发粗。

14/榉树

榉树（*Zelkova serrata* (Thunb.) Makino），别名血榉、金丝榔、沙榔树、毛脉榉等，又名大叶榉，是榆科榉属的落叶乔木树种，属国家二级重点保护植物。在中国分布广泛，生长较慢，材质优良，是珍贵的硬叶阔叶树种。

榉树树姿端庄，高大雄伟，秋叶变成褐红色，是观赏秋叶的优良树种。

榉树木材纹理细，质坚，能耐水，供桥梁、家具用材；茎皮纤维制人造棉和绳索。

榉树苗期侧根发达，长而密集，耐干旱瘠薄，固土、抗风能力强，可作为防护林带树种和水土保持树种加以推广。

榉树皮和叶供药用。据《名医别录》记载："榉树皮煎服之夏日作饮去热。"《嘉佑补注本草》云："榉树皮味苦无毒，下水气，止热痢，安胎主妊娠人腹痛。"又云："叶冷无毒，治肿烂恶疮。"

（一）石鼓大叶树

编号：豫 RF74　　地址：南召县乔端镇石鼓村樊家庄后

学名：榉树　　别名：鬼狼树

树龄 500 年，树高 18 米，胸围 335 厘米，树冠 18 米

（二）玉葬鬼狼树

编号：豫 RF11　　地址：南召县乔端镇玉葬村樊家庄后

学名：榉树　　别名：鬼狼树

树龄 450 年，树高 20 米，胸围 370 厘米，树冠 20 米

（三）庙沟鬼狼树

编号：豫 RD109　　地址：淅川县毛堂乡庙沟村

学名：榉树　　别名：鬼狼树

树龄 300 年，树高 22 米，胸围 300 厘米，树冠 17 米

15/黄连木

黄连木（*Pistacia chinensis*），漆树科，黄连木属，落叶乔木。因其木材色黄而味苦，故名“黄连木”或“黄连树”，还有称楷木，《辞海》记载：“相传楷树枝干疏而不曲，因以形容刚直。”“楷模”一词据说由此而出。

黄连木原产我国，分布很广，北自黄河流域，南至两广及西南各省均有生长。常散生于低山丘陵及平原，其中以河南省等中北部省份最多。

黄连木树冠近圆球形，树皮薄片状剥落。通常为偶数羽状复叶，小叶 10 ~ 14 片，披针形或卵状披针形，长 5 ~ 9 厘米，先端渐尖，基部偏斜，全缘。圆锥花序，雄花序淡绿色，雌花序紫红色。核果直径约 6 厘米，初为黄白色，后变红色至蓝紫色，若红而不紫多为空粒。花期 3 ~ 4 月，果 9 ~ 11 月成熟。

黄连木喜光，幼时稍耐阴，喜温暖，畏严寒，耐干旱、瘠薄，对土壤要求不严，微酸性、中性和微碱性的沙质、黏质土均能适应，而在肥沃、湿润而排水良好的的石灰岩山地生长最好。黄连木为深根性树种，主根发达，抗风力强；因其生长较慢，寿命长可长达 300 年以上。黄连木具有较强的抗污染能力，对二氧化硫、氯化氢和煤烟的抗性较强。

黄连木寿命长达几百年，是城市及风景区的优良绿化树种。树冠浑圆，枝叶繁茂而秀丽，早春嫩叶红色，入秋叶又变成深红色或橙黄色，紫红色的雌花序也极美观。宜作庭荫树、行道树及山林风景树，也常作“四旁”绿化及低山区造林树种。在园林中植于草坪、坡地、山谷或于山石、亭阁之旁配植无不相宜。若要构成大片秋色红叶林，可与槭类、枫香等混植，效果更好。另外，黄连木材质优良，耐腐性强，是名贵的雕刻、装饰及家具用材。

（一）舒庄黄连树

编号：豫 RH163　　地址：方城县小史店镇舒庄村

学名：黄连木　　别名：黄连树

树龄 300 年，树高 6.9 米，胸围 212 厘米，树冠 7.45 米

（二）无私无求黄连木

编号：豫 RF10　地址：南召县乔端镇玉葬村六组老庄　学名：黄连木

树龄 500 年，树高 28 米，胸围 550 厘米，树冠 22 米

在南召宝天曼一带，流传着一个黄连木树和椿树的传说。汉朝时，刘秀被王莽追杀，跑得人困马乏，粮尽食断，再也跑不动了，就在宝天曼山腰浓密的树阴下昏昏欲睡。睡梦中他感到有什么香甜汁液滴入口中，顿时精神十足。原来是身旁一棵高大的黄连树为救刘秀性命把自己身体中的汁液供给了刘秀。刘秀醒来后对黄连树说："将来我若夺得天下，就给你满身挂上金牌。"

后来，刘秀果然当上了皇帝，就命人拿"金牌"和圣旨去封赏那棵黄连树。因黄连树旁边还生长着几棵椿树，样子也有点相像。来人急于交差，没弄清便把金牌错挂在了椿树上。从此，椿树每年都会结出金灿灿的果实——椿牌，像满身挂了金牌一样，十分好看。

挂错牌的事传开后，人们劝黄连树向刘秀说明情况，黄连树不肯，说当初救人就没有想着图人报答。这样，人们在赞叹黄连树品格高尚的同时更加为黄连树喊冤叫屈，纷纷说："黄连树苦哇，黄连树苦哇"，说着说着，黄连树体内的汁液慢慢地真的就变得苦涩了，牛、羊等牲畜也不再去啃食黄连树了。

而这时的椿树却是一副沾沾自喜、洋洋得意的样子。人们劝它说："无功不受禄嘛，你应该主动把金牌还给黄连树。"椿树不理会人们的劝告，照样炫耀它的金牌。人们就纷纷说："这几棵椿树真臭，这几棵椿树真臭！"谁知道，说着说着，这几棵本来很香的椿树果然就慢慢变成臭椿树了。从此，人们再也不采摘它的嫩芽食用了。

无私无求黄连木

（三）西花园黄连树

编号：豫 RF227　　地址：南召县云阳镇西花园村

学名：黄连木

树龄 1000 年，树高 25 米，胸围 330 厘米，树冠 23 米

16/紫薇

紫薇（*Lagerstroemia indica* L）属千屈菜科、紫薇属，落叶灌木或小乔木，别名痒痒花、痒痒树、紫金花、紫兰花、蚊子花、西洋水杨梅、百日红、无皮树。紫薇高可达 7 米；树皮平滑，灰色或灰褐色；枝干多扭曲，小枝纤细，叶互生或有时对生，纸质，椭圆形、阔矩圆形或倒卵形，幼时绿色至黄色，成熟时或干燥时呈紫黑色，室背开裂；种子有翅，长约 8 毫米。花期 6 ~ 9 月，果期 9 ~ 12 月。

紫薇树姿优美，树干光滑洁净，花色艳丽；开花时正当夏秋少花季节，花期长，故有“百日红”之称，又有“盛夏绿遮眼，此花红满堂”的赞语，是观花、观干、观根的盆景良材；根、皮、叶、花皆可入药。

（一）金亭百日红

编号：豫 RG573　　地址：桐柏县城郊乡金亭村

学名：紫薇　　别名：百日红

树龄 500 年，树高 4 米，胸围 240 厘米，树冠 3 米

（二）菩提寺怕痒树

编号：豫 RI12　　地址：镇平县老庄镇菩提寺

学名：紫薇　　别名：芙茎、百日红

树龄 130 年，树高 10 米，胸围 110 厘米，树冠 5.5 米

人怕痒，常见；树怕痒，鲜见。镇平县老庄镇境内就有这样一棵怕痒的树，这棵古树位于老庄镇菩提寺院内。让人称奇的是，如果你用手指轻轻触摸树干下部，树的枝梢树叶就会无风而轻轻晃动不已，好像怕痒难忍一样，如果你手一放开，则晃动就停止了。

据该寺负责人介绍，这是棵紫薇树，植于清朝，有 130 多年历史。该树树姿优美，花色艳丽，以其奇特之处，给这座千年古寺增添了生机和活力。该树树干光滑洁净，突筋露骨，整株高约 5.5 米，树皮为浅褐色，主干高 1.7 米，树围约 110 厘米，树冠近 5.5 米，树冠不太整齐，枝头开有浅紫色花朵。树的主干上部有两个分杈，一个较粗，一个较细，树干扭曲盘旋生长，干皮光滑。主干下部多个圆形小树瘤，主干部分内空，树干弯曲。

17/七叶树

七叶树（*Aesculus chinensis* Bunge）又名梭罗、天师栗，因其叶为七出掌状复叶而得名。七叶树是名贵观赏树木、药用植物，为世界十大优美行道树木之一。七叶树原产于印度，随佛教传入我国。相传佛祖释迦牟尼诞生于七叶树下，故有“佛门宝树”美称。该树树干挺拔，树质极佳，叶如手掌，浓绿肥大，花朵穗状，洁白醒目。每年 5 月花期，长达 25 厘米的穗状花布满树冠，如飞雪点缀。金秋时节，核桃般大小的果实倒悬枝头，耀眼夺目。

《本草纲目》记载，七叶树果实消肿胀、治顽疾，为常用中药。近年来，从果实中提取的活性成分——七叶树皂甙，又被临床用于治疗心血管病、颅损伤等疾病，效果奇佳。

（一）高台梭罗树

编号：豫 RC104　　地址：西峡县重阳镇高台村

学名：七叶树　　别名：梭罗树

树龄 250 年，树高 24 米，胸围 210 厘米，树冠 26 米

（二）中原娑罗第一树

编号：豫 RC255　　地址：西峡县米坪镇石门村南沟组

学名：七叶树　　别名：梭罗子

树龄 1200 年，树高 28 米，胸围 530 厘米，树冠 28 米

在伏牛山深处的西峡县米坪镇石门村，有一株七叶树古树。此树高约 28 米，胸围 5.3 米，需五人合抱；树干自 2.9 米处分生出 3 个巨大的枝杈，直径均在 1 米以上，托举起浓绿匝密的树冠，冠幅近 800 平方米。尤为奇特的是，在主干 2.5 米处有一大洞，很像一只眼睛注视着天空；另一侧从自 1 米处向上开裂至分叉处，往里看树干中空，可容下五六人，似展其沧桑历史。该树树龄在 1200 年以上，可称得上是中原第一、全国罕见。

七叶古树是历史的见证、生命的奇迹，受到了当地村民的敬重与厚爱。逢年过节，人们烧香供奉，祝愿它生生不息、永葆青春，并在它旁边立起一座保护牌，以警示世人。古树也默默回报着善良朴实的村民，每年结果 1000 多斤，价值 3 万多元。

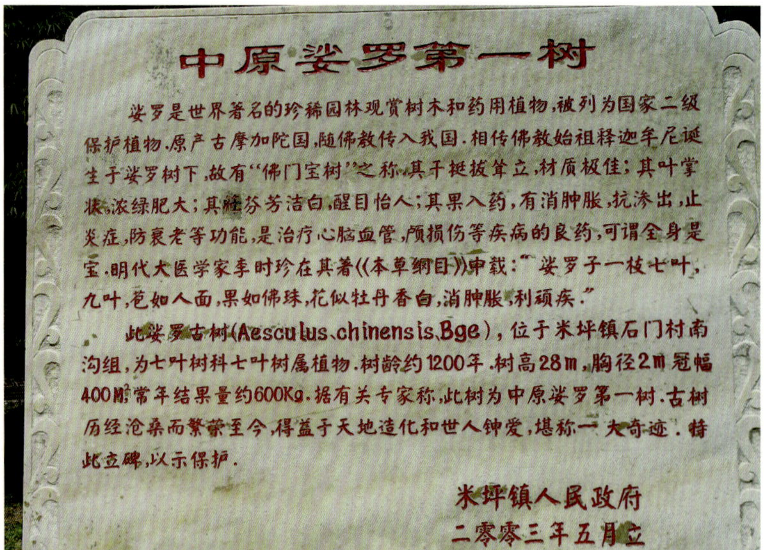

（三）月宫娑罗降人间

编号：豫 RH43　　地址：方城县四里店乡善庄村

学名：七叶树　　别名：梭罗树、梭罗子

树龄 1000 年，树高 14.5 米，胸围 285 厘米，树冠 11.7 米

方城县四里店乡善庄村有株树龄 1000 年的梭罗树，根部需 3 人合抱，中空可直视蓝天，在其高约 5 米处，树冠呈放射状伸展，枝繁叶茂，线穗状的花煞是迷人，散发出一种不可言状的淡淡馨香。1982 年秋，该树被确定为省重点保护树木。

传说，此处的梭罗树是月宫吴刚捣药时不慎掉落凡间的树籽长成的，所以可以历经千年风雨，依然生机勃勃。美丽的传说不禁让人生情动感，遐思神飞。

（四）蒿坪梭罗树

编号：豫 RC343　　地址：西峡县二郎坪镇蒿坪村

学名：七叶树　　别名：梭罗树

树龄 600 年，树高 30 米，胸围 490 厘米，树冠 17 米

（五）石门梭罗子

编号：豫 RC256　　地址：西峡县米坪镇石门村白石尖

学名：七叶树　　别名：梭罗子

树龄 600 年，树高 18 米，胸围 307 厘米，树冠 17 米

（六）杨盘梭罗树

编号：豫 RC233　　地址：西峡县石界河镇杨盘村岭根

学名：七叶树　　别名：梭罗子

树龄 500 年，树高 22 米，胸围 460 厘米，树冠 21 米

18/乌桕

乌桕（*Sapium sebiferum* (L.) Roxb.）为大戟科乌桕属，别名腊子树、桕子树、木子树、乌桖、桊子树、桕树、木蜡树、木油树、木梓树、虹树、蜡烛树、油籽（子）树、洋辣子树。落叶乔木，乌桕是一种色叶树种，春秋季叶色红艳夺目，不下丹枫。为中国特有的经济树种，已有 1400 多年的栽培历史。

乌桕对土壤的适应性较强，在红壤、黄壤、黄褐色土、紫色土、棕壤等土类，从沙到粘不同质地的土壤，以及酸性、中性或微碱性的土壤类型中均能生长，是抗盐性强的乔木树种之一。乌桕要求有较高的土壤湿度，且能耐短期积水，同时有一定的抗风性和较耐干旱瘠薄。此外，乌桕对有毒氟化氢气体有较强的抗性。乌桕以根皮、树皮、叶入药。

（一）张庄木子树

编号：豫 RG98　　地址：桐柏县淮源镇张庄村

学名：乌桕　　别名：木子树

树龄 800 年，树高 14 米，胸围 140 厘米，树冠 12 米

（二）黄连树村木子树

编号：豫 RD132　　地址：淅川县寺湾镇黄连树村

学名：乌桕　　别名：木子树

树龄 270 年，树高 11 米，胸围 158 厘米，树冠 8 米

19/枫杨

枫杨（*Pterocarya stenoptera* C. DC），别名白杨、大叶柳、大叶头杨树等。落叶乔木，高达 30 米，胸径达 1 米；幼树树皮平滑，浅灰色，老时则深纵裂；小枝灰色至暗褐色，具灰黄色皮孔；芽具柄，密被锈褐色盾状着生的腺体，叶多为偶数或稀奇数羽状复叶。

枫杨喜光，幼树耐荫，耐寒能力不强，主要分布于黄河流域以南。

枫杨树冠宽广，枝叶茂密，生长迅速，是常见的庭荫树和防护树种。而且树皮还有祛风止痛，杀虫，敛疮等功效。

（一）李湾枫杨

编号：豫 RD2　　地址：淅川县西簧乡李湾村　　学名：枫杨　　别名：黑柳

树龄 600 年，树高 14 米，胸围 540 厘米，树冠 15 米

淅川县西簧乡有一棵黑柳古树，生长在豫 54 线旁的李湾村马坎组，树高近 14 米，主干需要 4 个人才能合抱得住。由于年久，树梢已朽，四大主枝犹如四把巨伞，向四周延伸数十米。

黑柳古树距今大约有600余年历史，是何人所栽已无从考证。每到夏季，附近的人们都聚集到柳树下乘凉、吃饭、打牌、下棋，很是热闹。

此树经历几百年风雨而且生长在人来人往的路旁，依然“毫发无损”，不能不令人称奇。如今，黑柳树依然枝叶茂盛，绽放出片片嫩绿的新叶，在风中向过往行人招手问好，吸引了不少人驻足观看。

（二）竹园枫杨

编号：豫 RF33　　地址：南召县石门乡竹园村河西庄边

学名：枫杨　　别名：湖北枫杨

树龄 300 年，树高 18 米，胸围 580 厘米，树冠 27 米

南召县石门乡竹园村桑树坪有一棵大鬼柳树，生长在村东边的东壮河西岸。鬼柳的学名为枫杨树，大树十分粗壮，6 个人竟搂抱不住，树冠占地约 1200 平方米。

该树树身中空，根部有一个树洞，可容纳两三个人。20 世纪 70 年代，因大树树荫很大，生产队里的牛、羊都在树下乘凉。有一年夏天，突然下起大雨，七八只羊挤在树洞中避雨，结果由于拥挤而窒息，羊倌很心疼，于是就用石头把树洞口垒住。

这棵“鬼柳树”一直受到村里男女老少的格外爱护，古树也“投桃报李”，像一把巨伞为这里的人们撑起一片绿阴，人与古树构成了和谐美好的一幅图画。

（三）杨树坪枫杨

编号：豫 RF250　　地址：南召县小店乡杨树坪　　学名：枫杨

树龄 150 年，树高 35 米，胸围 500 厘米，树冠 37 米

20/板栗

板栗（*Castanea mollissima*），又名栗、板栗、栗子、风栗，是壳斗科栗属的植物，素有“干果之王”的美誉，在国外它还被称为“人参果”。

原产于中国，在古书中最早见于《诗经》一书，可知栗的栽培史在我国至少有二千五百年的历史。分布于越南、台湾以及中国大陆地区，生长于海拔 370 ~ 2800 米的地区，多见于山地，已由人工广泛栽培。

栗子营养丰富，维生素 C 含量比西红柿还要高，更是苹果的十几倍。栗子中的矿物质也很全面，有钾、锌、铁等，虽然含量没有榛子高，但仍比苹果等普通水果高得多，尤其是含钾量比苹果高出 3 倍。

（一）白庙毛栗

编号：豫 RG779　地址：桐柏县月河镇白庙村　学名：板栗　别名：毛栗

树龄 400 年，树高 17 米，胸围 480 厘米，树冠 24 米

（二）珠宝沟栗子

编号：豫 RC165　　地址：西峡县桑坪镇珠宝沟村失马崖

学名：板栗　　别名：栗子

树龄 500 年，树高 14 米，胸围 499 厘米，树冠 16 米

21/山茱萸

山茱萸（*Cornus officinalis* Sieb. et Zucc.），落叶乔木或灌木。

分布于中国山西、陕西、甘肃、山东、江苏、浙江、安徽、江西、河南、湖南等省，朝鲜、日本也有分布。常适生于海拔 400 ~ 1500 米的林缘或森林中。其果实称“萸肉”，俗名枣皮，供药用，味酸涩，性微温，为收敛性强壮药，有补肝肾止汗的功效。

山茱萸为暖温带阳性树种，生长适温为 20 ~ 30℃，超过 35℃则生长不良。抗寒性强，可耐短暂的 −18℃低温，生长良好。山茱萸宜栽于排水良好，富含有机质、肥沃且排水良好的沙壤土中。

（一）西峡山茱萸王

编号：豫 RC174　　地址：西峡县桑坪镇塘岈村安场组

学名：山茱萸　　别名：山茱萸肉

树龄 200 年，树高 8 米，胸围 122 厘米，树冠 16 米

西峡县桑坪镇塘岈村安场组东坡上，生长着一棵树龄约 200 年的山茱萸树，树高 8 米，胸围 1.2 米，冠幅近 16 米，年产山萸肉 450 千克以上。当地村民说："亩产千斤粮，顶不上一棵茱萸王。"

山茱萸又名山萸肉、枣皮等，落叶小乔木。喜凉爽湿润，忌强光直射，适宜生长于阴坡的坡脚、沟底。西峡县海拔、温度均是山茱萸的最佳适生地，全县年产山茱萸 40 万千克左右。

山茱萸是我国珍贵的药用经济树种，传统医药学典籍《神农本草经》《本草纲目》均有论述。山茱萸果肉含有大量的山茱萸苷、酒石酸、苹果酸、糖分、树脂等，其味酸、涩、甘，性温热，入肝肾二经。有固精补气、强阴助阳、安五脏、通九窍、暖腰膝、治风寒湿、耳鸣耳聋的作用。

（二）玉葬山茱萸王

编号：豫 RF13　　地址：南召县乔端镇玉葬村

学名：山茱萸　　别名：山茱萸肉

树龄 180 年，树高 8 米，胸围 260 厘米，树冠 11 米

22/女贞

女贞（*Ligustrum lucidum* Ait）为木犀科女贞属常绿灌木或乔木，高可达 25 米。树皮灰褐色，枝黄褐色、灰色或紫红色，圆柱形，疏生圆形或长圆形皮孔。

女贞原产于中国，广泛分布于长江流域及以南地区，华北、西北地区也有栽培，其适应性强，较耐旱，也能耐 −10℃左右低温。叶可蒸馏提取冬青油，用于甜食或牙膏等的添加剂。成熟果实晒干为中药女贞子，性凉，味甘苦、可明目、乌发、补肝肾。

女贞为亚热带树种，枝叶茂密，树形整齐，是常用观赏树种，可于庭院孤植或丛植，广泛应用于行道树、绿篱等。

（一）金河移植园女贞

编号：豫 RD542　　地址：淅川县金河镇抢救保护移植园

学名：女贞　　别名：女贞子

树龄 500 年，树高 8 米，胸围 310 厘米，树冠 7 米

（二）东万沟女贞

编号：豫 RC168　　地址：西峡县桑平镇东万沟村　　学名：女贞

树龄 250 年，树高 9 米，胸围 188 厘米，树冠 13 米

23/柿树

柿（*Diospyros kaki* Thunb.）是柿科柿属落叶乔木，通常高可达 10 ~ 14 米，胸径 65 厘米以上；树皮深灰色至灰黑色，或者黄灰褐色至褐色；树冠球形或长圆球形。枝开展，带绿色至褐色，无毛，散生纵裂的长圆形或狭长圆形皮孔；嫩枝初时有棱，有棕色柔毛或绒毛或无毛。叶纸质，卵状椭圆形至倒卵形或近圆形；叶柄长 8 ~ 20 毫米。花雌雄异株，花序腋生，为聚伞花序；花梗长约 3 毫米。果形有球形、扁球形等；种子褐色，椭圆状，侧扁；果柄粗壮，长 6 ~ 12 毫米。花期 5 ~ 6 月，果期 9 ~ 10 月。

柿树果实常经脱涩后作水果，经过适当处理，可贮存数月，一年中都可随时取食。柿子亦可加工制成柿饼。

原产中国长江流域，全国各省、区多有栽培。朝鲜、日本、东南亚、大洋洲、北非的阿尔及利亚、法国、苏联、美国等均有栽培。

柿树是深根性树种，又是阳性树种，喜温暖气候，适生于深厚、肥沃、湿润且排水良好的中性土壤，其较能耐寒耐瘠薄，抗旱性强，不耐盐碱土。

柿树多数品种在嫁接后 3 ~ 4 年开始结果，10 ~ 12 年达盛果期，实生树则 5 ~ 7 龄开始结果，结果年限在 100 年以上。

（一）党庄朱果

编号：豫 RH107　　地址：方城县杨集乡党庄村

学名：柿　　别名：朱果、猴枣

树龄 500 年，树高 14 米，胸围 250 厘米，树冠 13.2 米

（二）王田朱果

编号：豫 RJ24　　地址：唐河县祁仪乡王田村蔡庄

学名：柿　　别名：朱果、猴枣

树龄 130 年，树高 15 米，胸围 255 厘米，树冠 7 米

24/青檀

青檀（*Pteroceltis tatarinowii* Maxim.）又名翼朴，乔木树种，高达 20 米或以上，胸径达 70 厘米或 1 米以上。为中国特有的稀有单种属，零星或成片分布于中国 19 个省区。

青檀为阳性树种，常生于海拔 100 ~ 1500 米的山谷溪边石灰岩山地疏林中，多成小片纯林或与其他树种混生。其适应性较强，喜钙，喜生于石灰岩山地，也能在花岗岩、砂岩地区生长。较耐干旱瘠薄，根系发达，常在岩石隙缝间盘旋伸展。生长速度中等，萌蘖性强，寿命长。

青檀茎皮、枝皮纤维为制造驰名国内外的书画宣纸的优质原料。

（一）空心青檀表清白

编号：豫 RF123　　地址：南召县留山镇丹霞寺院内

学名：青檀　　别名：翼朴

树龄 500 年，树高 11 米，胸围 310 厘米，树冠 12 米

南召县留山镇丹霞寺内生长着众多参天古树，遮天蔽日，各具特色，一树一景，令人叫绝，将整个寺院映衬得格外神秘和肃穆，其中以空心青檀树最为著名。

这株青檀树高 11 米，胸围为 3.1 米，整个大树的主干中空，人可以从根部的树洞里直接爬上树顶。虽然现在已有 500 多岁高龄，但仍旧根如盘龙，枝繁叶茂，显示着旺盛的生命力。

相传，曾经有一年，丹霞寺里香火钱经常被盗，主持怀疑是一个小和尚所为。小和尚有口难辩，只好跪在佛像前，发下毒誓以证清白，“如果香火钱是我所盗，那么下雨时，就让我被雷电劈死；否则，就让寺院里的那棵青檀树变成空心树。”就这样，寺院里的那株青檀树变成了空心树。

（二）马蹄青檀

编号：豫 RC94　　地址：西峡县丁河镇马蹄村二组

学名：青檀　　别名：毛倒烂、管树

树龄 300 年，树高 24 米，胸围 377 厘米，树冠 15 米

(三) 秧田翼朴

编号：豫 RC247　　地址：西峡县米坪镇秧田村竹园组

学名：青檀　　别名：翼朴

树龄 200 年，树高 20 米，胸围 199 厘米，树冠 17 米

25/红豆杉

红豆杉（*Taxus chinasis*）为常绿乔木或灌木，是红豆杉属植物的通称。该属约 11 种，分布于北半球，中国有 4 种 1 变种。

红豆杉属于浅根植物，其主根不明显、侧根发达，是世界上公认濒临灭绝的天然珍稀抗癌植物，是经过了第四纪冰川遗留下来的古老孑遗树种，在地球上已有 250 万年的历史。由于在自然条件下红豆杉生长速度缓慢，再生能力差，所以很长时间以来，世界范围内还没有形成大规模的红豆杉原料林基地。

（一）杨盘红豆杉

编号：豫 RC237　　地址：西峡县石界河镇杨盘村　　学名：红豆杉

树龄 200 年，树高 3 米，胸围 180 厘米，树冠 2 米

（二）石鼓红豆杉

编号：豫 RF50　　地址：南召县乔端镇石鼓村　　学名：红豆杉

树龄 1500 年，树高 18 米，胸围 410 厘米，树冠 17 米

26/木瓜

木瓜（*Chaenomeles sinensis* (Thouin)Koehne）为蔷薇科木瓜属植物，又名木梨、降龙木等，灌木或小乔木，高达 5 ~ 10 米，叶片椭圆卵形或椭圆长圆形，稀倒卵形，长 5 ~ 8 厘米，宽 3.5 ~ 5.5 厘米，叶柄长 5 ~ 10 毫米，微被柔毛，有腺齿；果实长椭圆形，长 10 ~ 15 厘米，暗黄色，木质，味芳香，果梗短。花期 4 月，果期 9 ~ 10 月。

木瓜适应性强，广泛分布于山东、陕西、河南（桐柏）、湖北、江西、安徽、江苏、浙江、广东、广西等地。

木瓜用途广泛，常栽培供观赏，其果实味涩，水煮或浸渍糖液供食用，入药有解酒、去痰、顺气、止痢之效。

（一）丹霞寺木瓜

编号：豫 RF120　　地址：南召县丹霞寺院内　　学名：木瓜　　别名：木瓜树

树龄 200 年，树高 11 米，胸围 110 厘米，树冠 9 米

(二) 西杨木瓜

编号：豫 RG665　地址：桐柏县城关镇西杨社区　学名：木瓜　别名：木梨

树龄 200 年，树高 8 米，胸围 160 厘米，树冠 7 米

27/梨

梨（*Pyrus* spp.）为蔷薇科梨属植物，落叶乔木或灌木，栽培品种的果皮颜色多为黄色、绿色或黄绿色，个别品种亦有紫红色。野生梨的果径较小，为 1 ~ 4 厘米，而人工培植的品种果径可达 8 厘米，长度可达 18 厘米。

梨的果实通常用来食用，不仅味美汁多且营养丰富，富含多种维生素和纤维素。梨也具有通便秘，利消化的医疗功效，对心血管也有好处。在民间，梨还有一种疗效，把梨去核，放入冰糖，蒸煮过后食用还可以止咳；除了作为水果食用以外，梨还可常作观赏之用。

梨喜光喜温。其根系发达，垂直根深可达 2 ~ 3 米及以上，水平根分布较广，约为冠幅 2 倍左右，对土壤的适应能力也较强，生产栽培宜选择土层深厚、排水良好的缓坡山地种植，尤以砂质壤土山地为理想。干性强，层性较明显。结果早，结果期长，有些品种 2 ~ 3 年即开始结果，盛果期可维持 50 年以上。

（一）细辛梨树

编号：豫 RC440　　地址：西峡县太平镇细辛村南庵组

学名：梨　　别名：沙梨、秋疙瘩

树龄 400 年，树高 17 米，胸围 315 厘米，树冠 14 米

（二）坑黄杜梨

编号：豫 RK7　　地址：社旗县下洼镇坑黄村

学名：杜梨　　别名：铁梨树

树龄 240 年，树高 18 米，胸围 157 厘米，树冠 15 米

（三）药山梨树

编号：豫 RE6　　地址：内乡县瓦亭镇药山村魏沟组　　学名：梨

树龄 320 年，树高 14 米，胸围 180 厘米，树冠 13 米

28/核桃

核桃（*Juglans regia* L.），又称胡桃，羌桃，为胡桃科植物。与扁桃、腰果、榛子并称为世界著名的“四大干果”。核桃仁含有丰富的营养素，并含有人体必需的钙、磷、铁等多种微量元素和矿物质以及胡萝卜素、核黄素等多种维生素。

核桃在中国的水平分布范围：从北纬 21°08′32″ 的云南勐腊县到北纬 44°54′ 的新疆博乐县，纵越纬度 23°25′；西起东经 75°15′ 的新疆塔什库尔干，东至东经 124°21′ 的辽宁丹东，横跨经度 49°06′。

喜光，耐寒，抗旱、抗病能力强，适应多种土壤生长，同时对水肥要求不严，喜石灰性土壤，常见于山区河谷两旁土层深厚的地方。落叶后至发芽前不宜剪枝，易产生伤流。

（一）黄石庵核桃

编号：豫 RC430　　地址：西峡县太平镇黄石庵村

学名：核桃　　别名：胡桃

树龄 100 年，树高 14 米，胸围 231 米，树冠 22 米

（二）珠宝沟核桃

编号：豫 RC175　　地址：西峡县桑坪镇珠宝沟村 4 组

学名：核桃　　别名：胡桃

树龄 300 年，树高 19 米，胸围 343 厘米，树冠 22 米

（三）湍河源头老核桃

编号：豫 RE84　　地址：内乡县夏馆镇湍源村沟口组

学名：核桃　　别名：胡桃树

树龄 320 年，树高 23 米，胸围 295 厘米，树冠 19 米

湍河，是内乡县境内的最大河流，是菊乡人民的母亲河，发源于夏馆镇湍源村，从这里昼夜不停喷涌出的清澈泉水，向东汇入小红寺河、大红寺河，在大块地村形成湍河主流，沿途汇流默河、黄水河等 21 条支流，而后流入汉水、汇入长江，注于东海。

湍河曾经是重要的水运通道，客商用帆船将内乡、邓州的烟叶、麻油、豆类及粮食和内乡、西峡、马山口的大枣、柿饼等山货装船，运往襄阳、汉口和上海，再把本地所需的生产生活用品运回内乡。千百年来，湍河默默地哺育着菊乡人民。

在湍河源头，距山泉一米高的坡上，有一块百余平方米的平台，平台上长着一棵老核桃树，树龄在 300 年以上，胸围 2.9 米，冠幅 19 米，树高 23 米。这棵老核桃树在历经岁月的风霜雨雪洗礼后，如今仍郁郁葱葱地屹立着，其树干粗壮，树皮似鳞，像一位身披铠甲、戍卫湍河源头的老将，威风凛凛，枝杈虬盘，绿荫如盖，滋荫着湍河源头。

老核桃树下，一汪泉水汩汩喷流，常年淙淙流淌，这便是湍河的源头。在山泉旁，伸手掬起一捧清澈泉水，一饮而尽，顿觉甘甜滋润，通体清爽，沁人心脾。当地的老乡说，在这里喝一口泉水，一家人永远“团团圆圆”（“湍源”谐音）。这眼山泉还有一段美丽的传说呢，说是很久以前有位村姑遇雷雨而感孕，生下一条小白龙。村姑含辛茹苦哺育白龙，白龙长大后为报养育之恩 在飞升天庭前，在它儿时经常玩耍的这棵老核桃树下，用尾巴辟出一眼清泉，就是现在这眼昼夜喷涌不停的湍河源头山泉。

2009 年 4 月 24 日，内乡县委、县政府在这棵老核桃树旁隆重举行了“湍河之源”纪念石碑揭牌仪式。老核桃树所在的那块平台，则成了揭牌仪式的主席台和文艺团体表演节目的舞台，百年核桃树，笑看荫下歌舞。而今，“湍河之源”已成为内乡县又一个新的旅游景点，而这棵古老的核桃树则成为该景点不可或缺的重要内容。

如今，这棵老核桃树在当地政府和有关部门的高度重视和有力保护下，正焕发出新的生机与活力，继续在默默守护着内乡人民的母亲河源头，造福桑梓。

湍河源头老核桃

29 / 飞蛾槭

飞蛾槭（*Acer oblongum* Wall. ex DC.）为槭树科槭树属的常绿（或半常绿）乔木，高10 ~ 20 米，当年生枝紫色或淡紫色，有柔毛或无毛，老枝褐色，无毛。

飞蛾槭主要分布在陕西、甘肃、湖北、四川、贵州、云南、西藏、尼泊尔、锡金和印度等地。

（一）金河移植园飞蛾槭

编号：豫 RD1093　　地址：淅川县金河镇抢救保护移植园　　学名：飞蛾槭

树龄 130 年，树高 9 米，胸围 180 厘米，树冠 4 米

（二）武候祠飞蛾槭

编号：豫 RA14　　地址：南阳市武侯祠松树园路西

学名：飞蛾槭别名：樟叶槭

树龄 200 年，树高 14.7 米，胸围 180 厘米，树冠 11.7 米

30/枫香

枫香树（*Liquidambar formosana* Hance）为金缕梅科枫香树属落叶乔木，高达 30 米，胸径最大可达 1 米，树皮灰褐色。

喜温暖湿润气候，性喜光，耐干旱瘠薄。分布于我国秦岭及淮河以南各省，亦见于越南北部、老挝及朝鲜南部。树脂供药用，能解毒止痛，止血生肌；根、叶及果实亦入药，有祛风除湿，通络活血功效。木材稍坚硬，可制家具及贵重商品的装箱。

（一）大寺枫香

编号：豫 RD76　　地址：淅川县荆紫关镇大寺村　　学名：枫香　　别名：枫树

树龄 500 年，树高 12 米，胸围 450 厘米，树冠 11 米

（二）白草垛枫香

编号：豫 RF284　　地址：南召县四棵树乡白草垛村软枣树组北坡　　学名：枫香

树龄 200 年，树高 20 米，胸围 280 厘米，树冠 19 米

31/小果卫矛

小果卫矛（*Euonymus microcarpus*）为卫矛科卫矛属常绿灌木植物，高 2 ~ 6 米，是中国的特有植物。多分布在中国大陆的陕西、四川、云南、湖北等地，多生长于海拔 350 米至 1000 米的山地地区，目前尚未由人工引种栽培。

（一）军马河冬青

编号：豫 RC292　　地址：西峡县军马河镇孙门村西头组

学名：小果卫矛　　别名：冬青

树龄 200 年，树高 20 米，胸围 180 厘米，树冠 16 米

（二）宝林寺冬青

编号：豫 R12　　地址：镇平县高丘镇刘坟村

学名：小果卫矛　　别名：古冬青

树龄 2000 年，树高 11.5 米，胸围 292 厘米，树冠 17.5 米

在南阳市镇平县城西北的高丘镇刘坟村有一座宝林寺，在宝林寺前的半山坡上生长着一棵高大挺拔的小果卫矛，当地人称冬青树，树高 11.5 米，胸围 2.92 米，冠幅平均 17.5 米，长势苍劲古朴，气势非凡，枝叶青翠欲滴，蕴含生机。

据史料推算，该树树龄约有 2000 年，相传，东汉时期，光武帝刘秀曾驾宿宝林寺，他的马就拴在这棵冬青树上。冬青树原在寺院内，被称为“圣树”，备受僧人爱戴。元朝时期，寺院上迁，该树被拒之门外，受到冷落。该树一气之下，在右枝端长出一个虎头，整棵树如龙似虎，蔚为壮观。于是，古时又传说它是“神仙遗物”，形龙似虎。

冬青树枝叶翠绿光润，花色紫红，木材坚硬。夏日，枝叶繁茂；秋日，果实累累。深受当地村民喜爱，把它当做吉祥之物加以保护。

据《纲目前记》和《山海经》述，这棵冬青树所处的伏牛山主峰——五垛山，古名“骑立山”或“倚帝山”，相传东汉王朝二十八宿多出于此。如今仍有光武帝刘秀的饮马泉、严子陵隐居严陵河畔教书的先师庙以及五龙二虎逼炎章的古战场“狗家滩”和著名的炎章墓等古代遗迹。另外还有闯王驾宿宝林寺，马系冬青树的传说等。

（三）丁河冬青

编号：豫 RC83　　地址：西峡县丁河镇陈阳村阳坡

学名：小果卫矛　　别名：冬青

树龄 500 年，树高 16 米，胸围 740 厘米，树冠 20 米

32/ 其它珍稀古树名木

（一）方庄短柄枹树

编号：豫 RC131　　地址：西峡县寨根乡方庄村

学名：短柄枹树　　别名：小叶青冈

树龄 200 年，树高 15 米，胸围 244 厘米，树冠 5 米

（二）鱼库毛糯米椴

编号：豫 RC305　　地址：西峡县军马河镇鱼库村大世组　　学名：毛糯米椴

树龄 250 年，树高 10 米，胸围 250 厘米，树冠 10 米

（三）孙门黄檀

编号：豫 RC300　　地址：西峡县军马河镇孙门村西头组

学名：黄檀　　别名：山槐

树龄 200 年，树高 21 米，胸围 220 厘米，树冠 14 米

（四）大块地黑壳楠

编号：豫 RC20　　地址：西峡县回车镇大块地村月沟组

学名：黑壳楠　　别名：八角香

树龄 200 年，树高 14 米，胸围 178 厘米，树冠 12 米

（五）许良庄楝木

编号：豫 RH17　　地址：方城县拐河乡许良庄村

学名：楝木　　别名：松杨、凉木、丁木树

树龄 100 年，树高 16 米，胸围 160 厘米，树冠 13 米

（六）秀子沟红椿

编号：豫 RD194
地址：淅川县盛湾镇秀子沟村
学名：红椿　　别名：红楝子

树龄 100 年，树高 20 米，胸围 200 厘米，树冠 15 米

（七）大寺化香树

编号：豫 RD73
地址：淅川县荆紫关镇大寺村
学名：化香树　　别名：花木香

树龄 300 年，树高 15 米，胸围 150 厘米，树冠 11 米

（八）清真寺黄栌

编号：豫 RE60

地址：内乡县城关镇清真寺

学名：黄栌　　别名：翁仔树

树龄 310 年，树高 16 米，胸围 160 厘米，树冠 12 米

（九）香严寺香橼

编号：豫 RD533

地址：淅川县仓房镇香严寺

学名：香橼　　别名：拘橼

树龄 150 年，树高 6 米，胸围 60 厘米，树冠 7 米

（十）府衙金不换

编号：豫 RB6　　地址：宛城区民主街南阳府衙　　学名：接骨木

树龄 50 年，树高 14 米，胸围 40 厘米，树冠 4.5 米

接骨木，又名续骨木。据《本草纲目》记载，接骨木是一味中药，以接骨功能而得名，现代中医临床上常用它治疗急慢性肾炎等症。

位于南阳市民主街的南阳府衙内就生长着这样一棵接骨木树，府衙很珍视这棵树，称之为“金不换”。该树曾枝干着生白斑，叶子脱落，后经府衙多方聘请专家诊治，使得树势重新焕发出勃勃生机。

古色古香的府衙，绽发新绿的古树，撑起南阳古城的一方晴空。

（十一）垱子岭紫弹树

编号：豫 RC24　　地址：西峡县回车镇垱子岭村蛮子营

学名：紫弹树　　别名：白麻子、山果树

树龄 200 年，树高 13 米，胸围 145 厘米，树冠 20 米

（十二）青杠树村朴树

编号：豫 RE79　　地址：内乡县夏馆镇青杠树村东沟组　　学名：朴树

树龄 750 年，树高 28 米，胸围 510 厘米，树冠 27 米

（十三）冯友兰蜡梅

编号：豫 RJ20　　地址：唐河县祁仪乡祁仪村

学名：蜡梅　　别名：冯友兰蜡梅

树龄 160 年，树高 6 米，地围 510 厘米，树冠 8 米

这棵蜡梅生长在南阳市唐河县祁仪乡祁仪村乡政府院内，树高 5 米，成树丛状，有 50 个左右的分枝，其中一个胸围达 10 厘米。

这棵蜡梅见证着我国著名教育家、哲学泰斗冯友兰先生的幼年生活。冯家是书香门第，人才辈出，经过几代人的辛苦努力，到了其父冯玉文这一代，又在街东北角清水河边上置了一块平地作为宅院，并栽下了一棵蜡梅。冯友兰幼年的时候，经常在这棵蜡梅树下潜心苦读，蜡梅也就成了时常陪伴他读书的一位“挚友”。如今，这棵蜡梅仍然枝繁叶茂。

（十四）高崖楝木

编号：豫 RC12　　地址：西峡县阳城镇高崖村六组　　学名：楝木

树龄 300 年，树高 9 米，胸围 64 厘米，树冠 10 米

（十五）河南流苏树

编号：豫 RF264　　地址：南召县白土岗镇河南村　　学名：流苏树

树龄 110 年，树高 15 米，胸围 150 厘米，树冠 12 米

（十六）金亭栾树

编号：豫 RG579　　地址：桐柏县城郊乡金亭村　　学名：栾树　　别名：灯笼树

树龄 105 年，树高 14 米，胸围 170 厘米，树冠 9 米

（十七）关山暖木

编号：豫 RC262　　地址：西峡县米坪镇关山村小风组　　学名：暖木

树龄 600 年，树高 20 米，胸围 390 厘米，树冠 23 米

(十八)大寺林场山楂

编号：豫 RH182　　地址：方城县大寺林场　　学名：山楂　　别名：山里果

树龄 180 年，树高 9 米，胸围 179 厘米，树冠 11.25 米

（十九）金河移植园丛棉木

编号：豫 RD701　　地址：淅川县金河镇抢救保护移植园　　学名：丝棉木

树龄 150 年，树高 9 米，胸围 120 厘米，树冠 6 米

（二十）湾潭大果榉

编号：豫 RC362　　地址：西峡县二郎坪镇湾潭村沟口组

学名：大果榉　　别名：黄扎榆

树龄 250 年，树高 19 米，胸围 250 厘米，树冠 17 米

（二十一）河桥梧桐

编号：豫 RH9　　地址：方城县清河乡河桥村

学名：梧桐　　别名：青桐、桐麻

树龄 100 年，树高 12 米，胸围 148 厘米，树冠 9 米

（二十二）朱陈香樟

编号：豫 RE54　　地址：内乡县赤眉镇朱陈村白果树组

学名：香樟　　别名：香樟树、樟树

树龄 310 年，树高 19 米，胸围 195 厘米，树冠 17 米

在内乡县赤眉镇白果树苗圃里高高挺立着一棵香樟树，它的周围是低矮的树苗和庄稼，香樟树可谓“鹤立鸡群”，独树一帜。

香樟树又称樟树、乌樟、芳樟等，属常绿高大乔木，是江南四大名木之一，也是我国二级保护植物。北方香樟树极少，这附近也没有这么大的香樟树，这棵香樟树什么时候栽的，没有记载，但在这棵香樟树北 500 米处，有一棵千年银杏树，与之遥相呼应。这里土壤肥沃有优越的水利条件适宜植物生长。1956 年，县林业局通过考察，在这里建成苗圃，安排人员培育树苗。特别是上世纪 70 年代，知识青年上山下乡，这里成为知青锻炼点，不少知青在这里接受“贫下中农再教育”，这棵香樟树见证了苗圃曾经的热闹辉煌。

（二十三）淮源柞木

编号：豫 RG86　　地址：桐柏县淮源镇淮源村　　学名：柞木　　别名：刺冬青

树龄 100 年，树高 7 米，胸围 95 厘米，树冠 7 米

（二十四）博望柘树

编号：豫 RH125　　地址：方城县博望镇博望村八组

学名：柘树　　别名：柘刺、柘桑

树龄 1800 年，树高 5.9 米，胸围 65.3 厘米，树冠 5.45 米

方城县博望镇老街西侧，有一棵历经1800多年风霜雨雪的柘刺树，树高5.9米，直径0.7米，树冠呈品字形，虬枝盘旋，木质裸露，是三国火烧博望的历史见证和唯一幸存者，系省级保护文物，其主干部分于2000年已经“寿终正寝”。

据《三国演义》记载，曹操大将夏侯惇驻守博望屯时，屯外栽满了柘刺树和陈刺树，鸡犬难入。墙高15米，宽25米，墙外还挖有护城河，由于防范措施严密，刘备一行久攻博望不下，后诸葛亮围城观望，忽生一计，便令将士搜集草籽，拌泥成丸，用弓箭射入柘刺林，当年夏天雨水充沛，林内草长得非常旺盛，待秋后，草木皆枯，昼风既起，夜风愈大，诸葛亮令将士用火箭射向柘刺林，博望屯瞬间化为灰烬，仅留下一株柘刺树。罗贯中在《三国演义》中作诗赞道：“博望相持用火攻，指挥如意笑谈中。直须惊破曹公胆，初出茅庐第一功。”

历史的烽烟已经远去，从老树根部生出的幼柘已有220年的历史，树生三枝，形似老祖，而今枝繁叶茂，正以它旺盛的生命力诉说着远古时代的沧桑岁月。

（二十五）香严寺刺楸

编号：豫 RD503　地址：淅川县仓房镇香严寺　学名：刺楸　别名：钉木树

树龄 200 年，树高 16 米，胸围 230 厘米，树冠 14 米

（二十六）广和堂凌霄

编号：豫 RK2　地址：社旗县广和堂凌霄　学名：凌霄　别名：藤萝花

树龄 550 年，树高 3 米，胸围 75 厘米，树冠 15 米

社旗县赊店镇南瓷器街路东“广和堂”老药店后院内，生长着三棵对角而立的凌霄古树。东南角两株主干相互缠绕而上，民间称之为“夫妻树”，西北角立单株，称之为“儿子树”，三树藤蔓枝叶于上部棚架上相交叉，呈一家和睦团聚、其乐融融之状。三树生长距今已长达 550 余年，仍枝叶茂盛，华贵雍容。每当橙红色的凌霄花盛开之时，满树繁花灿烂，异香扑鼻，引来不少游客观赏。

凌霄花又名紫葳，属紫葳科，夏秋开花，花可入药。常栽培在庭院中，攀爬于棚架或篱墙上供观赏。社旗县建制后，曾请省农科院专家前来观赏、鉴别，该树被鉴为“中原独一树”。

据该县退休老中医 70 岁高龄的李明甫同志讲，“广和堂”在乾隆四十七年从赵河南东怀街迁建于此时，老掌柜从山西老家带了几棵凌霄幼苗栽在店后庭院，以贺乔迁之喜，祝愿药店像凌霄花树一样繁荣昌盛，流芳百代。“广和堂”一直以诚信立店，制药精良，扶贫恤孤，舍药义诊，驰名远近，生意就像院内盛开的凌霄花一样红红火火。

清道光年间的一天晚上，一位徒工加班制药，不慎燃着大火，损失财产价值万金。掌柜无奈正在打算歇业之时，一位五十多岁的客商找到他，递给他一张万两银票，让他以此银重建药店。原来这客商年少时逃荒落难赊店，一天晚上病饿交加晕倒在“广和堂”门前，是老掌柜救活了他，给他治好了病，又让他在店里生活到十八岁。这客商后来出外闯荡多年，终于挣得一份家业，这次就是特意回来报恩的。客商说罢，也没留姓名，就飘然而去了。

后来，“广和堂”又历经两次大火，都是受惠人鼎力相助，得以重建。店内的三棵凌霄树历经三重烈火而不死，至今依然郁郁葱葱。人们都说：“这是三棵重情重义的信义之树！

（二十七）石门白蜡

编号：豫 RH20　　地址：方城县拐河镇石门村

学名：白蜡　　别名：青榔木、白荆树

树龄 350 年，树高 10 米，胸围 230 厘米，树冠 10 米

方城县拐河镇东南的山沟里分布着不少名字奇特的古老村庄，如火龙泉、石门践、宋王沟、霸王城等。伴随着这些神秘村名流传的还有一些不知年岁的树木，一些年代久远的烽火台、擂鼓台，这些古迹似乎向人们诉说着这一片神奇土地曾经的无比险要和辉煌！

在拐河镇石门村，有一棵被称为“青龙”的荆条树和一棵被称为“白虎”的皂角树。相传当年在反隋大战中，李世民带领数千兵将行兵到此安营扎寨，可惜这里没有足够的水源，士兵们吃喝都成问题，李世民决定将就一晚上。当晚兵将们依山搭帐休息，天快亮的时候，突降暴雨，正在李世民一筹莫展之际，暴雨即止，并在他们的帐篷旁边出现一眼石磙粗细的泉眼，泉水清澈甘甜。由于泉水量大，并冲出一条小河，蜿蜒南流，犹如青龙。李世民大喜，遂令兵士做饭，士兵喝过泉水，吃过饭食，精神百倍，自此军威大震，并一举歼灭隋军。李世民感觉此泉乃上天所赐，就命为火龙泉，并在泉水下方栽两棵树，东边一株荆条树，寓为青龙，西边一株为皂角树，寓为白虎。又据村中老人讲述，西边的白虎皂角树在 1958 年以前硕大无比，树荫可以遮盖两亩地，树干镂空处可以过马车，在物资短缺的年代，人们把落下的树干当烟袋火引子，直径一厘米的小树枝可以整晌不灭，并芳香无比！

第三篇

古树群

一、南阳古树群概况

南阳古树群共有21个，古树7373株，其中古松树群1个，古侧柏群3个，古青檀群3个，古黄檀群1个，古山茱萸群4个，古望春玉兰群1个，古银杏群1个，古板栗群5个，古马尾松群1个，古梨树群1个。

从地域分布来看，淅川县1个172株，西峡县9个1015株，南召县3个4292株，内乡县1个15株，唐河县1个41株，桐柏县4个1651株，卧龙区2个187株。各县区古树群分布情况见：南阳市古树群统计表。

表 南阳市古树群统计

县区	个数	古树群名称	编号	株数	主要树种	平均年龄
淅川县	1	毛堂乡古树群	01	172	松树	100
西峡县	9	五里桥镇黄狮村古树群	01	8	侧柏	500
		米坪镇干角沟村古树群	02	13	青檀	100 ~ 200
		双龙镇西大沟村	03	17	青檀	150
		双龙镇小水村一组	04	5	黄檀	600
		二郎坪镇栗坪村宋沟	05	8	山茱萸	100 ~ 150
		二郎坪镇栗坪村下庵组	06	19	银杏树	600
		二郎坪镇西庄河村中河组	07	445	山茱萸	150 ~ 200
		二郎坪镇蒿坪村西地组	08	360	山茱萸	100 ~ 200
		二郎坪镇大庙村梅子沟组	09	140	山茱萸	100 ~ 200
南召县	3	云阳镇下扁村九里山	01	260	望春玉兰	150
		板山坪镇小街村	02	86	板栗	200
		留山镇丹霞寺	03	4000	侧柏	600 ~ 700
内乡县	1	夏馆镇葛条爬村许窑沟	01	15	青檀	1000
唐河县	1	大河屯乡乔庄村	01	41	板栗	110
桐柏县	4	淮河源国家森林公园	01	1500	马尾松	100
		月河镇白庙村老三队	02	33	板栗	150
		淮源镇龚庄村	03	58	板栗	160
		城郊乡西十里村大王庄组	04	60	板栗	160
卧龙区	2	卧龙区陈家庄村古梨树群	01	15	梨树	100
		卧龙区武侯祠古柏群	02	172	侧柏	542

二、各古树群基本情况

（一）古松树群

1. 位于淅川县毛堂乡，东至贾营至白水河界，南至龙山度假村对面小山脊，西至林业局公益林监测站河底，北至西峡界，区域面积 110 公顷，共有 172 株，平均树龄 100 年，林分平均胸围 200 厘米，平均树高 10 米，平均郁闭度 0.85，树木生长旺盛。

2. 位于桐柏县淮河源国家森林公园，西至石门沟西岭，东至景区至太白岭路，北至仙人摆渡，南至桃花洞路，区域面积 2.6 公顷，共有 1500 株，平均树龄 100 年，林分平均胸围 30 ~ 150 厘米，平均树高 20 ~ 45 米，平均郁闭度 0.8，树木生长良好。

（二）古侧柏群

1. 位于西峡县五里桥镇黄狮村，东至小路，西至中学院墙，南至杜家营路，北至前刘营路，区域面积 0.36 公顷，共有 8 株，平均树龄 500 年，林分平均胸围 190 厘米，平均树高 20 米，平均郁闭度 0.9，树木生长旺盛。

2. 位于南阳市卧龙区武侯祠，北至武侯路，南至卧龙路，西至崔庄村部，东至东院墙，区域面积 15.3 公顷，共有 172 株，平均树龄 542 年，林分平均胸围 155 厘米，平均树高 14.34 米，平均郁闭度 0.7，树木生长良好。

3. 位于南召县留山丹霞寺，东至挡子山，南至青龙山，西至白虎山，北至三蟒垛，区域面积 21 公顷，共有 4000 株，平均树龄 600 ～ 700 年，林分平均胸围 90 厘米，平均树高 12 米，平均郁闭度 0.7，树木生长良好。

（三）古青檀群

1. 位于西峡县米坪镇干角沟村，西至垱子边，北至地边，东至坡跟，南至周家门口，区域面积 0.13 公顷，共有 13 株，平均树龄 100 ~ 200 年，林分平均胸围 122 厘米，平均树高 20 米，平均郁闭度 0.6，树木生长良好。

2. 位于西峡县双龙镇西大沟村张平头组，东至石垱子，西至魏国民房后，南至河边石垱子，北至魏国民房山墙边小路，区域面积 0.025 公顷，共有 17 株，平均树龄 150 年，林分平均胸围 136 厘米，平均树高 21 米，平均郁闭度 0.9，树木生长良好。

3. 位于内乡县夏馆镇葛条爬村许窑沟，东至黄金旺门前，南至路，西至徐来富门前，北至徐同有房后，区域面积 0.2 公顷，共有 15 株，平均树龄 1000 年，林分平均胸围 210 厘米，平均树高 36 米，平均郁闭度 0.8，树木生长良好。

（四）古黄檀群

位于西峡县双龙镇小水村一组，东至房屋，西至房屋，南至公路边，北至小坡头，区域面积 0.07 公顷，共有 5 株，平均树龄 600 年，林分平均胸围 206 厘米，平均树高 15 米，平均郁闭度 0.7，树木生长良好。

（五）古山茱萸群

1. 位于西峡县二郎坪镇栗坪村宋沟组，东至小河，西至人家门口，北至路边公厕，南至路边石垱子，区域面积 0.04 公顷，共有 8 株，平均树龄 100 ~ 150 年，林分平均胸围 155 厘米，平均树高 8 米，平均郁闭度 0.3，树木生长良好。

2. 位于西峡县二郎坪镇西庄河村中河组，东至房后坡根，西至半坡，北至蒿坪村部交叉路口，南至魏银山房南 200 米，区域面积 25.4 公顷，共有 445 株，平均树龄 100 ~ 150 年，林分平均胸围 170 厘米，平均树高 8 米，平均郁闭度 0.1，树木生长良好。

3. 位于西峡县二郎坪镇蒿坪村西地组，东至大庙边界，西至东头组岭根，北至岭根，南至东头组界，区域面积 28.7 公顷，共有 360 株，平均树龄 100 ~ 200 年，林分平均地围 161 厘米，平均树高 7 米，平均郁闭度 0.1，树木生长良好。

4. 位于西峡县二郎坪镇大庙村梅子沟组，东至梅子沟口，西至蒿坪边界、一沟两岸，区域面积 198.4 公顷，共有 140 株，平均树龄 100 ~ 200 年，林分平均地围 154 厘米，平均树高 7 米，平均郁闭度 0.1，树木生长良好。

（六）古望春玉兰群

位于南召县云阳镇下扁村九里山，东至坡跟，南至南沟里脑大石片，西至岭脊，北至南沟沟口，区域面积 6.5 公顷，共有 206 株，平均树龄 150 年，林分平均地围 130 厘米，平均树高 13 米，平均郁闭度 0.7，树木生长良好。

（七）古银杏群

位于西峡县二郎坪镇栗坪村下庵组，东至赵家沟，西至宋沟桥北，南至封家沟原岭，北至北峪组界，区域面积 0.83 公顷，共有 19 株，平均树龄 600 年，林分平均胸围 340 厘米，平均树高 18 米，平均郁闭度 0.1，树木生长良好。

（八）古梨群

南阳市卧龙区陈家庄村林马场九组，北至东北和西北角点，南至水泥路，东至沟东岸，西至沟西岸，区域面积 0.07 公顷，共有 15 株，平均树龄 100 年，林分平均胸围 108.5 厘米，平均树高 11.4 米，平均郁闭度 0.4，树木生长良好。

（九）古板栗群

1. 位于桐柏县月河镇白庙村老三队，东至地边，南至杉树林，北至地边，西至板栗树林，区域面积 5 公顷，共有 33 株，平均树龄 150 年，林分平均胸围 300 厘米，平均树高 11.9 米，平均郁闭度 0.8，树木生长良好。

2. 位于桐柏县淮源镇龚庄村，东至地边，西至河边，南至坡边，北至路边，区域面积2公顷，共有58株，平均树龄160年，林分平均胸围230厘米，平均树高6.8米，平均郁闭度0.8，树木生长良好。

3. 位于桐柏县城郊乡西十里村大王庄组，北至小路边，西至小路边，南至房后，东至杨树林，区域面积0.8公顷，共有60株，平均树龄160年，林分平均胸围250厘米，平均树高12.5米，平均郁闭度0.8，树木生长良好。

4. 位于南召县板山坪镇小街村，东至坡跟，南至小干沟，西至河东庄边，北至耕地边，区域面积 7.5 公顷，共有 86 株，平均树龄 200 年，林分平均胸围 196 厘米，平均树高 8 米，平均郁闭度 0.6，树木生长良好。

5. 位于唐河县大河屯乡乔庄村，东至泌阳河，南至地边，西至地边，北至地边，区域面积 5 公顷，共有 41 株，平均树龄 110 年，林分平均胸围 220 厘米，平均树高 11 米，平均郁闭度 0.6，树木生长良好。

第四篇

古树名木名录

一、淅川县古树名木名录

序号	编号	中文名	别名	拉丁名	树龄（a）	树高（m）	胸围 / 地围（cm）	冠幅（m）	具体生长位置	管护单位（人）
1	豫 RD543	三角枫	三角槭	*Acer buergerianum* Miq.	500	9	480	6	金河镇	移植园
2	豫 RD583	三角枫	三角槭	*Acer buergerianum* Miq.	190	8	200	6	金河镇	移植园
3	豫 RD897	三角枫	三角槭	*Acer buergerianum* Miq.	100	9	130	4	金河镇	移植园
4	豫 RD932	三角枫	三角槭	*Acer buergerianum* Miq.	100	9	120	5	金河镇	移植园
5	豫 RD934	三角枫	三角槭	*Acer buergerianum* Miq.	100	9	120	5	金河镇	移植园
6	豫 RD1099	三角枫	三角槭	*Acer buergerianum* Miq.	110	7	130	4	金河镇	移植园
7	豫 RD1100	三角枫	三角槭	*Acer buergerianum* Miq.	100	6	130	4	金河镇	移植园
8	豫 RD1116	三角枫	三角槭	*Acer buergerianum* Miq.	100	7	120	4	金河镇	移植园
9	豫 RD1050	三角枫	三角槭	*Acer buergerianum* Miq.	100	8	120	5	金河镇	移植园
10	豫 RD31	飞蛾槭	蛾子树	*Acer oblongum* Wall. ex DC	300	25	320	11	西簧乡	介元村上黑沟组
11	豫 RD30	飞蛾槭	蛾子树	*Acer oblongum* Wall. ex DC.	260	14	260	9	西簧乡	介元村上黑沟组
12	豫 RD253	飞蛾槭	蛾子树	*Acer oblongum* Wall. ex DC.	200	20	260	15	滔河镇	横岭河村横岭庙
13	豫 RD254	飞蛾槭	蛾子树	*Acer oblongum* Wall. ex DC	200	20	240	15	滔河镇	横岭河村横岭庙
14	豫 RD394	飞蛾槭	蛾子树	*Acer oblongum* Wall. ex DC	120	14	170	11	仓房镇	香严寺内
15	豫 RD441	飞蛾槭	蛾子树	*Acer oblongum* Wall. ex DC	200	13	160	10	仓房镇	香严寺内
16	豫 RD450	飞蛾槭	蛾子树	*Acer oblongum* Wall. ex DC	100	11	180	7	仓房镇	香严寺内
17	豫 RD453	飞蛾槭	蛾子树	*Acer oblongum* Wall. ex DC	200	11	180	10	仓房镇	香严寺内
18	豫 RD496	飞蛾槭	蛾子树	*Acer oblongum* Wall. ex DC	120	10	170	8	仓房镇	香严寺内
19	豫 RD351	飞蛾槭	蛾子树	*Acer oblongum* Wall. ex DC.	300	13	220	8	仓房镇	香严寺内
20	豫 RD439	飞蛾槭	蛾子树	*Acer oblongum* Wall. ex DC.	200	14	160	9	仓房镇	香严寺内
21	豫 RD445	飞蛾槭	蛾子树	*Acer oblongum* Wall. ex DC.	100	10	180	8	仓房镇	香严寺内
22	豫 RD452	飞蛾槭	蛾子树	*Acer oblongum* Wall. ex DC.	300	17	270	10	仓房镇	香严寺内
23	豫 RD492	飞蛾槭	蛾子树	*Acer oblongum* Wall. ex DC.	100	9	150	6	仓房镇	香严寺内
24	豫 RD500	飞蛾槭	蛾子树	*Acer oblongum* Wall. ex DC.	150	14	180	9	仓房镇	香严寺内
25	豫 RD559	飞蛾槭	蛾子树	*Acer oblongum* Wall. ex DC	300	7	240	6	金河镇	移植园
26	豫 RD560	飞蛾槭	蛾子树	*Acer oblongum* Wall. ex DC	300	6	240	6	金河镇	移植园
27	豫 RD1093	飞蛾槭	蛾子树	*Acer oblongum* Wall. ex DC.	130	9	180	4	金河镇	移植园
28	豫 RD53	飞蛾槭	蛾子树	*Acer oblongum* Wall. ex DC.	200	17	160	10	荆关镇	菩萨堂小学
29	豫 RD67	枫树	枫树	*Acer palmatum*	300	10	480	10	荆关镇	法海寺
30	豫 RD68	枫树	枫树	*Acer palmatum*	200	12	180	11	荆关镇	法海寺
31	豫 RD69	枫树	枫树	*Acer palmatum*	200	12	170	16	荆关镇	法海寺

序号	编号	中文名	别 名	拉丁名	树龄（a）	树高（m）	胸围／地围（cm）	冠幅（m）	具体生长位置	管护单位（人）
32	豫 RD572	七叶树	梭椤树	*Aesculus chinensis* Bunge	220	10	210	5	金河镇	移植园
33	豫 RD578	七叶树	梭椤树	*Aesculus chinensis* Bunge	500	9	290	6	金河镇	移植园
34	豫 RD599	七叶树	梭椤树	*Aesculus chinensis* Bunge	120	8	160	6	金河镇	移植园
35	豫 RD1009	七叶树	梭椤树	*Aesculus chinensis* Bunge	190	9	160	5	金河镇	移植园
36	豫 RD1087	七叶树	梭椤树	*Aesculus chinensis* Bunge	120	7	150	4	金河镇	移植园
37	豫 RD1089	七叶树	梭椤树	*Aesculus chinensis* Bunge	150	8	160	5	金河镇	移植园
38	豫 RD1092	七叶树	梭椤树	*Aesculus chinensis* Bunge	180	8	120	5	金河镇	移植园
39	豫 RD524	臭椿	臭椿皮	*Ailanthus altissima* (Mill.)Swingle	100	10	170	8	仓房镇	香严寺内
40	豫 RD411	合欢	夜合	*Albizia julibrissin* Durazz.	150	14	190	9	仓房镇	香严寺内
41	豫 RD898	合欢	夜合	*Albizia julibrissin* Durazz.	100	9	100	8	金河镇	移植园
42	豫 RD597	杏	杏子	*Armeniaca vulgaris* Lam.	220	7	180	5	金河镇	移植园
43	豫 RD295	重阳木	乌杨	*Bischofia polycarpa* (Levl.) Airy Shaw	200	9	240	7	城关镇	体育场
44	豫 RD296	重阳木	乌杨	*Bischofia polycarpa* (Levl.) Airy Shaw	150	8	180	6	城关镇	体育场
45	豫 RD297	重阳木	乌杨	*Bischofia polycarpa* (Levl.) Airy Shaw	300	9	220	4	城关镇	体育场
46	豫 RD301	重阳木	乌杨	*Bischofia polycarpa* (Levl.) Airy Shaw	250	9	225	5	城关镇	体育场
47	豫 RD302	重阳木	乌杨	*Bischofia polycarpa* (Levl.) Airy Shaw	200	10	155	5	城关镇	体育场
48	豫 RD304	重阳木	乌杨	*Bischofia polycarpa* (Levl.) Airy Shaw	150	8	155	5	城关镇	体育场
49	豫 RD354	构树	构树	*Broussonetia papyrifera* (Linn.) L'Hér. ex Vent	300	12	180	9	仓房镇	香严寺内
50	豫 RD893	西南白山茶	白山茶	*Camellia pitardii* var. alba Chang	100	8	110	4	金河镇	移植园
51	豫 RD36	栗	毛栗	*Castanea mollissima* Bl.	200	20	200	9	西簧乡	黑马庄村
52	豫 RD198	雪松	香柏、宝塔松	*Cedrus deodara* (Roxb.) G. Don	110	20	160	15	盛湾镇	盛湾林站门口
53	豫 RD15	珊瑚朴	棠壳子树	*Celtis Julianae* Schneid	300	17	230	14	西簧乡	梅池村朝阳寨组
54	豫 RD563	毛叶朴	小叶朴	*Celtis pubescens*	300	12	280	7	金河镇	移植园
55	豫 RD558	毛叶朴	小叶朴	*Celtis pubescens*	100	8	200	6	金河镇	移植园
56	豫 RD562	毛叶朴	小叶朴	*Celtis pubescens*	150	10	120	6	金河镇	移植园
57	豫 RD782	毛叶朴	小叶朴	*Celtis pubescens*	120	9	120	6	金河镇	移植园
58	豫 RD378	朴树	霸王树	*Celtis sinensis* Pers	200	14	170	12	仓房镇	香严寺内
59	豫 RD381	朴树	霸王树	*Celtis sinensis* Pers	300	13	270	12	仓房镇	香严寺内
60	豫 RD476	朴树	霸王树	*Celtis sinensis* Pers	300	16	360	13	仓房镇	香严寺内
61	豫 RD210	朴树	霸王树	*Celtis sinensis* Pers	500	13	300	12	马蹬镇	金东河黑虎庙
62	豫 RD287	木瓜	木瓜树	*Chaenomeles sinensis* (Thouin)Koehne	150	7	160	5	上集镇	林业局院内
63	豫 RD242	樟	樟树	*Cinnamomum camphora* (L.) presl	100	22	150	15	大石桥乡	柳家泉村小学后院

序号	编号	中文名	别 名	拉丁名	树龄（a）	树高（m）	胸围/地围（cm）	冠幅（m）	具体生长位置	管护单位（人）
64	豫 RD294	樟	樟树	*Cinnamomum camphora* (L.) presl	210	9	215	6	城关镇	丹江国际
65	豫 RD298	樟	樟树	*Cinnamomum camphora* (L.) presl	300	9	220	5	城关镇	体育场
66	豫 RD299	樟	樟树	*Cinnamomum camphora* (L.) presl	150	9	150	5	城关镇	体育场
67	豫 RD300	樟	樟树	*Cinnamomum camphora* (L.) presl	150	9	160	4	城关镇	体育场
68	豫 RD303	樟	樟树	*Cinnamomum camphora* (L.) presl	150	9	150	5	城关镇	体育场
69	豫 RD305	樟	樟树	*Cinnamomum camphora* (L.) presl	170	8	160	6	城关镇	体育场
70	豫 RD306	樟	樟树	*Cinnamomum camphora* (L.) presl	100	8	120	4	九重镇	九晟光伏材料有限公司
71	豫 RD307	樟	樟树	*Cinnamomum camphora* (L.) presl	130	7	110	3	九重镇	九晟光伏材料有限公司
72	豫 RD308	樟	樟树	*Cinnamomum camphora* (L.) presl	110	7	110	3	九重镇	九晟光伏材料有限公司
73	豫 RD309	樟	樟树	*Cinnamomum camphora* (L.) presl	150	7	130	4	九重镇	九晟光伏材料有限公司
74	豫 RD310	樟	樟树	*Cinnamomum camphora* (L.) presl	100	7	100	4	九重镇	九晟光伏材料有限公司
75	豫 RD316	樟	樟树	*Cinnamomum camphora* (L.) presl	500	12	380	6	九重镇	九晟光伏材料有限公司
76	豫 RD93	樟	樟树	*Cinnamomum camphora* (L.) presl	100	12	100	12	毛堂乡	洞河村三组
77	豫 RD127	樟	樟树	*Cinnamomum camphora* (L.) presl	150	13	180	10	毛堂乡	陈家沟村
78	豫 RD214	樟	樟树	*Cinnamomum camphora* (L.) presl	200	13	260	10	马蹬镇	乡政府院内
79	豫 RD863	樟	樟树	*Cinnamomum camphora* (L.) presl	110	9	120	4	金河镇	移植园
80	豫 RD588	樟	樟树	*Cinnamomum camphora* (L.) presl	130	9	150	6	金河镇	移植园
81	豫 RD594	樟	樟树	*Cinnamomum camphora* (L.) presl	130	10	160	6	金河镇	移植园
82	豫 RD618	樟	樟树	*Cinnamomum camphora* (L.) presl	180	9	160	5	金河镇	移植园
83	豫 RD700	樟	樟树	*Cinnamomum camphora* (L.) presl	140	8	160	6	金河镇	移植园
84	豫 RD568	肉桂	肉桂	*Cinnamomum cassia* Presl	100	10	80	5	金河镇	移植园
85	豫 RD533	香橼	拘橼	*Citrus medica* L.	150	6	60	7	仓房镇	香严寺内
86	豫 RD1096	山楂	山里果	*Crataegus pinnatifida* Bunge	130	4	40	4	金河镇	移植园
87	豫 RD1097	山楂	山里果	*Crataegus pinnatifida* Bunge	100	4	40	4	金河镇	移植园
88	豫 RD43	青冈栎	青冈树	*Cyclobalanopsis glauca*(Thunb.) Oerst.	120	9	210	9	荆关镇	狮子沟村东沟组
89	豫 RD44	青冈栎	青冈树	*Cyclobalanopsis glauca*(Thunb.) Oerst.	100	17	205	8	荆关镇	狮子沟村东沟组
90	豫 RD49	青冈栎	青冈树	*Cyclobalanopsis glauca*(Thunb.) Oerst.	150	12	120	9	荆关镇	三岔村阳坡组
91	豫 RD51	青冈栎	青冈树	*Cyclobalanopsis glauca*(Thunb.) Oerst.	200	11	250	11	荆关镇	上梅池村二鹏湾组
92	豫 RD682	青冈栎	青冈树	*Cyclobalanopsis glauca*(Thunb.) Oerst.	170	9	130	4	金河镇	移植园
93	豫 RD714	青冈栎	青冈树	*Cyclobalanopsis glauca*(Thunb.) Oerst.	300	8	150	5	金河镇	移植园
94	豫 RD576	青冈栎	青冈树	*Cyclobalanopsis glauca*(Thunb.) Oerst.	300	8	280	6	金河镇	移植园
95	豫 RD98	小叶青岗		*Cyclobalanopsis myrsinifolia* (Blume) *Oersted*	800	10	280	10	毛堂乡	老坟岗村八组
96	豫 RD326	黄檀	山槐 檀木	*Dalbergia hupeana* Hance.	100	11	110	9	香花镇	柴沟村柳树湾

序号	编号	中文名	别 名	拉丁名	树龄（a）	树高（m）	胸围 / 地围（cm）	冠幅（m）	具体生长位置	管护单位（人）
97	豫 RD992	柿	朱果	*Diospyros kaki* Thunb	250	9	190	4	金河镇	移植园
98	豫 RD996	柿	朱果	*Diospyros kaki* Thunb	300	7	130	5	金河镇	移植园
99	豫 RD577	柿	朱果	*Diospyros kaki* Thunb	200	7	150	5	金河镇	移植园
100	豫 RD1069	柿	朱果	*Diospyros kaki* Thunb	300	7	170	5	金河镇	移植园
101	豫 RD1070	柿	朱果	*Diospyros kaki* Thunb	200	7	170	4	金河镇	移植园
102	豫 RD1140	柿	朱果	*Diospyros kaki* Thunb	300	10	190	7	金河镇	东升村
103	豫 RD1141	柿	朱果	*Diospyros kaki* Thunb	170	15	170	8	金河镇	袁山村九组
104	豫 RD1143	柿	朱果	*Diospyros kaki* Thunb	120	11	160	10	金河镇	茶亭村郭沟
105	豫 RD1144	柿	朱果	*Diospyros kaki* Thunb	100	9	160	7	金河镇	茶亭村郭沟
106	豫 RD1145	柿	朱果	*Diospyros kaki* Thunb	100	9	210	8	金河镇	茶亭村郭沟
107	豫 RD24	柿	朱果	*Diospyros kaki* Thunb	200	9	130	8	西簧乡	穆家沟村三组
108	豫 RD135	柿	朱果	*Diospyros kaki* Thunb	200	10	170	9	寺湾镇	大华山四组
109	豫 RD131	柿	朱果	*Diospyros kaki* Thunb	500	10	230	9	寺湾镇	秦家沟村一组
110	豫 RD133	柿	朱果	*Diospyros kaki* Thunb	150	10	140	11	寺湾镇	黄连树 2 组
111	豫 RD204	柿	朱果	*Diospyros kaki* Thunb	300	12	120	10	马蹬镇	石桥村韩庄
112	豫 RD205	柿	朱果	*Diospyros kaki* Thunb	120	11	190	10	马蹬镇	石桥村唐山组
113	豫 RD202	柿	朱果	*Diospyros kaki* Thunb	150	10	140	9	马蹬镇	杜岗村下岭
114	豫 RD85	柿	朱果	*Diospyros kaki* Thunb	120	8	150	7	荆关镇	汉王坪村三岔组
115	豫 RD103	柿	朱果	*Diospyros kaki* Thunb	200	12	180	11	毛堂乡	马沟村二组
116	豫 RD105	柿	朱果	*Diospyros kaki* Thunb	200	14	210	7	毛堂乡	马沟村
117	豫 RD107	柿	朱果	*Diospyros kaki* Thunb	100	13	195	11	毛堂乡	马沟村二组
118	豫 RD148	柿	朱果	*Diospyros kaki* Thunb	150	10	130	7	老城镇	七里村张家八组
119	豫 RD147	柿	朱果	*Diospyros kaki* Thunb	110	10	140	5	老城镇	马沟村石家组
120	豫 RD149	柿	朱果	*Diospyros kaki* Thunb	100	11	180	5	老城镇	马沟村七里村
121	豫 RD154	柿	朱果	*Diospyros kaki* Thunb	110	10	130	8	老城镇	马沟村八组
122	豫 RD155	柿	朱果	*Diospyros kaki* Thunb	110	15	130	5	老城镇	马沟村八组
123	豫 RD156	柿	朱果	*Diospyros kaki* Thunb	140	20	150	8	老城镇	马沟村八组
124	豫 RD158	柿	朱果	*Diospyros kaki* Thunb	100	10	130	8	老城镇	马沟村
125	豫 RD159	柿	朱果	*Diospyros kaki* Thunb	130	20	170	16	老城镇	马沟村六组
126	豫 RD160	柿	朱果	*Diospyros kaki* Thunb	270	15	230	9	老城镇	马沟村
127	豫 RD161	柿	朱果	*Diospyros kaki* Thunb	120	15	130	9	老城镇	马沟村
128	豫 RD162	柿	朱果	*Diospyros kaki* Thunb	100	10	130	5	老城镇	黑龙泉杨连村
129	豫 RD163	柿	朱果	*Diospyros kaki* Thunb	100	15	130	9	老城镇	黑龙泉杨连村
130	豫 RD164	柿	朱果	*Diospyros kaki* Thunb	100	15	150	6	老城镇	黑龙泉杨连村

序号	编号	中文名	别名	拉丁名	树龄（a）	树高（m）	胸围/地围（cm）	冠幅（m）	具体生长位置	管护单位（人）
131	豫 RD165	柿	朱果	*Diospyros kaki* Thunb	100	15	150	12	老城镇	黑龙泉杨连村
132	豫 RD166	柿	朱果	*Diospyros kaki* Thunb	100	15	140	12	老城镇	黑龙泉杨连村
133	豫 RD168	柿	朱果	*Diospyros kaki* Thunb	100	10	180	8	老城镇	泉沟村五组
134	豫 RD169	柿	朱果	*Diospyros kaki* Thunb	100	15	120	12	老城镇	泉沟村三组
135	豫 RD170	柿	朱果	*Diospyros kaki* Thunb	100	15	120	13	老城镇	泉沟村
136	豫 RD171	柿	朱果	*Diospyros kaki* Thunb	100	15	120	13	老城镇	泉沟村
137	豫 RD175	柿	朱果	*Diospyros kaki* Thunb	120	7	120	6	老城镇武家沟村	武家洲贾安胜
138	豫 RD176	柿	朱果	*Diospyros kaki* Thunb	130	9	120	5	老城镇武家沟村	武家洲
139	豫 RD177	柿	朱果	*Diospyros kaki* Thunb	120	11	130	8	老城镇武家沟村	武家洲
140	豫 RD178	柿	朱果	*Diospyros kaki* Thunb	130	11	140	5	老城镇武家沟村	武家洲
141	豫 RD184	柿	朱果	*Diospyros kaki* Thunb	120	15	190	10	盛湾镇	剑沟村龙坑
142	豫 RD185	柿	朱果	*Diospyros kaki* Thunb	130	15	300	10	盛湾镇	剑沟村
143	豫 RD276	柿	朱果	*Diospyros kaki* Thunb	300	10	160	8	上集镇	北岗村梅园组
144	豫 RD277	柿	朱果	*Diospyros kaki* Thunb	300	8	110	6	上集镇	北岗村梅园组
145	豫 RD278	柿	朱果	*Diospyros kaki* Thunb	300	8	190	7	上集镇	北岗村梅园组
146	豫 RD279	柿	朱果	*Diospyros kaki* Thunb	300	10	120	8	上集镇	北岗村梅园组
147	豫 RD280	柿	朱果	*Diospyros kaki* Thunb	300	8	120	7	上集镇	北岗村梅园组
148	豫 RD281	柿	朱果	*Diospyros kaki* Thunb	300	10	170	8	上集镇	北岗村梅园组
149	豫 RD282	柿	朱果	*Diospyros kaki* Thunb	300	9	130	9	上集镇	北岗村梅园组
150	豫 RD274	柿	朱果	*Diospyros kaki* Thunb	200	9	131	5	上集镇	北岗村梅园组
151	豫 RD701	丝棉木	白杜	*Euonymus maackii*	150	9	120	6	金河镇	移植园
152	豫 RD707	丝棉木	白杜	*Euonymus maackii*	100	8	110	5	金河镇	移植园
153	豫 RD740	丝棉木	白杜	*Euonymus maackii*	100	8	120	5	金河镇	移植园
154	豫 RD949	丝棉木	白杜	*Euonymus maackii*	130	8	140	5	金河镇	移植园
155	豫 RD83	小果卫矛	胶州卫矛	*Euonymus microcarpus*（Oliv.）Sprague	300	14	180	12	荆关镇	法海寺
156	豫 RD209	小果卫矛	冬青	*Euonymus microcarpus*（Oliv.）Sprague	300	10	220	11	马蹬镇	杨家庄
157	豫 RD564	胶东卫矛	胶州卫矛	*Euonymus kiautschovicus*	170	10	170	6	金河镇	移植园
158	豫 RD556	白蜡树	蜡烛树	*Fraxinus chinensis* Roxb	100	9	140	6	金河镇	移植园
159	豫 RD187	银杏	白果 公孙树	*Ginkgo biloba* L.	280	20	350	10	盛湾镇	盛湾镇中学
160	豫 RD186	银杏	白果 公孙树	*Ginkgo biloba* L.	300	18	350	15	盛湾镇	井沟村井沟脑
161	豫 RD190	银杏	白果 公孙树	*Ginkgo biloba* L.	210	20	210	15	盛湾镇	土地岭小学内
162	豫 RD285	银杏	白果 公孙树	*Ginkgo biloba* L.	100	10	130	7	上集镇	林业局院内

序号	编号	中文名	别 名	拉丁名	树龄（a）	树高（m）	胸围 / 地围（cm）	冠幅（m）	具体生长位置	管护单位（人）
163	豫 RD286	银杏	白果 公孙树	*Ginkgo biloba* L.	100	12	160	5	上集镇	林业局院内
164	豫 RD315	银杏	白果 公孙树	*Ginkgo biloba* L.	100	11	100	4	九重镇	九晟光伏材料有限公司
165	豫 RD324	银杏	白果 公孙树	*Ginkgo biloba* L.	1000	14	550	12	九重镇	唐王桥小学院内
166	豫 RD331	银杏	白果 公孙树	*Ginkgo biloba* L.	1500	20	750	22	仓房镇	清泉村踏源路旁
167	豫 RD427	银杏	白果 公孙树	*Ginkgo biloba* L.	300	15	310	13	仓房镇	香严寺内
168	豫 RD504	银杏	白果 公孙树	*Ginkgo biloba* L.	1000	21	500	17	仓房镇	香严寺内
169	豫 RD438	银杏	白果 公孙树	*Ginkgo biloba* L.	300	17	300	14	仓房镇	香严寺内
170	豫 RD505	银杏	白果 公孙树	*Ginkgo biloba* L.	900	20	400	16	仓房镇	香严寺内
171	豫 RD64	银杏	白果 公孙树	*Ginkgo biloba* L.	500	14	230	10	荆关镇	法海寺
172	豫 RD92	银杏	白果 公孙树	*Ginkgo biloba* L.	100	18	120	10	毛堂乡	洞河村四组
173	豫 RD95	银杏	白果 公孙树	*Ginkgo biloba* L.	120	15	177	9	毛堂乡	老坟岗村三组
174	豫 RD86	银杏	白果 公孙树	*Ginkgo biloba* L.	150	17	210	12	毛堂乡	安沟五组
175	豫 RD96	银杏	白果 公孙树	*Ginkgo biloba* L.	150	17	270	10	毛堂乡	小苇园六组
176	豫 RD539	银杏	白果 公孙树	*Ginkgo biloba* L.	100	12	160	4	金河镇	移植园
177	豫 RD570	银杏	白果 公孙树	*Ginkgo biloba* L.	100	11	280	3	金河镇	移植园
178	豫 RD582	银杏	白果 公孙树	*Ginkgo biloba* L.	100	9	130	5	金河镇	移植园
179	豫 RD600	银杏	白果 公孙树	*Ginkgo biloba* L.	130	11	210	5	金河镇	移植园
180	豫 RD601	银杏	白果 公孙树	*Ginkgo biloba* L.	120	12	210	5	金河镇	移植园
181	豫 RD608	银杏	白果 公孙树	*Ginkgo biloba* L.	130	13	180	5	金河镇	移植园
182	豫 RD617	银杏	白果 公孙树	*Ginkgo biloba* L.	180	14	180	5	金河镇	移植园
183	豫 RD624	银杏	白果 公孙树	*Ginkgo biloba* L.	100	12	110	4	金河镇	移植园
184	豫 RD626	银杏	白果 公孙树	*Ginkgo biloba* L.	100	12	110	5	金河镇	移植园
185	豫 RD738	银杏	白果 公孙树	*Ginkgo biloba* L.	130	10	150	5	金河镇	移植园
186	豫 RD757	银杏	白果 公孙树	*Ginkgo biloba* L.	100	12	100	4	金河镇	移植园
187	豫 RD762	银杏	白果 公孙树	*Ginkgo biloba* L.	130	11	110	5	金河镇	移植园
188	豫 RD776	银杏	白果 公孙树	*Ginkgo biloba* L.	100	10	100	3	金河镇	移植园
189	豫 RD877	银杏	白果 公孙树	*Ginkgo biloba* L.	100	11	120	3	金河镇	移植园
190	豫 RD900	银杏	白果 公孙树	*Ginkgo biloba* L.	100	10	100	3	金河镇	移植园
191	豫 RD954	银杏	白果 公孙树	*Ginkgo biloba* L.	150	10	130	4	金河镇	移植园
192	豫 RD1090	银杏	白果 公孙树	*Ginkgo biloba* L.	150	12	160	3	金河镇	移植园
193	豫 RD1091	银杏	白果 公孙树	*Ginkgo biloba* L.	300	9	230	5	金河镇	移植园
194	豫 RD200	皂荚	皂角	*Gleditsia sinensis* Lam	150	13	220	11	马蹬镇	葛家沟当子沟
195	豫 RD201	皂荚	皂角	*Gleditsia sinensis* Lam	120	12	200	10	马蹬镇	葛家沟当子沟
196	豫 RD208	皂荚	皂角	*Gleditsia sinensis* Lam	100	13	190	11	马蹬镇	北山村李家组

序号	编号	中文名	别名	拉丁名	树龄(a)	树高(m)	胸围/地围(cm)	冠幅(m)	具体生长位置	管护单位(人)
197	豫 RD215	皂荚	皂角	*Gleditsia sinensis* Lam	180	13	293	11	马蹬镇	熊家岗曹该云
198	豫 RD5	皂荚	皂角	*Gleditsia sinensis* Lam	300	15	470	13	西簧乡	李湾村
199	豫 RD6	皂荚	皂角	*Gleditsia sinensis* Lam	200	16	320	12	西簧乡	关帝村下湾组
200	豫 RD11	皂荚	皂角	*Gleditsia sinensis* Lam	300	17	310	16	西簧乡	介元村介元组
201	豫 RD18	皂荚	皂角	*Gleditsia sinensis* Lam	300	14	330	13	西簧乡	谢湾村张家岭
202	豫 RD27	皂荚	皂角	*Gleditsia sinensis* Lam	200	12	253	11	西簧乡	张南沟村一组
203	豫 RD29	皂荚	皂角	*Gleditsia sinensis* Lam	100	12	90	10	西簧乡	关帝村三组
204	豫 RD34	皂荚	皂角	*Gleditsia sinensis* Lam	200	26	250	16	西簧乡	黑马庄村
205	豫 RD40	皂荚	皂角	*Gleditsia sinensis* Lam	150	20	200	10	西簧乡	黑马庄村
206	豫 RD17	皂荚	皂角	*Gleditsia sinensis* Lam	200	14	300	12	西簧乡	梅池村
207	豫 RD26	皂荚	皂角	*Gleditsia sinensis* Lam	100	9	330	15	西簧乡	代兴沟大柿组
208	豫 RD45	皂荚	皂角	*Gleditsia sinensis* Lam	200	12	210	10	荆关镇	狮子沟村上沟组
209	豫 RD55	皂荚	皂角	*Gleditsia sinensis* Lam	100	25	230	12	荆关镇	大扒村下咸水组
210	豫 RD56	皂荚	皂角	*Gleditsia sinensis* Lam	500	12	320	10	荆关镇	中街清代一条街
211	豫 RD57	皂荚	皂角	*Gleditsia sinensis* Lam	500	12	450	9	荆关镇	荆关高中南墙
212	豫 RD112	皂荚	皂角	*Gleditsia sinensis* Lam	100	17	340	18	毛堂乡	大泉村三队
213	豫 RD118	皂荚	皂角	*Gleditsia sinensis* Lam	100	13	200	10	毛堂乡	小泉沟村
214	豫 RD121	皂荚	皂角	*Gleditsia sinensis* Lam	100	22	220	17	毛堂乡	白水河村一组
215	豫 RD123	皂荚	皂角	*Gleditsia sinensis* Lam	150	12	310	8	毛堂乡	贾营村五组
216	豫 RD125	皂荚	皂角	*Gleditsia sinensis* Lam	300	12	360	9	毛堂乡	贾营三组
217	豫 RD145	皂荚	皂角	*Gleditsia sinensis* Lam	120	18	350	13	老城镇	马沟村十组
218	豫 RD146	皂荚	皂角	*Gleditsia sinensis* Lam	105	11	240	5	老城镇	马沟村石家组
219	豫 RD172	皂荚	皂角	*Gleditsia sinensis* Lam	100	14	200	9	老城镇	石家沟村三组
220	豫 RD238	皂荚	皂角	*Gleditsia sinensis* Lam	100	15	160	15	大石桥乡	毕家台李家沟组
221	豫 RD218	皂荚	皂角	*Gleditsia sinensis* Lam	100	10	170	11	大石桥乡	石燕村戚家坑
222	豫 RD220	皂荚	皂角	*Gleditsia sinensis* Lam	200	21	210	12	大石桥乡	袁玲村汤沟组
223	豫 RD223	皂荚	皂角	*Gleditsia sinensis* Lam	110	20	180	11	大石桥乡	陡岭村鸡头沟脑组
224	豫 RD226	皂荚	皂角	*Gleditsia sinensis* Lam	100	20	180	11	大石桥乡	陡岭村顾家崖组
225	豫 RD227	皂荚	皂角	*Gleditsia sinensis* Lam	110	13	160	10	大石桥乡	毛坪村 5 组
226	豫 RD231	皂荚	皂角	*Gleditsia sinensis* Lam	100	7	270	7	大石桥乡	横沟村 1 组
227	豫 RD233	皂荚	皂角	*Gleditsia sinensis* Lam	300	18	330	18	大石桥乡	柳家沟西沟组
228	豫 RD234	皂荚	皂角	*Gleditsia sinensis* Lam	150	15	150	8	大石桥乡	柳家沟西沟组
229	豫 RD235	皂荚	皂角	*Gleditsia sinensis* Lam	180	15	200	8	大石桥乡	柳家沟西沟组
230	豫 RD240	皂荚	皂角	*Gleditsia sinensis* Lam	100	15	200	14	大石桥乡	贾洼村竹园

序号	编号	中文名	别名	拉丁名	树龄（a）	树高（m）	胸围/地围（cm）	冠幅（m）	具体生长位置	管护单位（人）
231	豫 RD243	皂荚	皂角	*Gleditsia sinensis* Lam	500	11	280	9	厚坡镇	王岗村刘营土地庙
232	豫 RD245	皂荚	皂角	*Gleditsia sinensis* Lam	150	9	230	14	厚坡镇	小衬营村
233	豫 RD247	皂荚	皂角	*Gleditsia sinensis* Lam	130	15	180	12	厚坡镇	大寨村 6 组
234	豫 RD248	皂荚	皂角	*Gleditsia sinensis* Lam	300	20	270	15	滔河镇	王桥村路边
235	豫 RD249	皂荚	皂角	*Gleditsia sinensis* Lam	100	10	230	10	滔河镇	朱家沟村大寨沟
236	豫 RD250	皂荚	皂角	*Gleditsia sinensis* Lam	100	20	150	15	滔河镇	横岭河村横岭庙
237	豫 RD251	皂荚	皂角	*Gleditsia sinensis* Lam	200	20	220	15	滔河镇	横岭河村横岭庙
238	豫 RD252	皂荚	皂角	*Gleditsia sinensis* Lam	100	20	190	15	滔河镇	横岭河村横岭庙
239	豫 RD255	皂荚	皂角	*Gleditsia sinensis* Lam	200	15	200	10	滔河镇	横岭河村横岭庙
240	豫 RD256	皂荚	皂角	*Gleditsia sinensis* Lam	200	15	220	10	滔河镇	寺沟村寨沟组
241	豫 RD257	皂荚	皂角	*Gleditsia sinensis* Lam	180	15	280	15	滔河镇	大山根村大山岭庙
242	豫 RD260	皂荚	皂角	*Gleditsia sinensis* Lam	180	14	240	13	滔河镇	姬家堰村
243	豫 RD261	皂荚	皂角	*Gleditsia sinensis* Lam	400	23	500	20	滔河镇	姬家堰村
244	豫 RD262	皂荚	皂角	*Gleditsia sinensis* Lam	402	22	320	17	滔河镇	姬家堰村
245	豫 RD263	皂荚	皂角	*Gleditsia sinensis* Lam	300	20	330	13	滔河镇	蔡家村黄龙庙小学
246	豫 RD264	皂荚	皂角	*Gleditsia sinensis* Lam	100	20	230	14	滔河镇	蔡家村 3 组
247	豫 RD265	皂荚	皂角	*Gleditsia sinensis* Lam	140	18	270	10	滔河镇	蔡家村 3 组
248	豫 RD266	皂荚	皂角	*Gleditsia sinensis* Lam	600	18	410	16	上集镇	岗窑村
249	豫 RD269	皂荚	皂角	*Gleditsia sinensis* Lam	150	14	320	15	上集镇	陈庄村杜营井边
250	豫 RD270	皂荚	皂角	*Gleditsia sinensis* Lam	120	12	165	12	上集镇	肖山村一组桥边
251	豫 RD271	皂荚	皂角	*Gleditsia sinensis* Lam	100	12	180	12	上集镇	肖山村一组
252	豫 RD272	皂荚	皂角	*Gleditsia sinensis* Lam	110	10	200	9	上集镇	肖山村一组
253	豫 RD273	皂荚	皂角	*Gleditsia sinensis* Lam	100	14	125	9	上集镇	肖山村一组
254	豫 RD290	皂荚	皂荚	*Gleditsia sinensis* Lam	200	9	230	7	城关镇	丹江国际
255	豫 RD311	皂荚	皂角	*Gleditsia sinensis* Lam	100	9	160	5	九重镇	九晟光伏材料有限公司
256	豫 RD312	皂荚	皂角	*Gleditsia sinensis* Lam	100	9	140	6	九重镇	九晟光伏材料有限公司
257	豫 RD313	皂荚	皂角	*Gleditsia sinensis* Lam	150	9	180	7	九重镇	九晟光伏材料有限公司
258	豫 RD506	皂荚	皂角	*Gleditsia sinensis* Lam	600	17	180	13	仓房镇	香严寺内
259	豫 RD347	皂荚	皂角	*Gleditsia sinensis* Lam	200	15	310	12	仓房镇	香严寺内
260	豫 RD423	皂荚	皂角	*Gleditsia sinensis* Lam	150	17	200	14	仓房镇	香严寺内
261	豫 RD435	皂荚	皂角	*Gleditsia sinensis* Lam	500	13	400	12	仓房镇	香严寺内
262	豫 RD437	皂荚	皂角	*Gleditsia sinensis* Lam	1000	11	160	10	仓房镇	香严寺内
263	豫 RD454	皂荚	皂角	*Gleditsia sinensis* Lam	100	12	160	8	仓房镇	香严寺内
264	豫 RD511	皂荚	皂角	*Gleditsia sinensis* Lam	700	21	260	16	仓房镇	香严寺内

序号	编号	中文名	别 名	拉丁名	树龄（a）	树高（m）	胸围 / 地围（cm）	冠幅（m）	具体生长位置	管护单位（人）
265	豫 RD334	皂荚	皂角	*Gleditsia sinensis* Lam	250	11	280	10	仓房镇	磨沟村石家营组
266	豫 RD544	皂荚	皂角	*Gleditsia sinensis* Lam	100	9	190	7	金河镇	移植园
267	豫 RD553	皂荚	皂角	*Gleditsia sinensis* Lam	100	9	190	6	金河镇	移植园
268	豫 RD567	皂荚	皂角	*Gleditsia sinensis* Lam	350	9	380	7	金河镇	移植园
269	豫 RD541	皂荚	皂角	*Gleditsia sinensis* Lam	300	8	350	6	金河镇	移植园
270	豫 RD547	皂荚	皂角	*Gleditsia sinensis* Lam	300	9	460	5	金河镇	移植园
271	豫 RD571	皂荚	皂角	*Gleditsia sinensis* Lam	200	8	300	6	金河镇	移植园
272	豫 RD581	皂荚	皂角	*Gleditsia sinensis* Lam	130	9	210	6	金河镇	移植园
273	豫 RD590	皂荚	皂角	*Gleditsia sinensis* Lam	150	12	180	8	金河镇	移植园
274	豫 RD591	皂荚	皂角	*Gleditsia sinensis* Lam	110	10	210	8	金河镇	移植园
275	豫 RD593	皂荚	皂角	*Gleditsia sinensis* Lam	120	10	180	6	金河镇	移植园
276	豫 RD595	皂荚	皂角	*Gleditsia sinensis* Lam	100	8	180	6	金河镇	移植园
277	豫 RD607	皂荚	皂角	*Gleditsia sinensis* Lam	110	9	180	6	金河镇	移植园
278	豫 RD609	皂荚	皂角	*Gleditsia sinensis* Lam	100	9	160	5	金河镇	移植园
279	豫 RD612	皂荚	皂角	*Gleditsia sinensis* Lam	140	9	160	6	金河镇	移植园
280	豫 RD616	皂荚	皂角	*Gleditsia sinensis* Lam	180	8	210	6	金河镇	移植园
281	豫 RD620	皂荚	皂角	*Gleditsia sinensis* Lam	190	9	210	7	金河镇	移植园
282	豫 RD621	皂荚	皂角	*Gleditsia sinensis* Lam	100	8	160	5	金河镇	移植园
283	豫 RD622	皂荚	皂角	*Gleditsia sinensis* Lam	110	11	160	5	金河镇	移植园
284	豫 RD635	皂荚	皂角	*Gleditsia sinensis* Lam	100	10	150	5	金河镇	移植园
285	豫 RD638	皂荚	皂角	*Gleditsia sinensis* Lam	170	9	160	5	金河镇	移植园
286	豫 RD643	皂荚	皂角	*Gleditsia sinensis* Lam	120	9	180	4	金河镇	移植园
287	豫 RD665	皂荚	皂角	*Gleditsia sinensis* Lam	100	7	150	5	金河镇	移植园
288	豫 RD673	皂荚	皂角	*Gleditsia sinensis* Lam	120	10	130	5	金河镇	移植园
289	豫 RD675	皂荚	皂角	*Gleditsia sinensis* Lam	100	8	130	4	金河镇	移植园
290	豫 RD676	皂荚	皂角	*Gleditsia sinensis* Lam	100	11	130	4	金河镇	移植园
291	豫 RD678	皂荚	皂角	*Gleditsia sinensis* Lam	140	9	140	5	金河镇	移植园
292	豫 RD681	皂荚	皂角	*Gleditsia sinensis* Lam	120	10	140	5	金河镇	移植园
293	豫 RD685	皂荚	皂角	*Gleditsia sinensis* Lam	140	9	140	6	金河镇	移植园
294	豫 RD688	皂荚	皂角	*Gleditsia sinensis* Lam	110	9	140	7	金河镇	移植园
295	豫 RD698	皂荚	皂角	*Gleditsia sinensis* Lam	130	10	170	6	金河镇	移植园
296	豫 RD703	皂荚	皂角	*Gleditsia sinensis* Lam	130	9	160	6	金河镇	移植园
297	豫 RD709	皂荚	皂角	*Gleditsia sinensis* Lam	120	9	130	7	金河镇	移植园
298	豫 RD712	皂荚	皂角	*Gleditsia sinensis* Lam	130	10	170	7	金河镇	移植园

序号	编号	中文名	别 名	拉丁名	树龄（a）	树高（m）	胸围 / 地围（cm）	冠幅（m）	具体生长位置	管护单位（人）
299	豫 RD713	皂荚	皂角	*Gleditsia sinensis* Lam	100	8	150	5	金河镇	移植园
300	豫 RD716	皂荚	皂角	*Gleditsia sinensis* Lam	100	9	130	5	金河镇	移植园
301	豫 RD721	皂荚	皂角	*Gleditsia sinensis* Lam	100	8	130	5	金河镇	移植园
302	豫 RD724	皂荚	皂角	*Gleditsia sinensis* Lam	110	8	130	6	金河镇	移植园
303	豫 RD727	皂荚	皂角	*Gleditsia sinensis* Lam	190	10	180	5	金河镇	移植园
304	豫 RD729	皂荚	皂角	*Gleditsia sinensis* Lam	140	9	120	5	金河镇	移植园
305	豫 RD730	皂荚	皂角	*Gleditsia sinensis* Lam	100	9	130	6	金河镇	移植园
306	豫 RD731	皂荚	皂角	*Gleditsia sinensis* Lam	120	9	130	6	金河镇	移植园
307	豫 RD732	皂荚	皂角	*Gleditsia sinensis* Lam	110	9	150	6	金河镇	移植园
308	豫 RD736	皂荚	皂角	*Gleditsia sinensis* Lam	110	8	120	6	金河镇	移植园
309	豫 RD747	皂荚	皂角	*Gleditsia sinensis* Lam	100	8	120	4	金河镇	移植园
310	豫 RD748	皂荚	皂角	*Gleditsia sinensis* Lam	140	9	160	6	金河镇	移植园
311	豫 RD753	皂荚	皂角	*Gleditsia sinensis* Lam	120	9	160	6	金河镇	移植园
312	豫 RD754	皂荚	皂角	*Gleditsia sinensis* Lam	100	10	130	5	金河镇	移植园
313	豫 RD775	皂荚	皂角	*Gleditsia sinensis* Lam	100	9	120	6	金河镇	移植园
314	豫 RD783	皂荚	皂角	*Gleditsia sinensis* Lam	110	8	130	6	金河镇	移植园
315	豫 RD809	皂荚	皂角	*Gleditsia sinensis* Lam	100	9	120	6	金河镇	移植园
316	豫 RD810	皂荚	皂角	*Gleditsia sinensis* Lam	100	9	130	4	金河镇	移植园
317	豫 RD827	皂荚	皂角	*Gleditsia sinensis* Lam	110	9	130	6	金河镇	移植园
318	豫 RD828	皂荚	皂角	*Gleditsia sinensis* Lam	110	8	130	5	金河镇	移植园
319	豫 RD840	皂荚	皂角	*Gleditsia sinensis* Lam	200	9	220	6	金河镇	移植园
320	豫 RD841	皂荚	皂角	*Gleditsia sinensis* Lam	120	8	110	5	金河镇	移植园
321	豫 RD842	皂荚	皂角	*Gleditsia sinensis* Lam	120	9	180	5	金河镇	移植园
322	豫 RD847	皂荚	皂角	*Gleditsia sinensis* Lam	350	9	280	9	金河镇	移植园
323	豫 RD850	皂荚	皂角	*Gleditsia sinensis* Lam	120	8	150	6	金河镇	移植园
324	豫 RD869	皂荚	皂角	*Gleditsia sinensis* Lam	120	9	210	6	金河镇	移植园
325	豫 RD872	皂荚	皂角	*Gleditsia sinensis* Lam	120	8	190	6	金河镇	移植园
326	豫 RD873	皂荚	皂角	*Gleditsia sinensis* Lam	140	9	190	6	金河镇	移植园
327	豫 RD879	皂荚	皂角	*Gleditsia sinensis* Lam	100	9	140	4	金河镇	移植园
328	豫 RD903	皂荚	皂角	*Gleditsia sinensis* Lam	100	9	140	6	金河镇	移植园
329	豫 RD904	皂荚	皂角	*Gleditsia sinensis* Lam	100	8	120	5	金河镇	移植园
330	豫 RD906	皂荚	皂角	*Gleditsia sinensis* Lam	110	8	120	4	金河镇	移植园
331	豫 RD907	皂荚	皂角	*Gleditsia sinensis* Lam	110	8	140	5	金河镇	移植园
332	豫 RD909	皂荚	皂角	*Gleditsia sinensis* Lam	120	8	140	6	金河镇	移植园

序号	编号	中文名	别 名	拉丁名	树龄（a）	树高（m）	胸围 / 地围（cm）	冠幅（m）	具体生长位置	管护单位（人）
333	豫 RD913	皂荚	皂角	*Gleditsia sinensis* Lam	100	8	120	5	金河镇	移植园
334	豫 RD914	皂荚	皂角	*Gleditsia sinensis* Lam	120	8	130	4	金河镇	移植园
335	豫 RD916	皂荚	皂角	*Gleditsia sinensis* Lam	120	8	150	6	金河镇	移植园
336	豫 RD918	皂荚	皂角	*Gleditsia sinensis* Lam	120	7	130	6	金河镇	移植园
337	豫 RD942	皂荚	皂角	*Gleditsia sinensis* Lam	120	9	130	7	金河镇	移植园
338	豫 RD943	皂荚	皂角	*Gleditsia sinensis* Lam	100	9	130	7	金河镇	移植园
339	豫 RD945	皂荚	皂角	*Gleditsia sinensis* Lam	100	8	130	4	金河镇	移植园
340	豫 RD969	皂荚	皂角	*Gleditsia sinensis* Lam	100	9	170	6	金河镇	移植园
341	豫 RD972	皂荚	皂角	*Gleditsia sinensis* Lam	100	10	120	5	金河镇	移植园
342	豫 RD973	皂荚	皂角	*Gleditsia sinensis* Lam	110	9	130	5	金河镇	移植园
343	豫 RD988	皂荚	皂角	*Gleditsia sinensis* Lam	110	8	130	5	金河镇	移植园
344	豫 RD995	皂荚	皂角	*Gleditsia sinensis* Lam	110	9	130	7	金河镇	移植园
345	豫 RD999	皂荚	皂角	*Gleditsia sinensis* Lam	180	9	160	6	金河镇	移植园
346	豫 RD1005	皂荚	皂角	*Gleditsia sinensis* Lam	120	8	160	6	金河镇	移植园
347	豫 RD1010	皂荚	皂角	*Gleditsia sinensis* Lam	130	7	180	4	金河镇	移植园
348	豫 RD1011	皂荚	皂角	*Gleditsia sinensis* Lam	110	9	120	5	金河镇	移植园
349	豫 RD1013	皂荚	皂角	*Gleditsia sinensis* Lam	150	9	160	6	金河镇	移植园
350	豫 RD1017	皂荚	皂角	*Gleditsia sinensis* Lam	120	9	180	5	金河镇	移植园
351	豫 RD1023	皂荚	皂角	*Gleditsia sinensis* Lam	180	9	160	5	金河镇	移植园
352	豫 RD1031	皂荚	皂角	*Gleditsia sinensis* Lam	110	8	130	5	金河镇	移植园
353	豫 RD1037	皂荚	皂角	*Gleditsia sinensis* Lam	110	8	140	5	金河镇	移植园
354	豫 RD1038	皂荚	皂角	*Gleditsia sinensis* Lam	110	8	140	5	金河镇	移植园
355	豫 RD1043	皂荚	皂角	*Gleditsia sinensis* Lam	100	8	130	3	金河镇	移植园
356	豫 RD1051	皂荚	皂角	*Gleditsia sinensis* Lam	100	8	130	5	金河镇	移植园
357	豫 RD1056	皂荚	皂角	*Gleditsia sinensis* Lam	110	8	180	5	金河镇	移植园
358	豫 RD1057	皂荚	皂角	*Gleditsia sinensis* Lam	100	8	130	5	金河镇	移植园
359	豫 RD1058	皂荚	皂角	*Gleditsia sinensis* Lam	110	8	140	4	金河镇	移植园
360	豫 RD1059	皂荚	皂角	*Gleditsia sinensis* Lam	120	8	160	5	金河镇	移植园
361	豫 RD1062	皂荚	皂角	*Gleditsia sinensis* Lam	100	8	120	5	金河镇	移植园
362	豫 RD1064	皂荚	皂角	*Gleditsia sinensis* Lam	110	8	130	5	金河镇	移植园
363	豫 RD1071	皂荚	皂角	*Gleditsia sinensis* Lam	130	8	160	4	金河镇	移植园
364	豫 RD1073	皂荚	皂角	*Gleditsia sinensis* Lam	120	8	160	4	金河镇	移植园
365	豫 RD1079	皂荚	皂角	*Gleditsia sinensis* Lam	140	8	160	4	金河镇	移植园
366	豫 RD1095	皂荚	皂角	*Gleditsia sinensis* Lam	200	8	120	5	金河镇	移植园

序号	编号	中文名	别 名	拉丁名	树龄（a）	树高（m）	胸围 / 地围（cm）	冠幅（m）	具体生长位置	管护单位（人）
367	豫 RD1098	皂荚	皂角	*Gleditsia sinensis* Lam	100	8	110	4	金河镇	移植园
368	豫 RD1101	皂荚	皂角	*Gleditsia sinensis* Lam	100	8	120	5	金河镇	移植园
369	豫 RD1104	皂荚	皂角	*Gleditsia sinensis* Lam	100	7	120	4	金河镇	移植园
370	豫 RD1106	皂荚	皂角	*Gleditsia sinensis* Lam	100	7	130	4	金河镇	移植园
371	豫 RD1108	皂荚	皂角	*Gleditsia sinensis* Lam	100	7	130	5	金河镇	移植园
372	豫 RD1109	皂荚	皂角	*Gleditsia sinensis* Lam	130	7	140	4	金河镇	移植园
373	豫 RD1113	皂荚	皂角	*Gleditsia sinensis* Lam	130	8	150	4	金河镇	移植园
374	豫 RD1114	皂荚	皂角	*Gleditsia sinensis* Lam	110	8	120	4	金河镇	移植园
375	豫 RD1121	皂荚	皂角	*Gleditsia sinensis* Lam	120	7	130	4	金河镇	移植园
376	豫 RD1123	皂荚	皂角	*Gleditsia sinensis* Lam	100	7	120	5	金河镇	移植园
377	豫 RD1125	皂荚	皂角	*Gleditsia sinensis* Lam	130	7	170	4	金河镇	移植园
378	豫 RD1131	皂荚	皂角	*Gleditsia sinensis* Lam	100	7	100	4	金河镇	移植园
379	豫 RD1134	皂荚	皂角	*Gleditsia sinensis* Lam	120	7	160	4	金河镇	移植园
380	豫 RD1136	皂荚	皂角	*Gleditsia sinensis* Lam	100	7	190	4	金河镇	移植园
381	豫 RD1146	皂荚	皂角	*Gleditsia sinensis* Lam	100	14	210	11	金河镇	王岭村一组
382	豫 RD1148	皂荚	皂角	*Gleditsia sinensis* Lam	150	13	245	15	寺湾镇	三泉沟村毛沟脑
383	豫 RD211	冬青	冬青	*Ilex chinensis* Sims	100	11	140	9	马蹬镇	双观村
384	豫 RD212	冬青	冬青	*Ilex chinensis* Sims	200	7	170	5	马蹬镇	双观村
385	豫 RD48	冬青	冬青	*Ilex chinensis* Sims	300	14	170	8	荆关镇	三岔村龙盘沟村
386	豫 RD1016	冬青	冬青	*Ilex chinensis* Sims	300	8	130	5	金河镇	移植园
387	豫 RD1044	冬青	冬青	*Ilex chinensis* Sims	100	8	130	4	金河镇	移植园
388	豫 RD1052	冬青	冬青	*Ilex chinensis* Sims	120	8	130	4	金河镇	移植园
389	豫 RD1061	冬青	冬青	*Ilex chinensis* Sims	170	7	140	4	金河镇	移植园
390	豫 RD1067	冬青	冬青	*Ilex chinensis* Sims	100	8	160	5	金河镇	移植园
391	豫 RD1068	冬青	冬青	*Ilex chinensis* Sims	300	9	160	5	金河镇	移植园
392	豫 RD1094	冬青	冬青	*Ilex chinensis* Sims	130	8	130	4	金河镇	移植园
393	豫 RD1107	冬青	冬青	*Ilex chinensis* Sims	120	7	140	4	金河镇	移植园
394	豫 RD1110	冬青	冬青	*Ilex chinensis* Sims	150	7	130	4	金河镇	移植园
395	豫 RD1115	冬青	冬青	*Ilex chinensis* Sims	130	8	140	5	金河镇	移植园
396	豫 RD1119	冬青	冬青	*Ilex chinensis* Sims	200	8	170	4	金河镇	移植园
397	豫 RD268	胡桃	核桃	*Juglans regia* L.	110	12	220	11	上集镇	陈庄村西坪头小学
398	豫 RD580	胡桃	核桃	*Juglans regia* L.	200	11	190	5	金河镇	移植园
399	豫 RD173	刺柏	山刺柏	*Juniperus formosana* Hayata	200	12	145	7	老城镇	乡政府院内
400	豫 RD174	刺柏	山刺柏	*Juniperus formosana* Hayata	190	13	150	7	老城镇	乡政府院内

序号	编号	中文名	别名	拉丁名	树龄(a)	树高(m)	胸围/地围(cm)	冠幅(m)	具体生长位置	管护单位(人)
401	豫 RD116	刺柏	山刺柏	*Juniperus formosana* Hayata	200	12	220	9	毛堂乡	曹庄学校园内
402	豫 RD519	刺柏	山刺柏	*Juniperus formosana* Hayata	500	16	310	10	仓房镇	香严寺内
403	豫 RD369	刺楸	钉木树	*Kalopanax septemlobus* (Thunb.) Koidz.	150	11	180	7	仓房镇	香严寺内
404	豫 RD370	刺楸	钉木树	*Kalopanax septemlobus* (Thunb.) Koidz.	150	14	190	7	仓房镇	香严寺内
405	豫 RD390	刺楸	钉木树	*Kalopanax septemlobus* (Thunb.) Koidz.	120	12	160	8	仓房镇	香严寺内
406	豫 RD455	刺楸	钉木树	*Kalopanax septemlobus* (Thunb.) Koidz.	200	11	200	8	仓房镇	香严寺内
407	豫 RD503	刺楸	钉木树	*Kalopanax septemlobus* (Thunb.) Koidz.	200	16	230	14	仓房镇	香严寺内
408	豫 RD317	紫薇	百日红、痒痒树	*Lagerstroemia indica* L.	500	6	130	3	九重镇	九晟光伏材料有限公司
409	豫 RD318	紫薇	百日红、痒痒树	*Lagerstroemia indica* L.	500	6	150	3	九重镇	九晟光伏材料有限公司
410	豫 RD319	紫薇	百日红、痒痒树	*Lagerstroemia indica* L.	600	6	170	3	九重镇	九晟光伏材料有限公司
411	豫 RD320	紫薇	百日红、痒痒树	*Lagerstroemia indica* L.	300	7	130	4	九重镇	九晟光伏材料有限公司
412	豫 RD325	紫薇	百日红、痒痒树	*Lagerstroemia indica* L.	100	3	110	2	九重镇	九晟光伏材料有限公司
413	豫 RD321	紫薇	百日红、痒痒树	*Lagerstroemia indica* L.	300	6	130	3	九重镇	九晟光伏材料有限公司
414	豫 RD322	紫薇	百日红、痒痒树	*Lagerstroemia indica* L.	300	7	130	3	九重镇	九晟光伏材料有限公司
415	豫 RD323	紫薇	百日红、痒痒树	*Lagerstroemia indica* L.	200	3	130	2	九重镇	九晟光伏材料有限公司
416	豫 RD283	紫薇	百日红、痒痒树	*Lagerstroemia indica* L.	300	2	180	3	上集镇	林业局院内
417	豫 RD284	紫薇	百日红、痒痒树	*Lagerstroemia indica* L.	300	2	180	3	上集镇	林业局院内
418	豫 RD523	紫薇	百日红、痒痒树	*Lagerstroemia indica* L.	110	3	170	1	仓房镇	香严寺内
419	豫 RD150	女贞		*Ligustrum lucidum* Ait.	100	10	120	6	老城镇	马沟村七里村
420	豫 RD151	女贞		*Ligustrum lucidum* Ait.	100	10	120	6	老城镇	马沟村七里村
421	豫 RD33	女贞		*Ligustrum lucidum* Ait.	200	9	180	6	西簧乡	介元村上黑沟组
422	豫 RD7	女贞		*Ligustrum lucidum* Ait.	200	8	200	5	西簧乡	关帝村下湾组
423	豫 RD59	女贞		*Ligustrum lucidum* Ait.	110	11	200	5	荆关镇	金家沟滴水岩阳坡洼
424	豫 RD87	女贞		*Ligustrum lucidum* Ait.	200	9	180	8	毛堂乡	安沟六组
425	豫 RD97	女贞		*Ligustrum lucidum* Ait.	220	11	240	10	毛堂乡	老坟岗村八组
426	豫 RD101	女贞		*Ligustrum lucidum* Ait.	300	12	217	12	毛堂乡	东马沟村四组
427	豫 RD102	女贞		*Ligustrum lucidum* Ait.	400	12	204	9	毛堂乡	马沟村二组
428	豫 RD106	女贞		*Ligustrum lucidum* Ait.	100	12	155	10	毛堂乡	马沟村三组
429	豫 RD108	女贞		*Ligustrum lucidum* Ait.	300	13	290	11	毛堂乡	马沟村一组
430	豫 RD114	女贞		*Ligustrum lucidum* Ait.	300	13	250	14	毛堂乡	板山沟村四组

序号	编号	中文名	别名	拉丁名	树龄（a）	树高（m）	胸围/地围（cm）	冠幅（m）	具体生长位置	管护单位（人）
431	豫 RD117	女贞		*Ligustrum lucidum* Ait.	300	11	240	10	毛堂乡	小泉沟村四组
432	豫 RD128	女贞		*Ligustrum lucidum* Ait.	350	12	210	9	毛堂乡	老田村二组
433	豫 RD129	女贞		*Ligustrum lucidum* Ait.	300	11	234	10	毛堂乡	卫生院门口
434	豫 RD557	女贞		*Ligustrum lucidum* Ait.	100	8	150	5	金河镇	移植园
435	豫 RD1102	女贞		*Ligustrum lucidum* Ait.	140	7	120	5	金河镇	移植园
436	豫 RD1130	女贞		*Ligustrum lucidum* Ait.	170	7	160	4	金河镇	移植园
437	豫 RD1133	女贞		*Ligustrum lucidum* Ait.	190	8	130	5	金河镇	移植园
438	豫 RD542	女贞		*Ligustrum lucidum* Ait.	500	8	310	7	金河镇	移植园
439	豫 RD550	女贞		*Ligustrum lucidum* Ait.	300	8	220	7	金河镇	移植园
440	豫 RD566	女贞		*Ligustrum lucidum* Ait.	500	8	220	8	金河镇	移植园
441	豫 RD602	女贞		*Ligustrum lucidum* Ait.	100	10	130	7	金河镇	移植园
442	豫 RD603	女贞		*Ligustrum lucidum* Ait.	120	9	160	5	金河镇	移植园
443	豫 RD605	女贞		*Ligustrum lucidum* Ait.	140	9	160	6	金河镇	移植园
444	豫 RD614	女贞		*Ligustrum lucidum* Ait.	270	9	180	6	金河镇	移植园
445	豫 RD623	女贞		*Ligustrum lucidum* Ait.	130	8	140	5	金河镇	移植园
446	豫 RD629	女贞		*Ligustrum lucidum* Ait.	300	9	160	7	金河镇	移植园
447	豫 RD632	女贞		*Ligustrum lucidum* Ait.	220	10	210	7	金河镇	移植园
448	豫 RD633	女贞		*Ligustrum lucidum* Ait.	200	9	140	5	金河镇	移植园
449	豫 RD634	女贞		*Ligustrum lucidum* Ait.	130	10	110	5	金河镇	移植园
450	豫 RD636	女贞		*Ligustrum lucidum* Ait.	170	9	120	5	金河镇	移植园
451	豫 RD637	女贞		*Ligustrum lucidum* Ait.	190	8	130	4	金河镇	移植园
452	豫 RD640	女贞		*Ligustrum lucidum* Ait.	100	9	100	5	金河镇	移植园
453	豫 RD641	女贞		*Ligustrum lucidum* Ait.	300	8	100	5	金河镇	移植园
454	豫 RD645	女贞		*Ligustrum lucidum* Ait.	170	9	150	5	金河镇	移植园
455	豫 RD668	女贞		*Ligustrum lucidum* Ait.	200	10	120	5	金河镇	移植园
456	豫 RD683	女贞		*Ligustrum lucidum* Ait.	120	9	140	5	金河镇	移植园
457	豫 RD684	女贞		*Ligustrum lucidum* Ait.	160	9	110	5	金河镇	移植园
458	豫 RD687	女贞		*Ligustrum lucidum* Ait.	130	8	130	6	金河镇	移植园
459	豫 RD689	女贞		*Ligustrum lucidum* Ait.	100	8	120	5	金河镇	移植园
460	豫 RD697	女贞		*Ligustrum lucidum* Ait.	110	9	150	4	金河镇	移植园
461	豫 RD702	女贞		*Ligustrum lucidum* Ait.	130	8	140	5	金河镇	移植园
462	豫 RD720	女贞		*Ligustrum lucidum* Ait.	120	8	130	4	金河镇	移植园
463	豫 RD726	女贞		*Ligustrum lucidum* Ait.	110	9	170	5	金河镇	移植园
464	豫 RD735	女贞		*Ligustrum lucidum* Ait.	200	8	130	6	金河镇	移植园

序号	编号	中文名	别名	拉丁名	树龄（a）	树高（m）	胸围/地围（cm）	冠幅（m）	具体生长位置	管护单位（人）
465	豫 RD743	女贞		*Ligustrum lucidum* Ait.	200	9	110	5	金河镇	移植园
466	豫 RD744	女贞		*Ligustrum lucidum* Ait.	120	8	120	4	金河镇	移植园
467	豫 RD746	女贞		*Ligustrum lucidum* Ait.	130	9	120	5	金河镇	移植园
468	豫 RD749	女贞		*Ligustrum lucidum* Ait.	110	8	120	6	金河镇	移植园
469	豫 RD750	女贞		*Ligustrum lucidum* Ait.	100	9	120	5	金河镇	移植园
470	豫 RD751	女贞		*Ligustrum lucidum* Ait.	100	9	120	5	金河镇	移植园
471	豫 RD758	女贞		*Ligustrum lucidum* Ait.	200	9	120	8	金河镇	移植园
472	豫 RD759	女贞		*Ligustrum lucidum* Ait.	300	7	160	4	金河镇	移植园
473	豫 RD760	女贞		*Ligustrum lucidum* Ait.	150	10	150	6	金河镇	移植园
474	豫 RD764	女贞		*Ligustrum lucidum* Ait.	140	8	120	6	金河镇	移植园
475	豫 RD774	女贞		*Ligustrum lucidum* Ait.	100	9	120	5	金河镇	移植园
476	豫 RD778	女贞		*Ligustrum lucidum* Ait.	100	9	120	5	金河镇	移植园
477	豫 RD794	女贞		*Ligustrum lucidum* Ait.	100	9	110	4	金河镇	移植园
478	豫 RD799	女贞		*Ligustrum lucidum* Ait.	130	8	120	6	金河镇	移植园
479	豫 RD806	女贞		*Ligustrum lucidum* Ait.	100	9	110	5	金河镇	移植园
480	豫 RD815	女贞		*Ligustrum lucidum* Ait.	170	7	110	3	金河镇	移植园
481	豫 RD818	女贞		*Ligustrum lucidum* Ait.	110	8	110	6	金河镇	移植园
482	豫 RD829	女贞		*Ligustrum lucidum* Ait.	110	8	110	4	金河镇	移植园
483	豫 RD836	女贞		*Ligustrum lucidum* Ait.	160	9	150	7	金河镇	移植园
484	豫 RD849	女贞		*Ligustrum lucidum* Ait.	350	9	210	6	金河镇	移植园
485	豫 RD855	女贞		*Ligustrum lucidum* Ait.	110	9	130	6	金河镇	移植园
486	豫 RD857	女贞		*Ligustrum lucidum* Ait.	120	9	120	6	金河镇	移植园
487	豫 RD859	女贞		*Ligustrum lucidum* Ait.	120	8	120	4	金河镇	移植园
488	豫 RD862	女贞		*Ligustrum lucidum* Ait.	120	9	130	5	金河镇	移植园
489	豫 RD870	女贞		*Ligustrum lucidum* Ait.	110	9	150	5	金河镇	移植园
490	豫 RD876	女贞		*Ligustrum lucidum* Ait.	200	8	150	6	金河镇	移植园
491	豫 RD882	女贞		*Ligustrum lucidum* Ait.	270	9	150	5	金河镇	移植园
492	豫 RD888	女贞		*Ligustrum lucidum* Ait.	100	9	150	5	金河镇	移植园
493	豫 RD894	女贞		*Ligustrum lucidum* Ait.	120	8	130	5	金河镇	移植园
494	豫 RD895	女贞		*Ligustrum lucidum* Ait.	100	9	130	5	金河镇	移植园
495	豫 RD910	女贞		*Ligustrum lucidum* Ait.	220	7	200	5	金河镇	移植园
496	豫 RD912	女贞		*Ligustrum lucidum* Ait.	290	9	200	8	金河镇	移植园
497	豫 RD919	女贞		*Ligustrum lucidum* Ait.	120	9	130	6	金河镇	移植园
498	豫 RD921	女贞		*Ligustrum lucidum* Ait.	120	8	100	5	金河镇	移植园

序号	编号	中文名	别 名	拉丁名	树龄（a）	树高（m）	胸围 / 地围（cm）	冠幅（m）	具体生长位置	管护单位（人）
499	豫 RD927	女贞		*Ligustrum lucidum* Ait.	170	9	140	5	金河镇	移植园
500	豫 RD929	女贞		*Ligustrum lucidum* Ait.	100	9	110	5	金河镇	移植园
501	豫 RD931	女贞		*Ligustrum lucidum* Ait.	130	8	150	6	金河镇	移植园
502	豫 RD933	女贞		*Ligustrum lucidum* Ait.	120	9	130	6	金河镇	移植园
503	豫 RD937	女贞		*Ligustrum lucidum* Ait.	130	8	150	6	金河镇	移植园
504	豫 RD938	女贞		*Ligustrum lucidum* Ait.	120	8	150	7	金河镇	移植园
505	豫 RD939	女贞		*Ligustrum lucidum* Ait.	130	8	140	5	金河镇	移植园
506	豫 RD940	女贞		*Ligustrum lucidum* Ait.	270	9	200	7	金河镇	移植园
507	豫 RD946	女贞		*Ligustrum lucidum* Ait.	100	9	130	6	金河镇	移植园
508	豫 RD947	女贞		*Ligustrum lucidum* Ait.	120	9	150	5	金河镇	移植园
509	豫 RD948	女贞		*Ligustrum lucidum* Ait.	120	9	140	5	金河镇	移植园
510	豫 RD957	女贞		*Ligustrum lucidum* Ait.	100	9	120	5	金河镇	移植园
511	豫 RD975	女贞		*Ligustrum lucidum* Ait.	100	8	120	5	金河镇	移植园
512	豫 RD977	女贞		*Ligustrum lucidum* Ait.	100	9	110	5	金河镇	移植园
513	豫 RD986	女贞		*Ligustrum lucidum* Ait.	100	9	210	5	金河镇	移植园
514	豫 RD991	女贞		*Ligustrum lucidum* Ait.	190	9	140	6	金河镇	移植园
515	豫 RD998	女贞		*Ligustrum lucidum* Ait.	120	8	110	5	金河镇	移植园
516	豫 RD1006	女贞		*Ligustrum lucidum* Ait.	200	8	120	6	金河镇	移植园
517	豫 RD1008	女贞		*Ligustrum lucidum* Ait.	180	8	160	7	金河镇	移植园
518	豫 RD1047	女贞		*Ligustrum lucidum* Ait.	130	9	120	4	金河镇	移植园
519	豫 RD1048	女贞		*Ligustrum lucidum* Ait.	120	8	130	5	金河镇	移植园
520	豫 RD1075	女贞		*Ligustrum lucidum* Ait.	120	9	130	5	金河镇	移植园
521	豫 RD1076	女贞		*Ligustrum lucidum* Ait.	120	9	140	5	金河镇	移植园
522	豫 RD1077	女贞		*Ligustrum lucidum* Ait.	110	9	130	5	金河镇	移植园
523	豫 RD1078	女贞		*Ligustrum lucidum* Ait.	100	9	110	4	金河镇	移植园
524	豫 RD1080	女贞		*Ligustrum lucidum* Ait.	120	9	110	4	金河镇	移植园
525	豫 RD1082	女贞		*Ligustrum lucidum* Ait.	100	9	130	4	金河镇	移植园
526	豫 RD1083	女贞		*Ligustrum lucidum* Ait.	110	9	110	4	金河镇	移植园
527	豫 RD1085	女贞		*Ligustrum lucidum* Ait.	110	9	110	5	金河镇	移植园
528	豫 RD1086	女贞		*Ligustrum lucidum* Ait.	110	7	160	5	金河镇	移植园
529	豫 RD1105	女贞		*Ligustrum lucidum* Ait.	170	7	120	5	金河镇	移植园
530	豫 RD1112	女贞		*Ligustrum lucidum* Ait.	120	8	110	4	金河镇	移植园
531	豫 RD1120	女贞		*Ligustrum lucidum* Ait.	120	7	110	4	金河镇	移植园
532	豫 RD1122	女贞		*Ligustrum lucidum* Ait.	100	7	100	4	金河镇	移植园

序号	编号	中文名	别名	拉丁名	树龄（a）	树高（m）	胸围/地围（cm）	冠幅（m）	具体生长位置	管护单位（人）
533	豫 RD1132	女贞		*Ligustrum lucidum* Ait.	110	7	120	5	金河镇	移植园
534	豫 RD1135	女贞		*Ligustrum lucidum* Ait.	100	7	120	4	金河镇	移植园
535	豫 RD1137	女贞		*Ligustrum lucidum* Ait.	100	7	90	4	金河镇	移植园
536	豫 RD1139	女贞		*Ligustrum lucidum* Ait.	300	8	300	8	金河镇	黄岗村
537	豫 RD1142	女贞		*Ligustrum lucidum* Ait.	300	9	220	7	金河镇茶亭村	茶亭村郭沟
538	豫 RD579	女贞		*Ligustrum lucidum* Ait.	400	9	190	6	金河镇	移植园
539	豫 RD868	女贞		*Ligustrum lucidum* Ait.	110	9	120	4	金河镇	移植园
540	豫 RD329	女贞		*Ligustrum lucidum* Ait.	500	16	250	11	香花镇白龙沟村	白龙沟陈家老庄
541	豫 RD332	女贞		*Ligustrum lucidum* Ait.	300	8	170	11	仓房镇	清泉村踏源路旁
542	豫 RD436	女贞		*Ligustrum lucidum* Ait.	300	11	160	10	仓房镇	香严寺内
543	豫 RD432	女贞		*Ligustrum lucidum* Ait.	100	12	130	9	仓房镇	香严寺内
544	豫 RD188	女贞		*Ligustrum lucidum* Ait.	120	15	130	10	盛湾镇	周湾小学院内
545	豫 RD193	女贞		*Ligustrum lucidum* Ait.	300	15	155	15	盛湾镇	秀子沟洪庙
546	豫 RD195	女贞		*Ligustrum lucidum* Ait.	100	15	150	15	盛湾镇	白亮坪村岔路
547	豫 RD207	女贞		*Ligustrum lucidum* Ait.	200	10	190	10	马蹬镇	北山村幸福组
548	豫 RD224	女贞		*Ligustrum lucidum* Ait.	120	11	170	11	大石桥乡	陡岭村鸡头沟脑组
549	豫 RD225	女贞		*Ligustrum lucidum* Ait.	100	10	150	10	大石桥乡	陡岭村鸡头沟脑组
550	豫 RD232	女贞		*Ligustrum lucidum* Ait.	300	12	150	7	大石桥乡	横沟村 1 组
551	豫 RD236	女贞		*Ligustrum lucidum* Ait.	130	10	180	9	大石桥乡	段台村一组
552	豫 RD288	女贞		*Ligustrum lucidum* Ait.	300	10	160	8	上集镇	林业局院内
553	豫 RD289	女贞		*Ligustrum lucidum* Ait.	300	10	170	8	上集镇	林业局院内
554	豫 RD314	女贞		*Ligustrum lucidum* Ait.	120	7	100	4	九重镇	九晟光伏材料有限公司
555	豫 RD76	枫香	枫树	*Liquidambar formosana* Hance	500	12	450	11	荆关镇	法海寺
556	豫 RD861	枫香		*Liquidambar formosana* Hance	370	7	250	6	金河镇	移植园
557	豫 RD864	枫香		*Liquidambar formosana* Hance	300	7	210	5	金河镇	移植园
558	豫 RD167	荷花玉兰	洋玉兰	*Magnolia grandiflora* L.	100	15	130	12	老城镇	黑龙泉小学院内
559	豫 RD585	望春玉兰	木兰 辛夷	*Magnolia liliflora* Desr.	300	9	210	5	金河镇	移植园
560	豫 RD737	望春玉兰	木兰 辛夷	*Magnolia liliflora* Desr.	100	9	130	4	金河镇	移植园
561	豫 RD755	望春玉兰	木兰 辛夷	*Magnolia liliflora* Desr.	120	9	100	5	金河镇	移植园
562	豫 RD819	望春玉兰	木兰 辛夷	*Magnolia liliflora* Desr.	120	8	110	7	金河镇	移植园
563	豫 RD875	望春玉兰	木兰 辛夷	*Magnolia liliflora* Desr.	100	7	110	6	金河镇	移植园
564	豫 RD974	望春玉兰	木兰 辛夷	*Magnolia liliflora* Desr.	110	7	120	5	金河镇	移植园
565	豫 RD241	桑	桑树	*Morus alba* L	300	20	360	15	大石桥乡	冉家坎村一组
566	豫 RD537	桑	桑树	*Morus alba* L	100	10	130	5	仓房镇	香严寺内

序号	编号	中文名	别名	拉丁名	树龄（a）	树高（m）	胸围/地围（cm）	冠幅（m）	具体生长位置	管护单位（人）
567	豫 RD584	桑	桑树	*Morus alba* L	140	9	160	5	金河镇	移植园
568	豫 RD899	桑	桑树	*Morus alba* L	150	9	200	5	金河镇	移植园
569	豫 RD1028	桑	桑树	*Morus alba* L	120	9	160	5	金河镇	移植园
570	豫 RD1041	桑	桑树	*Morus alba* L	110	8	150	5	金河镇	移植园
571	豫 RD1127	桑	桑树	*Morus alba* L	100	7	110	4	金河镇	移植园
572	豫 RD1129	桑	桑树	*Morus alba* L	300	7	190	3	金河镇	移植园
573	豫 RD239	桂花	岩桂、九里香	*Osmanthi Fragrantis*	400	10	120	10	大石桥乡	东湾村安湾学校
574	豫 RD521	桂花	岩桂、九里香	*Osmanthi Fragrantis*	800	8	170	3	仓房镇	香严寺内
575	豫 RD14	桂花	岩桂、九里香	*Osmanthi Fragrantis*	350	9	270	10	西簧乡	梅池村龙王庙一组
576	豫 RD25	桂花	岩桂、九里香	*Osmanthi Fragrantis*	500	13	250	11	西簧乡	代兴沟村桂花组
577	豫 RD540	桂花	岩桂、九里香	*Osmanthi Fragrantis*	100	6	130	7	金河镇	移植园
578	豫 RD569	桂花	岩桂、九里香	*Osmanthi Fragrantis*	200	7	130	5	金河镇	移植园
579	豫 RD596	桂花	岩桂、九里香	*Osmanthi Fragrantis*	210	8	160	7	金河镇	移植园
580	豫 RD330	爬山虎	地锦 爬墙虎	*Parthenocissus tricuspidata*	150		30		香花	丹江库区香花
581	豫 RD1063	泡桐	大果桐	*Paulownia elongata* S.Y.	100	8	150	4	金河镇	移植园
582	豫 RD1049	泡桐	大果桐	*Paulownia elongata* S.Y.	110	8	120	5	金河镇	移植园
583	豫 RD587	红叶石楠	千年红	*Photiniaxfraseri*	120	7	100	3	金河镇	移植园
584	豫 RD126	马尾松	青松	*Pinus massoniana* Lamb	150	15	230	9	毛堂乡	
585	豫 RD179	马尾松	青松	*Pinus massoniana* Lamb	100	10	180	10	盛湾镇	汉河村
586	豫 RD501	马尾松	青松	*Pinus massoniana* Lamb	110	10	230	4	仓房镇	香严寺内
587	豫 RD502	马尾松	青松	*Pinus massoniana* Lamb	200	13	230	5	仓房镇	香严寺内
588	豫 RD8	黄连木	黄楝树 楷木	*Pistacia chinensis* Bunge	500	22	320	19	西簧乡	毛庄秧田沟村
589	豫 RD9	黄连木	黄楝树 楷木	*Pistacia chinensis* Bunge	150	15	230	17	西簧乡	毛庄 唐家岗组
590	豫 RD10	黄连木	黄楝树 楷木	*Pistacia chinensis* Bunge	350	12	355	12	西簧乡	介元村介元组
591	豫 RD32	黄连木	黄楝树 楷木	*Pistacia chinensis* Bunge	250	22	280	11	西簧乡	介元村上黑沟组
592	豫 RD38	黄连木	黄楝树 楷木	*Pistacia chinensis* Bunge	150	18	240	8	西簧乡	介元村上黑沟组
593	豫 RD23	黄连木	黄楝树 楷木	*Pistacia chinensis* Bunge	250	12	210	10	西簧乡	七棵树村二组
594	豫 RD183	黄连木	黄楝树 楷木	*Pistacia chinensis* Bunge	300	15	300	10	盛湾镇	剑沟村剑沟脑
595	豫 RD90	黄连木	黄楝树 楷木	*Pistacia chinensis* Bunge	200	15	350	14	毛堂乡	安沟二组
596	豫 RD88	黄连木	黄楝树 楷木	*Pistacia chinensis* Bunge	350	14	350	12	毛堂乡	安沟三组
597	豫 RD94	黄连木	黄楝树 楷木	*Pistacia chinensis* Bunge	1000	22	520	14	毛堂乡	老田村 2 组
598	豫 RD110	黄连木	黄楝树 楷木	*Pistacia chinensis* Bunge	100	10	130	10	毛堂乡	庙沟九组
599	豫 RD111	黄连木	黄楝树 楷木	*Pistacia chinensis* Bunge	100	13	170	11	毛堂乡	庙沟村九组
600	豫 RD113	黄连木	黄楝树 楷木	*Pistacia chinensis* Bunge	130	17	210	14	毛堂乡	桥沟村一组

序号	编号	中文名	别名	拉丁名	树龄(a)	树高(m)	胸围/地围(cm)	冠幅(m)	具体生长位置	管护单位(人)
601	豫 RD115	黄连木	黄楝树 楷木	*Pistacia chinensis* Bunge	500	24	320	15	毛堂乡	高沟大房营
602	豫 RD120	黄连木	黄楝树 楷木	*Pistacia chinensis* Bunge	300	19	360	15	毛堂乡	龙泉村
603	豫 RD122	黄连木	黄楝树 楷木	*Pistacia chinensis* Bunge	200	18	180	16	毛堂乡	白水河村
604	豫 RD134	黄连木	黄楝树 楷木	*Pistacia chinensis* Bunge	500	11	550	14	寺湾镇	赵河村 2 组
605	豫 RD157	黄连木	黄楝树 楷木	*Pistacia chinensis* Bunge	100	20	170	15	老城镇	马沟村八组
606	豫 RD203	黄连木	黄楝树 楷木	*Pistacia chinensis* Bunge	500	13	380	10	马蹬镇	石桥村韩庄组
607	豫 RD206	黄连木	黄楝树 楷木	*Pistacia chinensis* Bunge	150	13	190	9	马蹬镇	张岭村梁岗
608	豫 RD213	黄连木	黄楝树 楷木	*Pistacia chinensis* Bunge	300	17	320	18	马蹬镇	关房村安沟组
609	豫 RD216	黄连木	黄楝树 楷木	*Pistacia chinensis* Bunge	120	16	195	11	大石桥乡	石燕村
610	豫 RD217	黄连木	黄楝树 楷木	*Pistacia chinensis* Bunge	200	21	270	14	大石桥乡	石燕村三组
611	豫 RD219	黄连木	黄楝树 楷木	*Pistacia chinensis* Bunge	300	20	290	15	大石桥乡	袁岭村徐台组
612	豫 RD221	黄连木	黄楝树 楷木	*Pistacia chinensis* Bunge	100	11	220	11	大石桥乡	孙台村杨湾组
613	豫 RD237	黄连木	黄楝树 楷木	*Pistacia chinensis* Bunge	500	21	450	12	大石桥乡	毕家台组
614	豫 RD291	黄连木	黄楝树 楷木	*Pistacia chinensis* Bunge	200	8	200	4	城关镇	丹江国际
615	豫 RD292	黄连木	黄楝树 楷木	*Pistacia chinensis* Bunge	150	9	170	5	城关镇	丹江国际
616	豫 RD47	黄连木	黄楝树 楷木	*Pistacia chinensis* Bunge	200	14	180	10	荆关镇	三岔村龙盘沟村
617	豫 RD54	黄连木	黄楝树 楷木	*Pistacia chinensis* Bunge	300	16	140	14	荆关镇	菩萨堂小学
618	豫 RD343	黄连木	黄楝树 楷木	*Pistacia chinensis* Bunge	200	17	270	14	仓房镇	香严寺内
619	豫 RD344	黄连木	黄楝树 楷木	*Pistacia chinensis* Bunge	100	12	260	8	仓房镇	香严寺内
620	豫 RD345	黄连木	黄楝树 楷木	*Pistacia chinensis* Bunge	200	15	270	9	仓房镇	香严寺内
621	豫 RD346	黄连木	黄楝树 楷木	*Pistacia chinensis* Bunge	300	15	270	12	仓房镇	香严寺内
622	豫 RD352	黄连木	黄楝树 楷木	*Pistacia chinensis* Bunge	250	18	350	12	仓房镇	香严寺内
623	豫 RD355	黄连木	黄楝树 楷木	*Pistacia chinensis* Bunge	300	19	350	12	仓房镇	香严寺内
624	豫 RD356	黄连木	黄楝树 楷木	*Pistacia chinensis* Bunge	200	18	300	12	仓房镇	香严寺内
625	豫 RD357	黄连木	黄楝树 楷木	*Pistacia chinensis* Bunge	200	18	320	12	仓房镇	香严寺内
626	豫 RD359	黄连木	黄楝树 楷木	*Pistacia chinensis* Bunge	300	22	400	17	仓房镇	香严寺内
627	豫 RD360	黄连木	黄楝树 楷木	*Pistacia chinensis* Bunge	100	11	160	10	仓房镇	香严寺内
628	豫 RD362	黄连木	黄楝树 楷木	*Pistacia chinensis* Bunge	200	14	340	9	仓房镇	香严寺内
629	豫 RD364	黄连木	黄楝树 楷木	*Pistacia chinensis* Bunge	100	13	190	9	仓房镇	香严寺内
630	豫 RD366	黄连木	黄楝树 楷木	*Pistacia chinensis* Bunge	200	15	290	13	仓房镇	香严寺内
631	豫 RD367	黄连木	黄楝树 楷木	*Pistacia chinensis* Bunge	150	20	220	14	仓房镇	香严寺内
632	豫 RD371	黄连木	黄楝树 楷木	*Pistacia chinensis* Bunge	100	12	180	7	仓房镇	香严寺内
633	豫 RD377	黄连木	黄楝树 楷木	*Pistacia chinensis* Bunge	200	15	240	12	仓房镇	香严寺内
634	豫 RD379	黄连木	黄楝树 楷木	*Pistacia chinensis* Bunge	150	16	210	10	仓房镇	香严寺内

序号	编号	中文名	别 名	拉丁名	树龄（a）	树高（m）	胸围/地围（cm）	冠幅（m）	具体生长位置	管护单位（人）
635	豫 RD389	黄连木	黄楝树 楷木	*Pistacia chinensis* Bunge	200	17	320	10	仓房镇	香严寺内
636	豫 RD409	黄连木	黄楝树 楷木	*Pistacia chinensis* Bunge	180	15	230	12	仓房镇	香严寺内
637	豫 RD421	黄连木	黄楝树 楷木	*Pistacia chinensis* Bunge	300	15	230	12	仓房镇	香严寺内
638	豫 RD444	黄连木	黄楝树 楷木	*Pistacia chinensis* Bunge	300	14	230	12	仓房镇	香严寺内
639	豫 RD449	黄连木	黄楝树 楷木	*Pistacia chinensis* Bunge	150	13	200	10	仓房镇	香严寺内
640	豫 RD451	黄连木	黄楝树 楷木	*Pistacia chinensis* Bunge	200	15	210	12	仓房镇	香严寺内
641	豫 RD456	黄连木	黄楝树 楷木	*Pistacia chinensis* Bunge	300	5	330	12	仓房镇	香严寺内
642	豫 RD457	黄连木	黄楝树 楷木	*Pistacia chinensis* Bunge	270	14	200	10	仓房镇	香严寺内
643	豫 RD466	黄连木	黄楝树 楷木	*Pistacia chinensis* Bunge	300	20	330	14	仓房镇	香严寺内
644	豫 RD469	黄连木	黄楝树 楷木	*Pistacia chinensis* Bunge	200	15	280	12	仓房镇	香严寺内
645	豫 RD470	黄连木	黄楝树 楷木	*Pistacia chinensis* Bunge	300	15	300	15	仓房镇	香严寺内
646	豫 RD471	黄连木	黄楝树 楷木	*Pistacia chinensis* Bunge	250	15	240	12	仓房镇	香严寺内
647	豫 RD475	黄连木	黄楝树 楷木	*Pistacia chinensis* Bunge	150	14	200	12	仓房镇	香严寺内
648	豫 RD480	黄连木	黄楝树 楷木	*Pistacia chinensis* Bunge	400	18	360	15	仓房镇	香严寺内
649	豫 RD497	黄连木	黄楝树 楷木	*Pistacia chinensis* Bunge	400	25	420	17	仓房镇	香严寺内
650	豫 RD545	黄连木	黄楝树 楷木	*Pistacia chinensis* Bunge	1000	9	600	6	金河镇	移植园
651	豫 RD554	黄连木	黄楝树 楷木	*Pistacia chinensis* Bunge	300	8	270	6	金河镇	移植园
652	豫 RD555	黄连木	黄楝树 楷木	*Pistacia chinensis* Bunge	100	9	160	5	金河镇	移植园
653	豫 RD573	黄连木	黄楝树 楷木	*Pistacia chinensis* Bunge	350	9	370	6	金河镇	移植园
654	豫 RD575	黄连木	黄楝树 楷木	*Pistacia chinensis* Bunge	500	9	270	7	金河镇	移植园
655	豫 RD586	黄连木	黄楝树 楷木	*Pistacia chinensis* Bunge	120	8	170	6	金河镇	移植园
656	豫 RD589	黄连木	黄楝树 楷木	*Pistacia chinensis* Bunge	100	9	180	5	金河镇	移植园
657	豫 RD592	黄连木	黄楝树 楷木	*Pistacia chinensis* Bunge	130	9	200	5	金河镇	移植园
658	豫 RD604	黄连木	黄楝树 楷木	*Pistacia chinensis* Bunge	120	9	160	5	金河镇	移植园
659	豫 RD606	黄连木	黄楝树 楷木	*Pistacia chinensis* Bunge	140	10	170	5	金河镇	移植园
660	豫 RD610	黄连木	黄楝树 楷木	*Pistacia chinensis* Bunge	170	10	180	5	金河镇	移植园
661	豫 RD611	黄连木	黄楝树 楷木	*Pistacia chinensis* Bunge	130	10	180	5	金河镇	移植园
662	豫 RD615	黄连木	黄楝树 楷木	*Pistacia chinensis* Bunge	200	9	180	6	金河镇	移植园
663	豫 RD619	黄连木	黄楝树 楷木	*Pistacia chinensis* Bunge	170	9	180	1	金河镇	移植园
664	豫 RD625	黄连木	黄楝树 楷木	*Pistacia chinensis* Bunge	130	9	130	6	金河镇	移植园
665	豫 RD628	黄连木	黄楝树 楷木	*Pistacia chinensis* Bunge	120	10	160	3	金河镇	移植园
666	豫 RD630	黄连木	黄楝树 楷木	*Pistacia chinensis* Bunge	100	8	150	5	金河镇	移植园
667	豫 RD631	黄连木	黄楝树 楷木	*Pistacia chinensis* Bunge	170	9	150	7	金河镇	移植园
668	豫 RD642	黄连木	黄楝树 楷木	*Pistacia chinensis* Bunge	120	9	150	4	金河镇	移植园

序号	编号	中文名	别名	拉丁名	树龄（a）	树高（m）	胸围/地围（cm）	冠幅（m）	具体生长位置	管护单位（人）
669	豫 RD644	黄连木	黄楝树 楷木	*Pistacia chinensis* Bunge	120	10	130	5	金河镇	移植园
670	豫 RD646	黄连木	黄楝树 楷木	*Pistacia chinensis* Bunge	100	9	140	5	金河镇	移植园
671	豫 RD647	黄连木	黄楝树 楷木	*Pistacia chinensis* Bunge	100	9	140	5	金河镇	移植园
672	豫 RD648	黄连木	黄楝树 楷木	*Pistacia chinensis* Bunge	100	9	130	5	金河镇	移植园
673	豫 RD649	黄连木	黄楝树 楷木	*Pistacia chinensis* Bunge	100	9	130	5	金河镇	移植园
674	豫 RD650	黄连木	黄楝树 楷木	*Pistacia chinensis* Bunge	100	10	130	4	金河镇	移植园
675	豫 RD651	黄连木	黄楝树 楷木	*Pistacia chinensis* Bunge	100	9	130	2	金河镇	移植园
676	豫 RD653	黄连木	黄楝树 楷木	*Pistacia chinensis* Bunge	100	9	130	5	金河镇	移植园
677	豫 RD654	黄连木	黄楝树 楷木	*Pistacia chinensis* Bunge	100	9	130	5	金河镇	移植园
678	豫 RD655	黄连木	黄楝树 楷木	*Pistacia chinensis* Bunge	100	9	110	4	金河镇	移植园
679	豫 RD656	黄连木	黄楝树 楷木	*Pistacia chinensis* Bunge	100	9	110	4	金河镇	移植园
680	豫 RD657	黄连木	黄楝树 楷木	*Pistacia chinensis* Bunge	170	9	180	5	金河镇	移植园
681	豫 RD658	黄连木	黄楝树 楷木	*Pistacia chinensis* Bunge	140	10	140	6	金河镇	移植园
682	豫 RD659	黄连木	黄楝树 楷木	*Pistacia chinensis* Bunge	120	9	110	5	金河镇	移植园
683	豫 RD660	黄连木	黄楝树 楷木	*Pistacia chinensis* Bunge	100	9	140	5	金河镇	移植园
684	豫 RD661	黄连木	黄楝树 楷木	*Pistacia chinensis* Bunge	100	10	120	5	金河镇	移植园
685	豫 RD662	黄连木	黄楝树 楷木	*Pistacia chinensis* Bunge	100	9	130	5	金河镇	移植园
686	豫 RD663	黄连木	黄楝树 楷木	*Pistacia chinensis* Bunge	130	9	130	4	金河镇	移植园
687	豫 RD664	黄连木	黄楝树 楷木	*Pistacia chinensis* Bunge	100	9	130	5	金河镇	移植园
688	豫 RD666	黄连木	黄楝树 楷木	*Pistacia chinensis* Bunge	120	9	130	5	金河镇	移植园
689	豫 RD667	黄连木	黄楝树 楷木	*Pistacia chinensis* Bunge	120	9	130	5	金河镇	移植园
690	豫 RD669	黄连木	黄楝树 楷木	*Pistacia chinensis* Bunge	110	9	130	5	金河镇	移植园
691	豫 RD670	黄连木	黄楝树 楷木	*Pistacia chinensis* Bunge	100	10	130	3	金河镇	移植园
692	豫 RD671	黄连木	黄楝树 楷木	*Pistacia chinensis* Bunge	140	10	120	5	金河镇	移植园
693	豫 RD672	黄连木	黄楝树 楷木	*Pistacia chinensis* Bunge	170	10	140	6	金河镇	移植园
694	豫 RD677	黄连木	黄楝树 楷木	*Pistacia chinensis* Bunge	120	9	140	5	金河镇	移植园
695	豫 RD680	黄连木	黄楝树 楷木	*Pistacia chinensis* Bunge	140	10	140	6	金河镇	移植园
696	豫 RD686	黄连木	黄楝树 楷木	*Pistacia chinensis* Bunge	120	10	130	5	金河镇	移植园
697	豫 RD691	黄连木	黄楝树 楷木	*Pistacia chinensis* Bunge	100	9	130	5	金河镇	移植园
698	豫 RD692	黄连木	黄楝树 楷木	*Pistacia chinensis* Bunge	100	10	130	3	金河镇	移植园
699	豫 RD693	黄连木	黄楝树 楷木	*Pistacia chinensis* Bunge	100	10	130	4	金河镇	移植园
700	豫 RD694	黄连木	黄楝树 楷木	*Pistacia chinensis* Bunge	100	9	140	4	金河镇	移植园
701	豫 RD695	黄连木	黄楝树 楷木	*Pistacia chinensis* Bunge	100	9	110	5	金河镇	移植园
702	豫 RD696	黄连木	黄楝树 楷木	*Pistacia chinensis* Bunge	140	9	150	5	金河镇	移植园

序号	编号	中文名	别 名	拉丁名	树龄（a）	树高（m）	胸围 / 地围（cm）	冠幅（m）	具体生长位置	管护单位（人）
703	豫 RD699	黄连木	黄楝树 楷木	*Pistacia chinensis* Bunge	120	9	130	5	金河镇	移植园
704	豫 RD704	黄连木	黄楝树 楷木	*Pistacia chinensis* Bunge	110	9	130	5	金河镇	移植园
705	豫 RD706	黄连木	黄楝树 楷木	*Pistacia chinensis* Bunge	130	9	130	5	金河镇	移植园
706	豫 RD08	黄连木	黄楝树 楷木	*Pistacia chinensis* Bunge	110	9	130	4	金河镇	移植园
707	豫 RD710	黄连木	黄楝树 楷木	*Pistacia chinensis* Bunge	200	9	160	6	金河镇	移植园
708	豫 RD711	黄连木	黄楝树 楷木	*Pistacia chinensis* Bunge	240	8	160	6	金河镇	移植园
709	豫 RD715	黄连木	黄楝树 楷木	*Pistacia chinensis* Bunge	100	9	130	5	金河镇	移植园
710	豫 RD718	黄连木	黄楝树 楷木	*Pistacia chinensis* Bunge	120	8	130	5	金河镇	移植园
711	豫 RD719	黄连木	黄楝树 楷木	*Pistacia chinensis* Bunge	110	8	130	4	金河镇	移植园
712	豫 RD722	黄连木	黄楝树 楷木	*Pistacia chinensis* Bunge	100	10	170	5	金河镇	移植园
713	豫 RD723	黄连木	黄楝树 楷木	*Pistacia chinensis* Bunge	120	10	150	6	金河镇	移植园
714	豫 RD728	黄连木	黄楝树 楷木	*Pistacia chinensis* Bunge	110	9	140	5	金河镇	移植园
715	豫 RD733	黄连木	黄楝树 楷木	*Pistacia chinensis* Bunge	120	9	130	5	金河镇	移植园
716	豫 RD734	黄连木	黄楝树 楷木	*Pistacia chinensis* Bunge	170	9	150	6	金河镇	移植园
717	豫 RD739	黄连木	黄楝树 楷木	*Pistacia chinensis* Bunge	120	9	120	5	金河镇	移植园
718	豫 RD741	黄连木	黄楝树 楷木	*Pistacia chinensis* Bunge	100	9	120	3	金河镇	移植园
719	豫 RD742	黄连木	黄楝树 楷木	*Pistacia chinensis* Bunge	100	9	120	6	金河镇	移植园
720	豫 RD752	黄连木	黄楝树 楷木	*Pistacia chinensis* Bunge	120	8	150	3	金河镇	移植园
721	豫 RD756	黄连木	黄楝树 楷木	*Pistacia chinensis* Bunge	100	10	150	6	金河镇	移植园
722	豫 RD761	黄连木	黄楝树 楷木	*Pistacia chinensis* Bunge	130	9	130	5	金河镇	移植园
723	豫 RD763	黄连木	黄楝树 楷木	*Pistacia chinensis* Bunge	130	9	120	5	金河镇	移植园
724	豫 RD765	黄连木	黄楝树 楷木	*Pistacia chinensis* Bunge	210	9	120	6	金河镇	移植园
725	豫 RD766	黄连木	黄楝树 楷木	*Pistacia chinensis* Bunge	100	8	120	5	金河镇	移植园
726	豫 RD767	黄连木	黄楝树 楷木	*Pistacia chinensis* Bunge	130	9	110	4	金河镇	移植园
727	豫 RD768	黄连木	黄楝树 楷木	*Pistacia chinensis* Bunge	170	9	140	5	金河镇	移植园
728	豫 RD769	黄连木	黄楝树 楷木	*Pistacia chinensis* Bunge	100	9	120	4	金河镇	移植园
729	豫 RD770	黄连木	黄楝树 楷木	*Pistacia chinensis* Bunge	150	9	150	6	金河镇	移植园
730	豫 RD771	黄连木	黄楝树 楷木	*Pistacia chinensis* Bunge	160	9	130	6	金河镇	移植园
731	豫 RD772	黄连木	黄楝树 楷木	*Pistacia chinensis* Bunge	110	9	120	5	金河镇	移植园
732	豫 RD773	黄连木	黄楝树 楷木	*Pistacia chinensis* Bunge	140	9	140	5	金河镇	移植园
733	豫 RD777	黄连木	黄楝树 楷木	*Pistacia chinensis* Bunge	100	8	110	4	金河镇	移植园
734	豫 RD779	黄连木	黄楝树 楷木	*Pistacia chinensis* Bunge	120	8	130	4	金河镇	移植园
735	豫 RD780	黄连木	黄楝树 楷木	*Pistacia chinensis* Bunge	140	9	110	5	金河镇	移植园
736	豫 RD781	黄连木	黄楝树 楷木	*Pistacia chinensis* Bunge	170	9	120	5	金河镇	移植园

序号	编号	中文名	别名	拉丁名	树龄（a）	树高（m）	胸围/地围（cm）	冠幅（m）	具体生长位置	管护单位（人）
737	豫 RD784	黄连木	黄楝树 楷木	*Pistacia chinensis* Bunge	130	9	110	6	金河镇	移植园
738	豫 RD785	黄连木	黄楝树 楷木	*Pistacia chinensis* Bunge	150	8	130	5	金河镇	移植园
739	豫 RD786	黄连木	黄楝树 楷木	*Pistacia chinensis* Bunge	100	9	130	5	金河镇	移植园
740	豫 RD787	黄连木	黄楝树 楷木	*Pistacia chinensis* Bunge	120	9	130	5	金河镇	移植园
741	豫 RD788	黄连木	黄楝树 楷木	*Pistacia chinensis* Bunge	100	8	130	5	金河镇	移植园
742	豫 RD789	黄连木	黄楝树 楷木	*Pistacia chinensis* Bunge	120	9	110	6	金河镇	移植园
743	豫 RD790	黄连木	黄楝树 楷木	*Pistacia chinensis* Bunge	100	8	110	4	金河镇	移植园
744	豫 RD791	黄连木	黄楝树 楷木	*Pistacia chinensis* Bunge	120	9	110	5	金河镇	移植园
745	豫 RD792	黄连木	黄楝树 楷木	*Pistacia chinensis* Bunge	130	9	110	5	金河镇	移植园
746	豫 RD793	黄连木	黄楝树 楷木	*Pistacia chinensis* Bunge	110	9	110	4	金河镇	移植园
747	豫 RD795	黄连木	黄楝树 楷木	*Pistacia chinensis* Bunge	100	9	110	4	金河镇	移植园
748	豫 RD796	黄连木	黄楝树 楷木	*Pistacia chinensis* Bunge	100	9	110	4	金河镇	移植园
749	豫 RD797	黄连木	黄楝树 楷木	*Pistacia chinensis* Bunge	100	8	130	3	金河镇	移植园
750	豫 RD798	黄连木	黄楝树 楷木	*Pistacia chinensis* Bunge	110	8	120	5	金河镇	移植园
751	豫 RD800	黄连木	黄楝树 楷木	*Pistacia chinensis* Bunge	120	9	130	4	金河镇	移植园
752	豫 RD801	黄连木	黄楝树 楷木	*Pistacia chinensis* Bunge	110	8	110	4	金河镇	移植园
753	豫 RD803	黄连木	黄楝树 楷木	*Pistacia chinensis* Bunge	120	7	120	5	金河镇	移植园
754	豫 RD804	黄连木	黄楝树 楷木	*Pistacia chinensis* Bunge	120	9	120	5	金河镇	移植园
755	豫 RD805	黄连木	黄楝树 楷木	*Pistacia chinensis* Bunge	130	8	120	3	金河镇	移植园
756	豫 RD807	黄连木	黄楝树 楷木	*Pistacia chinensis* Bunge	120	8	110	5	金河镇	移植园
757	豫 RD808	黄连木	黄楝树 楷木	*Pistacia chinensis* Bunge	120	9	110	5	金河镇	移植园
758	豫 RD812	黄连木	黄楝树 楷木	*Pistacia chinensis* Bunge	100	9	110	3	金河镇	移植园
759	豫 RD813	黄连木	黄楝树 楷木	*Pistacia chinensis* Bunge	130	9	150	6	金河镇	移植园
760	豫 RD814	黄连木	黄楝树 楷木	*Pistacia chinensis* Bunge	120	9	130	4	金河镇	移植园
761	豫 RD816	黄连木	黄楝树 楷木	*Pistacia chinensis* Bunge	130	8	150	4	金河镇	移植园
762	豫 RD820	黄连木	黄楝树 楷木	*Pistacia chinensis* Bunge	140	8	130	4	金河镇	移植园
763	豫 RD821	黄连木	黄楝树 楷木	*Pistacia chinensis* Bunge	200	8	210	5	金河镇	移植园
764	豫 RD822	黄连木	黄楝树 楷木	*Pistacia chinensis* Bunge	120	9	120	5	金河镇	移植园
765	豫 RD823	黄连木	黄楝树 楷木	*Pistacia chinensis* Bunge	120	8	110	5	金河镇	移植园
766	豫 RD824	黄连木	黄楝树 楷木	*Pistacia chinensis* Bunge	100	8	120	3	金河镇	移植园
767	豫 RD825	黄连木	黄楝树 楷木	*Pistacia chinensis* Bunge	110	9	120	4	金河镇	移植园
768	豫 RD826	黄连木	黄楝树 楷木	*Pistacia chinensis* Bunge	130	8	130	5	金河镇	移植园
769	豫 RD830	黄连木	黄楝树 楷木	*Pistacia chinensis* Bunge	300	8	110	4	金河镇	移植园
770	豫 RD831	黄连木	黄楝树 楷木	*Pistacia chinensis* Bunge	100	8	130	4	金河镇	移植园

序号	编号	中文名	别名	拉丁名	树龄（a）	树高（m）	胸围/地围（cm）	冠幅（m）	具体生长位置	管护单位（人）
771	豫 RD833	黄连木	黄楝树 楷木	*Pistacia chinensis* Bunge	120	9	130	5	金河镇	移植园
772	豫 RD834	黄连木	黄楝树 楷木	*Pistacia chinensis* Bunge	100	8	120	4	金河镇	移植园
773	豫 RD837	黄连木	黄楝树 楷木	*Pistacia chinensis* Bunge	100	8	190	4	金河镇	移植园
774	豫 RD838	黄连木	黄楝树 楷木	*Pistacia chinensis* Bunge	100	8	110	4	金河镇	移植园
775	豫 RD839	黄连木	黄楝树 楷木	*Pistacia chinensis* Bunge	110	9	150	4	金河镇	移植园
776	豫 RD843	黄连木	黄楝树 楷木	*Pistacia chinensis* Bunge	120	8	180	5	金河镇	移植园
777	豫 RD846	黄连木	黄楝树 楷木	*Pistacia chinensis* Bunge	120	8	130	5	金河镇	移植园
778	豫 RD852	黄连木	黄楝树 楷木	*Pistacia chinensis* Bunge	130	8	150	6	金河镇	移植园
779	豫 RD853	黄连木	黄楝树 楷木	*Pistacia chinensis* Bunge	100	8	110	4	金河镇	移植园
780	豫 RD854	黄连木	黄楝树 楷木	*Pistacia chinensis* Bunge	120	8	150	4	金河镇	移植园
781	豫 RD856	黄连木	黄楝树 楷木	*Pistacia chinensis* Bunge	110	8	150	6	金河镇	移植园
782	豫 RD858	黄连木	黄楝树 楷木	*Pistacia chinensis* Bunge	100	8	150	4	金河镇	移植园
783	豫 RD860	黄连木	黄楝树 楷木	*Pistacia chinensis* Bunge	120	8	120	4	金河镇	移植园
784	豫 RD865	黄连木	黄楝树 楷木	*Pistacia chinensis* Bunge	130	8	150	6	金河镇	移植园
785	豫 RD866	黄连木	黄楝树 楷木	*Pistacia chinensis* Bunge	130	8	150	3	金河镇	移植园
786	豫 RD878	黄连木	黄楝树 楷木	*Pistacia chinensis* Bunge	120	9	130	5	金河镇	移植园
787	豫 RD880	黄连木	黄楝树 楷木	*Pistacia chinensis* Bunge	110	9	130	5	金河镇	移植园
788	豫 RD883	黄连木	黄楝树 楷木	*Pistacia chinensis* Bunge	120	9	130	6	金河镇	移植园
789	豫 RD884	黄连木	黄楝树 楷木	*Pistacia chinensis* Bunge	100	8	120	4	金河镇	移植园
790	豫 RD885	黄连木	黄楝树 楷木	*Pistacia chinensis* Bunge	120	9	150	6	金河镇	移植园
791	豫 RD886	黄连木	黄楝树 楷木	*Pistacia chinensis* Bunge	100	9	120	4	金河镇	移植园
792	豫 RD887	黄连木	黄楝树 楷木	*Pistacia chinensis* Bunge	100	9	140	4	金河镇	移植园
793	豫 RD889	黄连木	黄楝树 楷木	*Pistacia chinensis* Bunge	100	8	130	5	金河镇	移植园
794	豫 RD892	黄连木	黄楝树 楷木	*Pistacia chinensis* Bunge	120	9	130	5	金河镇	移植园
795	豫 RD896	黄连木	黄楝树 楷木	*Pistacia chinensis* Bunge	100	9	130	6	金河镇	移植园
796	豫 RD901	黄连木	黄楝树 楷木	*Pistacia chinensis* Bunge	100	9	130	4	金河镇	移植园
797	豫 RD902	黄连木	黄楝树 楷木	*Pistacia chinensis* Bunge	130	9	160	5	金河镇	移植园
798	豫 RD905	黄连木	黄楝树 楷木	*Pistacia chinensis* Bunge	100	8	120	5	金河镇	移植园
799	豫 RD908	黄连木	黄楝树 楷木	*Pistacia chinensis* Bunge	100	9	110	5	金河镇	移植园
800	豫 RD911	黄连木	黄楝树 楷木	*Pistacia chinensis* Bunge	100	9	120	4	金河镇	移植园
801	豫 RD915	黄连木	黄楝树 楷木	*Pistacia chinensis* Bunge	120	9	130	5	金河镇	移植园
802	豫 RD917	黄连木	黄楝树 楷木	*Pistacia chinensis* Bunge	100	8	110	4	金河镇	移植园
803	豫 RD920	黄连木	黄楝树 楷木	*Pistacia chinensis* Bunge	100	7	120	4	金河镇	移植园
804	豫 RD922	黄连木	黄楝树 楷木	*Pistacia chinensis* Bunge	110	8	120	4	金河镇	移植园

序号	编号	中文名	别 名	拉丁名	树龄（a）	树高（m）	胸围/地围（cm）	冠幅（m）	具体生长位置	管护单位（人）
805	豫 RD923	黄连木	黄楝树 楷木	*Pistacia chinensis* Bunge	120	9	130	5	金河镇	移植园
806	豫 RD924	黄连木	黄楝树 楷木	*Pistacia chinensis* Bunge	120	9	130	5	金河镇	移植园
807	豫 RD925	黄连木	黄楝树 楷木	*Pistacia chinensis* Bunge	100	9	130	5	金河镇	移植园
808	豫 RD926	黄连木	黄楝树 楷木	*Pistacia chinensis* Bunge	100	9	120	4	金河镇	移植园
809	豫 RD930	黄连木	黄楝树 楷木	*Pistacia chinensis* Bunge	120	9	130	3	金河镇	移植园
810	豫 RD936	黄连木	黄楝树 楷木	*Pistacia chinensis* Bunge	120	8	130	5	金河镇	移植园
811	豫 RD941	黄连木	黄楝树 楷木	*Pistacia chinensis* Bunge	100	9	130	5	金河镇	移植园
812	豫 RD944	黄连木	黄楝树 楷木	*Pistacia chinensis* Bunge	120	8	140	5	金河镇	移植园
813	豫 RD950	黄连木	黄楝树 楷木	*Pistacia chinensis* Bunge	110	9	140	4	金河镇	移植园
814	豫 RD951	黄连木	黄楝树 楷木	*Pistacia chinensis* Bunge	100	10	130	4	金河镇	移植园
815	豫 RD952	黄连木	黄楝树 楷木	*Pistacia chinensis* Bunge	110	10	130	4	金河镇	移植园
816	豫 RD953	黄连木	黄楝树 楷木	*Pistacia chinensis* Bunge	120	9	140	5	金河镇	移植园
817	豫 RD955	黄连木	黄楝树 楷木	*Pistacia chinensis* Bunge	120	10	130	5	金河镇	移植园
818	豫 RD956	黄连木	黄楝树 楷木	*Pistacia chinensis* Bunge	150	9	140	5	金河镇	移植园
819	豫 RD958	黄连木	黄楝树 楷木	*Pistacia chinensis* Bunge	180	9	140	5	金河镇	移植园
820	豫 RD959	黄连木	黄楝树 楷木	*Pistacia chinensis* Bunge	100	9	120	3	金河镇	移植园
821	豫 RD960	黄连木	黄楝树 楷木	*Pistacia chinensis* Bunge	180	8	140	4	金河镇	移植园
822	豫 RD961	黄连木	黄楝树 楷木	*Pistacia chinensis* Bunge	120	8	140	4	金河镇	移植园
823	豫 RD962	黄连木	黄楝树 楷木	*Pistacia chinensis* Bunge	110	9	120	5	金河镇	移植园
824	豫 RD963	黄连木	黄楝树 楷木	*Pistacia chinensis* Bunge	100	9	130	5	金河镇	移植园
825	豫 RD964	黄连木	黄楝树 楷木	*Pistacia chinensis* Bunge	200	8	160	5	金河镇	移植园
826	豫 RD965	黄连木	黄楝树 楷木	*Pistacia chinensis* Bunge	110	9	100	5	金河镇	移植园
827	豫 RD967	黄连木	黄楝树 楷木	*Pistacia chinensis* Bunge	180	9	180	5	金河镇	移植园
828	豫 RD968	黄连木	黄楝树 楷木	*Pistacia chinensis* Bunge	100	9	130	5	金河镇	移植园
829	豫 RD970	黄连木	黄楝树 楷木	*Pistacia chinensis* Bunge	100	9	120	5	金河镇	移植园
830	豫 RD971	黄连木	黄楝树 楷木	*Pistacia chinensis* Bunge	130	7	140	4	金河镇	移植园
831	豫 RD976	黄连木	黄楝树 楷木	*Pistacia chinensis* Bunge	100	8	140	6	金河镇	移植园
832	豫 RD978	黄连木	黄楝树 楷木	*Pistacia chinensis* Bunge	100	8	110	6	金河镇	移植园
833	豫 RD981	黄连木	黄楝树 楷木	*Pistacia chinensis* Bunge	110	8	140	5	金河镇	移植园
834	豫 RD982	黄连木	黄楝树 楷木	*Pistacia chinensis* Bunge	130	9	150	4	金河镇	移植园
835	豫 RD984	黄连木	黄楝树 楷木	*Pistacia chinensis* Bunge	100	8	130	5	金河镇	移植园
836	豫 RD985	黄连木	黄楝树 楷木	*Pistacia chinensis* Bunge	110	8	130	4	金河镇	移植园
837	豫 RD989	黄连木	黄楝树 楷木	*Pistacia chinensis* Bunge	100	9	130	4	金河镇	移植园
838	豫 RD990	黄连木	黄楝树 楷木	*Pistacia chinensis* Bunge	100	9	110	4	金河镇	移植园

序号	编号	中文名	别 名	拉丁名	树龄（a）	树高（m）	胸围 / 地围（cm）	冠幅（m）	具体生长位置	管护单位（人）
839	豫 RD993	黄连木	黄楝树 楷木	*Pistacia chinensis* Bunge	100	9	110	6	金河镇	移植园
840	豫 RD994	黄连木	黄楝树 楷木	*Pistacia chinensis* Bunge	110	8	120	5	金河镇	移植园
841	豫 RD997	黄连木	黄楝树 楷木	*Pistacia chinensis* Bunge	140	9	160	5	金河镇	移植园
842	豫 RD1001	黄连木	黄楝树 楷木	*Pistacia chinensis* Bunge	180	9	190	6	金河镇	移植园
843	豫 RD1002	黄连木	黄楝树 楷木	*Pistacia chinensis* Bunge	100	8	120	5	金河镇	移植园
844	豫 RD1004	黄连木	黄楝树 楷木	*Pistacia chinensis* Bunge	130	9	160	5	金河镇	移植园
845	豫 RD1007	黄连木	黄楝树 楷木	*Pistacia chinensis* Bunge	110	9	120	5	金河镇	移植园
846	豫 RD1012	黄连木	黄楝树 楷木	*Pistacia chinensis* Bunge	110	9	130	5	金河镇	移植园
847	豫 RD1015	黄连木	黄楝树 楷木	*Pistacia chinensis* Bunge	100	8	130	5	金河镇	移植园
848	豫 RD1020	黄连木	黄楝树 楷木	*Pistacia chinensis* Bunge	100	8	110	5	金河镇	移植园
849	豫 RD1026	黄连木	黄楝树 楷木	*Pistacia chinensis* Bunge	100	8	120	5	金河镇	移植园
850	豫 RD1027	黄连木	黄楝树 楷木	*Pistacia chinensis* Bunge	100	8	120	4	金河镇	移植园
851	豫 RD1029	黄连木	黄楝树 楷木	*Pistacia chinensis* Bunge	110	8	130	4	金河镇	移植园
852	豫 RD1030	黄连木	黄楝树 楷木	*Pistacia chinensis* Bunge	110	9	130	5	金河镇	移植园
853	豫 RD1032	黄连木	黄楝树 楷木	*Pistacia chinensis* Bunge	110	8	130	5	金河镇	移植园
854	豫 RD1033	黄连木	黄楝树 楷木	*Pistacia chinensis* Bunge	110	8	130	4	金河镇	移植园
855	豫 RD1034	黄连木	黄楝树 楷木	*Pistacia chinensis* Bunge	120	8	140	4	金河镇	移植园
856	豫 RD1035	黄连木	黄楝树 楷木	*Pistacia chinensis* Bunge	110	8	140	4	金河镇	移植园
857	豫 RD1039	黄连木	黄楝树 楷木	*Pistacia chinensis* Bunge	110	8	130	3	金河镇	移植园
858	豫 RD1040	黄连木	黄楝树 楷木	*Pistacia chinensis* Bunge	110	8	190	5	金河镇	移植园
859	豫 RD1042	黄连木	黄楝树 楷木	*Pistacia chinensis* Bunge	300	7	180	6	金河镇	移植园
860	豫 RD1045	黄连木	黄楝树 楷木	*Pistacia chinensis* Bunge	110	8	130	5	金河镇	移植园
861	豫 RD1046	黄连木	黄楝树 楷木	*Pistacia chinensis* Bunge	100	8	160	5	金河镇	移植园
862	豫 RD1053	黄连木	黄楝树 楷木	*Pistacia chinensis* Bunge	140	8	180	5	金河镇	移植园
863	豫 RD1054	黄连木	黄楝树 楷木	*Pistacia chinensis* Bunge	130	8	170	5	金河镇	移植园
864	豫 RD1055	黄连木	黄楝树 楷木	*Pistacia chinensis* Bunge	200	7	160	5	金河镇	移植园
865	豫 RD1065	黄连木	黄楝树 楷木	*Pistacia chinensis* Bunge	100	8	130	5	金河镇	移植园
866	豫 RD1066	黄连木	黄楝树 楷木	*Pistacia chinensis* Bunge	140	8	180	5	金河镇	移植园
867	豫 RD1072	黄连木	黄楝树 楷木	*Pistacia chinensis* Bunge	100	8	140	5	金河镇	移植园
868	豫 RD1088	黄连木	黄楝树 楷木	*Pistacia chinensis* Bunge	150	8	130	4	金河镇	移植园
869	豫 RD1111	黄连木	黄楝树 楷木	*Pistacia chinensis* Bunge	110	8	130	5	金河镇	移植园
870	豫 RD1117	黄连木	黄楝树 楷木	*Pistacia chinensis* Bunge	300	8	240	5	金河镇	移植园
871	豫 RD1126	黄连木	黄楝树 楷木	*Pistacia chinensis* Bunge	120	7	110	4	金河镇	移植园
872	豫 RD1128	黄连木	黄楝树 楷木	*Pistacia chinensis* Bunge	140	10	160	5	金河镇	移植园

序号	编号	中文名	别 名	拉丁名	树龄（a）	树高（m）	胸围 / 地围（cm）	冠幅（m）	具体生长位置	管护单位（人）
873	豫 RD1138	黄连木	黄楝树 楷木	*Pistacia chinensis* Bunge	110	8	130	5	金河镇	移植园
874	豫 RD70	化香树	花木香	*Platycarya strobilacea* Sieb. et Zucc	100	9	140	7	荆关镇	法海寺
875	豫 RD73	化香树	花木香	*Platycarya strobilacea* Sieb. et Zucc	300	15	150	11	荆关镇	法海寺
876	豫 RD75	化香树	花木香	*Platycarya strobilacea* Sieb. et Zucc	150	11	125	10	荆关镇	法海寺
877	豫 RD72	化香树	花木香	*Platycarya strobilacea* Sieb. et Zucc	100	15	150	11	荆关镇	法海寺
878	豫 RD199	侧柏	扁柏	*Platycladus orientalis* (L.) Franco	150	7	110	5	马蹬镇	葛家沟洞宅红
879	豫 RD222	侧柏	扁柏	*Platycladus orientalis* (L.) Franco	200	10	170	10	大石桥乡	陡岭村陡岭山
880	豫 RD258	侧柏	扁柏	*Platycladus orientalis* (L.) Franco	300	20	220	215	滔河镇	黄桥村寨根
881	豫 RD259	侧柏	扁柏	*Platycladus orientalis* (L.) Franco	300	11	210	11	滔河镇	朱山村朱家山岭
882	豫 RD91	侧柏	扁柏	*Platycladus orientalis* (L.) Franco	550	19	270	9	毛堂乡	洞河村七组
883	豫 RD100	侧柏	扁柏	*Platycladus orientalis* (L.) Franco	200	12	210	9	毛堂乡	朱家营村四组
884	豫 RD130	侧柏	扁柏	*Platycladus orientalis* (L.) Franco	250	11	225	6	寺湾镇	大华山村土地庙
885	豫 RD136	侧柏	扁柏	*Platycladus orientalis* (L.) Franco	270	12	143	9	寺湾镇	柳林村十组
886	豫 RD137	侧柏	扁柏	*Platycladus orientalis* (L.) Franco	150	10	127	9	寺湾镇	柳林村
887	豫 RD138	侧柏	扁柏	*Platycladus orientalis* (L.) Franco	120	9	110	8	寺湾镇	柳林村
888	豫 RD139	侧柏	扁柏	*Platycladus orientalis* (L.) Franco	100	9	100	8	寺湾镇	柳林村
889	豫 RD140	侧柏	扁柏	*Platycladus orientalis* (L.) Franco	120	10	110	9	寺湾镇	柳林村
890	豫 RD141	侧柏	扁柏	*Platycladus orientalis* (L.) Franco	100	9	90	9	寺湾镇	柳林村
891	豫 RD142	侧柏	扁柏	*Platycladus orientalis* (L.) Franco	110	9	110	9	寺湾镇	柳林村
892	豫 RD143	侧柏	扁柏	*Platycladus orientalis* (L.) Franco	100	8	90	8	寺湾镇	柳林村
893	豫 RD144	侧柏	扁柏	*Platycladus orientalis* (L.) Franco	120	10	110	9	寺湾镇	柳林十组
894	豫 RD182	侧柏	扁柏	*Platycladus orientalis* (L.) Franco	500	25	200	15	盛湾镇	太山村小学附近
895	豫 RD191	侧柏	扁柏	*Platycladus orientalis* (L.) Franco	150	10	120	10	盛湾镇	秀子沟寨槐庙
896	豫 RD192	侧柏	扁柏	*Platycladus orientalis* (L.) Franco	120	10	110	10	盛湾镇	秀子沟寨槐庙
897	豫 RD333	侧柏	扁柏	*Platycladus orientalis* (L.) Franco	200	8	180	8	仓房镇	南沟村磨沟村南沟组
898	豫 RD335	侧柏	扁柏	*Platycladus orientalis* (L.) Franco	350	8	220	8	仓房镇	磨沟村石家营组
899	豫 RD349	侧柏	扁柏	*Platycladus orientalis* (L.) Franco	100	12	170	8	仓房镇	香严寺内
900	豫 RD361	侧柏	扁柏	*Platycladus orientalis* (L.) Franco	100	11	150	7	仓房镇	香严寺内
901	豫 RD365	侧柏	扁柏	*Platycladus orientalis* (L.) Franco	200	14	140	8	仓房镇	香严寺内
902	豫 RD424	侧柏	扁柏	*Platycladus orientalis* (L.) Franco	200	12	170	7	仓房镇	香严寺内
903	豫 RD425	侧柏	扁柏	*Platycladus orientalis* (L.) Franco	100	12	140	6	仓房镇	香严寺内
904	豫 RD426	侧柏	扁柏	*Platycladus orientalis* (L.) Franco	200	13	180	9	仓房镇	香严寺内
905	豫 RD431	侧柏	扁柏	*Platycladus orientalis* (L.) Franco	200	12	130	7	仓房镇	香严寺内
906	豫 RD433	侧柏	扁柏	*Platycladus orientalis* (L.) Franco	100	11	130	6	仓房镇	香严寺内

序号	编号	中文名	别 名	拉丁名	树龄（a）	树高（m）	胸围 / 地围（cm）	冠幅（m）	具体生长位置	管护单位（人）
907	豫 RD434	侧柏	扁柏	*Platycladus orientalis* (L.) Franco	100	12	140	5	仓房镇	香严寺内
908	豫 RD442	侧柏	扁柏	*Platycladus orientalis* (L.) Franco	200	12	150	5	仓房镇	香严寺内
909	豫 RD443	侧柏	扁柏	*Platycladus orientalis* (L.) Franco	200	11	150	4	仓房镇	香严寺内
910	豫 RD468	侧柏	扁柏	*Platycladus orientalis* (L.) Franco	300	11	190	8	仓房镇	香严寺内
911	豫 RD474	侧柏	扁柏	*Platycladus orientalis* (L.) Franco	200	10	140	5	仓房镇	香严寺内
912	豫 RD478	侧柏	扁柏	*Platycladus orientalis* (L.) Franco	100	10	100	5	仓房镇	香严寺内
913	豫 RD481	侧柏	扁柏	*Platycladus orientalis* (L.) Franco	100	9	100	4	仓房镇	香严寺内
914	豫 RD483	侧柏	扁柏	*Platycladus orientalis* (L.) Franco	100	9	90	4	仓房镇	香严寺内
915	豫 RD486	侧柏	扁柏	*Platycladus orientalis* (L.) Franco	100	9	90	4	仓房镇	香严寺内
916	豫 RD509	侧柏	扁柏	*Platycladus orientalis* (L.) Franco	200	11	115	5	仓房镇	香严寺内
917	豫 RD510	侧柏	扁柏	*Platycladus orientalis* (L.) Franco	200	12	130	5	仓房镇	香严寺内
918	豫 RD514	侧柏	扁柏	*Platycladus orientalis* (L.) Franco	300	13	130	8	仓房镇	香严寺内
919	豫 RD516	侧柏	扁柏	*Platycladus orientalis* (L.) Franco	100	11	100	6	仓房镇	香严寺内
920	豫 RD517	侧柏	扁柏	*Platycladus orientalis* (L.) Franco	600	16	210	8	仓房镇	香严寺内
921	豫 RD525	侧柏	扁柏	*Platycladus orientalis* (L.) Franco	500	17	230	10	仓房镇	香严寺内
922	豫 RD527	侧柏	扁柏	*Platycladus orientalis* (L.) Franco	300	16	220	7	仓房镇	香严寺内
923	豫 RD528	侧柏	扁柏	*Platycladus orientalis* (L.) Franco	360	14	220	7	仓房镇	香严寺内
924	豫 RD529	侧柏	扁柏	*Platycladus orientalis* (L.) Franco	340	16	180	7	仓房镇	香严寺内
925	豫 RD530	侧柏	扁柏	*Platycladus orientalis* (L.) Franco	350	14	160	6	仓房镇	香严寺内
926	豫 RD531	侧柏	扁柏	*Platycladus orientalis* (L.) Franco	300	14	180	6	仓房镇	香严寺内
927	豫 RD532	侧柏	扁柏	*Platycladus orientalis* (L.) Franco	200	10	120	7	仓房镇	香严寺内
928	豫 RD534	侧柏	扁柏	*Platycladus orientalis* (L.) Franco	190	10	120	7	仓房镇	香严寺内
929	豫 RD535	侧柏	扁柏	*Platycladus orientalis* (L.) Franco	150	10	100	6	仓房镇	香严寺内
930	豫 RD536	侧柏	扁柏	*Platycladus orientalis* (L.) Franco	300	14	160	7	仓房镇	香严寺内
931	豫 RD538	侧柏	扁柏	*Platycladus orientalis* (L.) Franco	400	10	180	7	仓房镇	香严寺内
932	豫 RD414	侧柏	扁柏	*Platycladus orientalis* (L.) Franco	100	13	140	7	仓房镇	香严寺内
933	豫 RD415	侧柏	扁柏	*Platycladus orientalis* (L.) Franco	200	13	140	7	仓房镇	香严寺内
934	豫 RD416	侧柏	扁柏	*Platycladus orientalis* (L.) Franco	250	13	160	7	仓房镇	香严寺内
935	豫 RD419	侧柏	扁柏	*Platycladus orientalis* (L.) Franco	190	18	160	6	仓房镇	香严寺内
936	豫 RD508	侧柏	扁柏	*Platycladus orientalis* (L.) Franco	200	11	130	6	仓房镇	香严寺内
937	豫 RD515	侧柏	扁柏	*Platycladus orientalis* (L.) Franco	100	10	130	5	仓房镇	香严寺内
938	豫 RD507	侧柏	扁柏	*Platycladus orientalis* (L.) Franco	130	10	110	7	仓房镇	香严寺内
939	豫 RD520	侧柏	扁柏	*Platycladus orientalis* (L.) Franco	300	11	170	6	仓房镇	香严寺内
940	豫 RD512	侧柏	扁柏	*Platycladus orientalis* (L.) Franco	500	12	260	8	仓房镇	香严寺内

序号	编号	中文名	别名	拉丁名	树龄（a）	树高（m）	胸围/地围（cm）	冠幅（m）	具体生长位置	管护单位（人）
941	豫 RD513	侧柏	扁柏	*Platycladus orientalis* (L.) Franco	200	12	150	7	仓房镇	香严寺内
942	豫 RD518	侧柏	扁柏	*Platycladus orientalis* (L.) Franco	170	14	150	8	仓房镇	香严寺内
943	豫 RD522	侧柏	扁柏	*Platycladus orientalis* (L.) Franco	150	11	150	6	仓房镇	香严寺内
944	豫 RD526	侧柏	扁柏	*Platycladus orientalis* (L.) Franco	320	15	230	9	仓房镇	香严寺内
945	豫 RD244	侧柏	扁柏	*Platycladus orientalis* (L.) Franco	300	12	260	7	厚坡镇	魏集村三中学校
946	豫 RD246	侧柏	扁柏	*Platycladus orientalis* (L.) Franco	300	13	230	6	厚坡镇	卢咀村小学院内
947	豫 RD19	侧柏	扁柏	*Platycladus orientalis* (L.) Franco	500	15	300	11	西簧乡	大石河村马湾组
948	豫 RD28	侧柏	扁柏	*Platycladus orientalis* (L.) Franco	450	10	168	9	西簧乡	关帝村关帝庙
949	豫 RD1147	侧柏	扁柏	*Platycladus orientalis* (L.) Franco	300	11	160	7	金河镇	印山学校旧址
950	豫 RD267	侧柏	扁柏	*Platycladus orientalis* (L.) Franco	150	14	195	7	上集镇	李山村三川河公司院内
951	豫 RD1149	柏树	柏树	*Platycladus orientalis* (L.) *Francoptmxjjkmsc*	1500	16	215	6	仓房镇	胡坡村
952	豫 RD420	响叶杨	风响树	*Populus Adenopoda* Maxim.	150	15	260	12	仓房镇	香严寺内
953	豫 RD498	响叶杨	风响树	*Populus Adenopoda* Maxim.	200	27	410	14	仓房镇	香严寺内
954	豫 RD499	响叶杨	风响树	*Populus Adenopoda* Maxim.	100	14	200	10	仓房镇	香严寺内
955	豫 RD440	响叶杨	风响树	*Populus Adenopoda* Maxim.	180	17	290	11	仓房镇	香严寺内
956	豫 RD467	响叶杨	风响树	*Populus Adenopoda* Maxim.	180	13	230	8	仓房镇	香严寺内
957	豫 RD430	毛白杨	白杨、笨白杨	*Populus tomentosa* Carrière	200	17	380	12	仓房镇	香严寺内
958	豫 RD348	毛白杨	白杨、笨白杨	*Populus tomentosa* Carrière	150	13	270	9	仓房镇	香严寺内
959	豫 RD350	毛白杨	白杨、笨白杨	*Populus tomentosa* Carrière	180	14	300	9	仓房镇	香严寺内
960	豫 RD417	毛白杨	白杨、笨白杨	*Populus tomentosa* Carrière	150	18	240	10	仓房镇	香严寺内
961	豫 RD418	毛白杨	白杨、笨白杨	*Populus tomentosa* Carrière	150	17	220	10	仓房镇	香严寺内
962	豫 RD353	枫杨	鬼柳 麻柳	*Pterocarya stenoptera* C.DC	300	18	340	7	仓房镇	香严寺内
963	豫 RD12	枫杨	鬼柳 麻柳	*Pterocarya stenoptera* C.DC	350	25	290	20	西簧乡	介元村介元组
964	豫 RD41	枫杨	鬼柳 麻柳	*Pterocarya stenoptera* C.DC	500	30	400	20	西簧乡	黑马庄村
965	豫 RD1	枫杨	鬼柳 麻柳	*Pterocarya stenoptera* C.DC	550	23	550	12	西簧乡	柳树村梅子沟组
966	豫 RD2	枫杨	鬼柳 麻柳	*Pterocarya stenoptera* C.DC	600	14	540	15	西簧乡	李湾村宋家湾组
967	豫 RD50	枫杨	鬼柳 麻柳	*Pterocarya stenoptera* C.DC	300	15	120	9	荆关镇	三岔村阳坡组
968	豫 RD196	枫杨	鬼柳 麻柳	*Pterocarya stenoptera* C.DC	130	20	220	15	盛湾镇	白亮坪村
969	豫 RD197	枫杨	鬼柳 麻柳	*Pterocarya stenoptera* C.DC	300	20	260	15	盛湾镇	白亮坪村
970	豫 RD561	枫杨	鬼柳 麻柳	*Pterocarya stenoptera* C.DC	1000	12	600	4	金河镇	移植园
971	豫 RD565	枫杨	鬼柳 麻柳	*Pterocarya stenoptera* C.DC	400	12	370	6	金河镇	移植园
972	豫 RD832	枫杨	鬼柳 麻柳	*Pterocarya stenoptera* C.DC	300	9	210	7	金河镇	移植园
973	豫 RD848	枫杨	鬼柳 麻柳	*Pterocarya stenoptera* C.DC	300	8	210	7	金河镇	移植园

序号	编号	中文名	别 名	拉丁名	树龄（a）	树高（m）	胸围/地围（cm）	冠幅（m）	具体生长位置	管护单位（人）
974	豫 RD851	枫杨	鬼柳 麻柳	*Pterocarya stenoptera* C.DC	110	8	130	4	金河镇	移植园
975	豫 RD890	枫杨	鬼柳 麻柳	*Pterocarya stenoptera* C.DC	210	9	200	6	金河镇	移植园
976	豫 RD546	枫杨	鬼柳 麻柳	*Pterocarya stenoptera* C.DC	200	10	200	6	金河镇	移植园
977	豫 RD99	枫杨	鬼柳 麻柳	*Pterocarya stenoptera* C.DC	200	25	260	10	毛堂乡	老坟岗七组
978	豫 RD327	枫杨	鬼柳 麻柳	*Pterocarya stenoptera* C.DC	400	10	210	7	香花镇	白龙沟村杨洞保
979	豫 RD71	青檀	檀树	*Pteroceltis tatarinowii* Maxim.	650	14	550	14	荆关镇	法海寺
980	豫 RD80	青檀	檀树	*Pteroceltis tatarinowii* Maxim.	500	14	500	14	荆关镇	法海寺
981	豫 RD574	梨	鸦梨	*Pyrus* Spp.	100	8	130	4	金河镇	移植园
982	豫 RD811	梨	鸦梨	*Pyrus* Spp.	230	8	160	4	金河镇	移植园
983	豫 RD153	梨	鸦梨	*Pyrus* Spp.	200	10	160	10	老城镇	马沟村七里村
984	豫 RD152	梨	鸦梨	*Pyrus* Spp.	200	10	180	10	老城镇	马沟村七里村
985	豫 RD181	岩栎		*Quercus acrodenta* Seem.	210	15	150	10	盛湾镇	叉河村大王庙
986	豫 RD551	岩栎		*Quercus acrodenta* Seem.	200	7	160	5	金河镇	移植园
987	豫 RD61	岩栎		*Quercus acrodenta* Seem.	200	10	125	7	荆关镇	金家沟滴水岩组
988	豫 RD62	岩栎		*Quercus acrodenta* Seem.	300	10	149	11	荆关镇	金家沟滴水岩组
989	豫 RD63	岩栎		*Quercus acrodenta* Seem.	400	15	450	11	荆关镇	金家沟滴水岩组
990	豫 RD363	麻栎	橡树	*Quercus acutissima* Carruth.	200	14	290	12	仓房镇	香严寺内
991	豫 RD368	麻栎	橡树	*Quercus acutissima* Carruth.	200	19	290	12	仓房镇	香严寺内
992	豫 RD372	麻栎	橡树	*Quercus acutissima* Carruth.	300	17	300	15	仓房镇	香严寺内
993	豫 RD373	麻栎	橡树	*Quercus acutissima* Carruth.	120	14	200	9	仓房镇	香严寺内
994	豫 RD374	麻栎	橡树	*Quercus acutissima* Carruth.	170	17	290	11	仓房镇	香严寺内
995	豫 RD375	麻栎	橡树	*Quercus acutissima* Carruth.	350	22	390	17	仓房镇	香严寺内
996	豫 RD376	麻栎	橡树	*Quercus acutissima* Carruth.	150	14	200	12	仓房镇	香严寺内
997	豫 RD380	麻栎	橡树	*Quercus acutissima* Carruth.	100	14	190	12	仓房镇	香严寺内
998	豫 RD382	麻栎	橡树	*Quercus acutissima* Carruth.	270	14	310	12	仓房镇	香严寺内
999	豫 RD383	麻栎	橡树	*Quercus acutissima* Carruth.	200	9	210	8	仓房镇	香严寺内
1000	豫 RD384	麻栎	橡树	*Quercus acutissima* Carruth.	100	13	210	9	仓房镇	香严寺内
1001	豫 RD385	麻栎	橡树	*Quercus acutissima* Carruth.	100	14	220	8	仓房镇	香严寺内
1002	豫 RD386	麻栎	橡树	*Quercus acutissima* Carruth.	170	12	230	21	仓房镇	香严寺内
1003	豫 RD387	麻栎	橡树	*Quercus acutissima* Carruth.	260	17	200	10	仓房镇	香严寺内
1004	豫 RD388	麻栎	橡树	*Quercus acutissima* Carruth.	100	12	180	10	仓房镇	香严寺内
1005	豫 RD391	麻栎	橡树	*Quercus acutissima* Carruth.	100	16	200	13	仓房镇	香严寺内
1006	豫 RD392	麻栎	橡树	*Quercus acutissima* Carruth.	100	16	170	9	仓房镇	香严寺内
1007	豫 RD393	麻栎	橡树	*Quercus acutissima* Carruth.	100	10	160	8	仓房镇	香严寺内

序号	编号	中文名	别名	拉丁名	树龄（a）	树高（m）	胸围/地围（cm）	冠幅（m）	具体生长位置	管护单位（人）
1008	豫 RD395	麻栎	橡树	*Quercus acutissima* Carruth.	300	18	290	14	仓房镇	香严寺内
1009	豫 RD396	麻栎	橡树	*Quercus acutissima* Carruth.	240	19	290	14	仓房镇	香严寺内
1010	豫 RD397	麻栎	橡树	*Quercus acutissima* Carruth.	270	19	300	14	仓房镇	香严寺内
1011	豫 RD398	麻栎	橡树	*Quercus acutissima* Carruth.	200	14	260	10	仓房镇	香严寺内
1012	豫 RD399	麻栎	橡树	*Quercus acutissima* Carruth.	100	12	230	12	仓房镇	香严寺内
1013	豫 RD400	麻栎	橡树	*Quercus acutissima* Carruth.	270	17	190	13	仓房镇	香严寺内
1014	豫 RD401	麻栎	橡树	*Quercus acutissima* Carruth.	100	15	190	10	仓房镇	香严寺内
1015	豫 RD402	麻栎	橡树	*Quercus acutissima* Carruth.	100	15	210	10	仓房镇	香严寺内
1016	豫 RD403	麻栎	橡树	*Quercus acutissima* Carruth.	150	14	210	10	仓房镇	香严寺内
1017	豫 RD404	麻栎	橡树	*Quercus acutissima* Carruth.	100	16	180	12	仓房镇	香严寺内
1018	豫 RD405	麻栎	橡树	*Quercus acutissima* Carruth.	100	13	180	9	仓房镇	香严寺内
1019	豫 RD406	麻栎	橡树	*Quercus acutissima* Carruth.	100	14	190	10	仓房镇	香严寺内
1020	豫 RD407	麻栎	橡树	*Quercus acutissima* Carruth.	220	19	300	15	仓房镇	香严寺内
1021	豫 RD408	麻栎	橡树	*Quercus acutissima* Carruth.	100	16	190	10	仓房镇	香严寺内
1022	豫 RD410	麻栎	橡树	*Quercus acutissima* Carruth.	100	14	160	8	仓房镇	香严寺内
1023	豫 RD412	麻栎	橡树	*Quercus acutissima* Carruth.	300	22	420	15	仓房镇	香严寺内
1024	豫 RD413	麻栎	橡树	*Quercus acutissima* Carruth.	100	14	150	8	仓房镇	香严寺内
1025	豫 RD422	麻栎	橡树	*Quercus acutissima* Carruth.	300	22	300	16	仓房镇	香严寺内
1026	豫 RD428	麻栎	橡树	*Quercus acutissima* Carruth.	300	17	380	17	仓房镇	香严寺内
1027	豫 RD429	麻栎	橡树	*Quercus acutissima* Carruth.	200	16	210	10	仓房镇	香严寺内
1028	豫 RD446	麻栎	橡树	*Quercus acutissima* Carruth.	100	10	210	10	仓房镇	香严寺内
1029	豫 RD447	麻栎	橡树	*Quercus acutissima* Carruth.	190	15	200	12	仓房镇	香严寺内
1030	豫 RD448	麻栎	橡树	*Quercus acutissima* Carruth.	170	13	210	11	仓房镇	香严寺内
1031	豫 RD458	麻栎	橡树	*Quercus acutissima* Carruth.	200	15	210	10	仓房镇	香严寺内
1032	豫 RD459	麻栎	橡树	*Quercus acutissima* Carruth.	100	13	190	10	仓房镇	香严寺内
1033	豫 RD460	麻栎	橡树	*Quercus acutissima* Carruth.	150	11	200	9	仓房镇	香严寺内
1034	豫 RD461	麻栎	橡树	*Quercus acutissima* Carruth.	200	13	230	10	仓房镇	香严寺内
1035	豫 RD462	麻栎	橡树	*Quercus acutissima* Carruth.	200	14	230	10	仓房镇	香严寺内
1036	豫 RD463	麻栎	橡树	*Quercus acutissima* Carruth.	300	14	240	9	仓房镇	香严寺内
1037	豫 RD464	麻栎	橡树	*Quercus acutissima* Carruth.	200	15	240	10	仓房镇	香严寺内
1038	豫 RD465	麻栎	橡树	*Quercus acutissima* Carruth.	100	13	180	9	仓房镇	香严寺内
1039	豫 RD472	麻栎	橡树	*Quercus acutissima* Carruth.	200	16	210	11	仓房镇	香严寺内
1040	豫 RD473	麻栎	橡树	*Quercus acutissima* Carruth.	150	14	210	9	仓房镇	香严寺内
1041	豫 RD477	麻栎	橡树	*Quercus acutissima* Carruth.	170	15	200	11	仓房镇	香严寺内

序号	编号	中文名	别名	拉丁名	树龄（a）	树高（m）	胸围/地围（cm）	冠幅（m）	具体生长位置	管护单位（人）
1042	豫 RD479	麻栎	橡树	*Quercus acutissima* Carruth.	120	14	190	10	仓房镇	香严寺内
1043	豫 RD482	麻栎	橡树	*Quercus acutissima* Carruth.	150	13	190	11	仓房镇	香严寺内
1044	豫 RD484	麻栎	橡树	*Quercus acutissima* Carruth.	150	14	180	150	仓房镇	香严寺内
1045	豫 RD485	麻栎	橡树	*Quercus acutissima* Carruth.	180	14	170	10	仓房镇	香严寺内
1046	豫 RD487	麻栎	橡树	*Quercus acutissima* Carruth.	100	13	160	10	仓房镇	香严寺内
1047	豫 RD488	麻栎	橡树	*Quercus acutissima* Carruth.	100	14	170	12	仓房镇	香严寺内
1048	豫 RD489	麻栎	橡树	*Quercus acutissima* Carruth.	200	15	200	11	仓房镇	香严寺内
1049	豫 RD490	麻栎	橡树	*Quercus acutissima* Carruth.	100	12	160	10	仓房镇	香严寺内
1050	豫 RD491	麻栎	橡树	*Quercus acutissima* Carruth.	150	13	170	10	仓房镇	香严寺内
1051	豫 RD493	麻栎	橡树	*Quercus acutissima* Carruth.	170	15	210	12	仓房镇	香严寺内
1052	豫 RD494	麻栎	橡树	*Quercus acutissima* Carruth.	150	13	190	10	仓房镇	香严寺内
1053	豫 RD495	麻栎	橡树	*Quercus acutissima* Carruth.	170	13	180	10	仓房镇	香严寺内
1054	豫 RD104	槲栎	青冈	*Quercus aliena* Bl.	110	7	180	7	毛堂乡	马沟村
1055	豫 RD22	槲栎	花栎 软木栎	*Quercus aliena* Bl.	600	11	480	11	西簧乡	七棵树村六组
1056	豫 RD74	短柄枹栎	小叶青冈	*Quercus glandulifera* Bl.	100	9	135	5	荆关镇	法海寺
1057	豫 RD119	栓皮栎	花栎 软木栎	*Quercus variabilis* Bl.	200	20	270	15	毛堂乡	曹庄村七组
1058	豫 RD124	栓皮栎	花栎 软木栎	*Quercus variabilis* Bl.	130	12	200	12	毛堂乡	贾营村小学
1059	豫 RD35	栓皮栎	花栎 软木栎	*Quercus variabilis* Bl.	110	22	240	18	西簧乡	黑马庄
1060	豫 RD37	栓皮栎	花栎 软木栎	*Quercus variabilis* Bl.	110	25	200	10	西簧乡	介元
1061	豫 RD39	栓皮栎	花栎 软木栎	*Quercus variabilis* Bl.	160	25	180	7	西簧乡	介元
1062	豫 RD16	栓皮栎	花栎 软木栎	*Quercus variabilis* Bl.	500	22	400	20	西簧乡	梅池村花连树组
1063	豫 RD20	栓皮栎	花栎 软木栎	*Quercus variabilis* Bl.	300	19	290	10	西簧乡	樟花沟村一组
1064	豫 RD228	栓皮栎	花栎 软木栎	*Quercus variabilis* Bl.	200	13	270	11	大石桥乡	石燕岭村
1065	豫 RD229	栓皮栎	花栎 软木栎	*Quercus variabilis* Bl.	200	21	150	12	大石桥乡	石燕岭村
1066	豫 RD230	栓皮栎	花栎 软木栎	*Quercus variabilis* Bl.	300	20	180	12	大石桥乡	石燕岭村
1067	豫 RD336	栓皮栎	花栎 软木栎	*Quercus variabilis* Bl.	300	15	220	8	仓房镇	香严寺内
1068	豫 RD337	栓皮栎	花栎 软木栎	*Quercus variabilis* Bl.	350	17	250	12	仓房镇	香严寺内
1069	豫 RD338	栓皮栎	花栎 软木栎	*Quercus variabilis* Bl.	200	17	210	10	仓房镇	香严寺内
1070	豫 RD339	栓皮栎	花栎 软木栎	*Quercus variabilis* Bl.	190	15	200	9	仓房镇	香严寺内
1071	豫 RD340	栓皮栎	花栎 软木栎	*Quercus variabilis* Bl.	300	14	260	12	仓房镇	香严寺内
1072	豫 RD341	栓皮栎	花栎 软木栎	*Quercus variabilis* Bl.	100				仓房镇	香严寺内
1073	豫 RD342	栓皮栎	花栎 软木栎	*Quercus variabilis* Bl.	200	11	190	10	仓房镇	香严寺内
1074	豫 RD358	栓皮栎	花栎 软木栎	*Quercus variabilis* Bl.	200	19	310	12	仓房镇	香严寺内
1075	豫 RD79	栓皮栎	青冈	*Quercus variabilis* Bl.	200	13	200	12	荆关镇	法海寺

序号	编号	中文名	别名	拉丁名	树龄（a）	树高（m）	胸围/地围（cm）	冠幅（m）	具体生长位置	管护单位（人）
1076	豫 RD66	栓皮栎	花栎 软木栎	*Quercus variabilis* Bl.	300	16	310	13	荆关镇	法海寺
1077	豫 RD58	栓皮栎	花栎 软木栎	*Quercus variabilis* Bl.	200	14	210	10	荆关镇	金家沟滴水岩阳坡洼
1078	豫 RD42	栓皮栎	花栎 软木栎	*Quercus variabilis* Bl.	200	25	240	6	荆关镇	狮子沟村西沟组
1079	豫 RD46	栓皮栎	花栎 软木栎	*Quercus variabilis* Bl.	100	15	210	10	荆关镇	上庄村韭菜沟组
1080	豫 RD1000	柳树	水柳、垂杨柳	*Salix babylonica* L.	100	7	180	8	金河镇	移植园
1081	豫 RD548	腺柳	河柳	*Salix chaenomeloides* kimura	200	7	200	6	金河镇	移植园
1082	豫 RD549	腺柳	河柳	*Salix chaenomeloides* kimura	200	7	190	6	金河镇	移植园
1083	豫 RD627	腺柳	河柳	*Salix chaenomeloides* kimura	300	8	210	5	金河镇	移植园
1084	豫 RD844	腺柳	河柳	*Salix chaenomeloides* kimura	270	7	210	7	金河镇	移植园
1085	豫 RD867	腺柳	河柳	*Salix chaenomeloides* kimura	1000	7	280	7	金河镇	移植园
1086	豫 RD881	腺柳	河柳	*Salix chaenomeloides* kimura	100	7	100	6	金河镇	移植园
1087	豫 RD328	柳树	水柳、垂杨柳	*Salix babylonica* L.	600	18	500	22	香花镇	雷庄村黑龙泉
1088	豫 RD13	乌桕		*Sapium sebiferum* (L.) Roxb.	150	10	200	7	西簧乡	介元村河道
1089	豫 RD275	乌桕	木子树 腊子树	*Sapium sebiferum* (L.) Roxb.	150	10	120	7	上集镇	北岗村梅园组
1090	豫 RD132	乌桕	木子树 腊子树	*Sapium sebiferum* (L.) Roxb.	270	11	158	8	寺湾镇	黄连树村
1091	豫 RD189	槐	槐树、豆槐	*Sophora japonica* Linn	200	18	310	10	盛湾镇	土地岭村
1092	豫 RD60	槐	槐树、豆槐	*Sophora japonica* Linn	100	10	95	5	荆关镇	金家沟滴水岩组
1093	豫 RD598	槐	槐树、豆槐	*Sophora japonica* Linn	100	8	160	5	金河镇	移植园
1094	豫 RD652	槐	槐树、豆槐	*Sophora japonica* Linn	110	9	130	4	金河镇	移植园
1095	豫 RD674	槐	槐树、豆槐	*Sophora japonica* Linn	100	10	160	4	金河镇	移植园
1096	豫 RD679	槐	槐树、豆槐	*Sophora japonica* Linn	100	10	100	4	金河镇	移植园
1097	豫 RD705	槐	槐树、豆槐	*Sophora japonica* Linn	100	12	130	5	金河镇	移植园
1098	豫 RD717	槐	槐树、豆槐	*Sophora japonica* Linn	130	10	140	6	金河镇	移植园
1099	豫 RD725	槐	槐树、豆槐	*Sophora japonica* Linn	100	10	120	5	金河镇	移植园
1100	豫 RD745	槐	槐树、豆槐	*Sophora japonica* Linn	160	9	180	6	金河镇	移植园
1101	豫 RD817	槐	槐树、豆槐	*Sophora japonica* Linn	300	9	120	7	金河镇	移植园
1102	豫 RD835	槐	槐树、豆槐	*Sophora japonica* Linn	110	9	150	5	金河镇	移植园
1103	豫 RD871	槐	槐树、豆槐	*Sophora japonica* Linn	110	9	130	5	金河镇	移植园
1104	豫 RD874	槐	槐树、豆槐	*Sophora japonica* Linn	100	8	120	4	金河镇	移植园
1105	豫 RD891	槐	槐树、豆槐	*Sophora japonica* Linn	120	9	130	5	金河镇	移植园
1106	豫 RD928	槐	槐树、豆槐	*Sophora japonica* Linn	100	8	120	5	金河镇	移植园
1107	豫 RD935	槐	槐树、豆槐	*Sophora japonica* Linn	100	8	120	5	金河镇	移植园
1108	豫 RD966	槐	槐树、豆槐	*Sophora japonica* Linn	100	10	120	4	金河镇	移植园
1109	豫 RD979	槐	槐树、豆槐	*Sophora japonica* Linn	100	9	110	4	金河镇	移植园

序号	编号	中文名	别名	拉丁名	树龄（a）	树高（m）	胸围/地围（cm）	冠幅（m）	具体生长位置	管护单位（人）
1110	豫 RD980	槐	槐树、豆槐	*Sophora japonica* Linn	100	9	110	5	金河镇	移植园
1111	豫 RD983	槐	槐树、豆槐	*Sophora japonica* Linn	100	8	130	6	金河镇	移植园
1112	豫 RD987	槐	槐树、豆槐	*Sophora japonica* Linn	100	9	100	6	金河镇	移植园
1113	豫 RD1003	槐	槐树、豆槐	*Sophora japonica* Linn	100	8	130	5	金河镇	移植园
1114	豫 RD1014	槐	槐树、豆槐	*Sophora japonica* Linn	100	9	110	5	金河镇	移植园
1115	豫 RD1018	槐	槐树、豆槐	*Sophora japonica* Linn	100	8	130	4	金河镇	移植园
1116	豫 RD1021	槐	槐树、豆槐	*Sophora japonica* Linn	100	8	120	5	金河镇	移植园
1117	豫 RD1024	槐	槐树、豆槐	*Sophora japonica* Linn	120	8	130	6	金河镇	移植园
1118	豫 RD1025	槐	槐树、豆槐	*Sophora japonica* Linn	160	8	160	6	金河镇	移植园
1119	豫 RD1081	槐	槐树、豆槐	*Sophora japonica* Linn	100	8	110	4	金河镇	移植园
1120	豫 RD1084	槐	槐树、豆槐	*Sophora japonica* Linn	120	8	110	4	金河镇	移植园
1121	豫 RD1118	槐	槐树、豆槐	*Sophora japonica* Linn	100	8	120	4	金河镇	移植园
1122	豫 RD194	红椿	红楝子	*Toona ciliata* Roem	100	20	200	15	盛湾镇	秀子沟村村委
1123	豫 RD65	香椿		*Toona sinensis* (A. Juss.) Roem	300	14	240	14	荆关镇	法海寺
1124	豫 RD84	榔榆	赤肚榆	*Ulmus parvifolia* Jacq.	200	9	240	6	荆关镇	汉王坪村三岔组
1125	豫 RD52	榔榆	赤肚榆	*Ulmus parvifolia* Jacq.	500	18	520	14	荆关镇	陡岭村小陡岭组
1126	豫 RD82	榔榆	赤肚榆	*Ulmus parvifolia* Jacq.	500	15	260	13	荆关镇	法海寺
1127	豫 RD4	榔榆	赤肚榆	*Ulmus parvifolia* Jacq.	110	13	100	9	西簧乡	龙岗村南沟组
1128	豫 RD3	榔榆	赤肚榆	*Ulmus parvifolia* Jacq.	300	15	350	12	西簧乡	龙岗村南沟组
1129	豫 RD552	榔榆	赤肚榆	*Ulmus parvifolia* Jacq.	500	8	320	4	金河镇	移植园
1130	豫 RD613	榔榆	赤肚榆	*Ulmus parvifolia* Jacq.	200	10	180	5	金河镇	移植园
1131	豫 RD639	榔榆	赤肚榆	*Ulmus parvifolia* Jacq.	370	6	180	4	金河镇	移植园
1132	豫 RD690	榔榆	赤肚榆	*Ulmus parvifolia* Jacq.	130	10	140	5	金河镇	移植园
1133	豫 RD802	榔榆	赤肚榆	*Ulmus parvifolia* Jacq.	100	7	100	5	金河镇	移植园
1134	豫 RD845	榔榆	赤肚榆	*Ulmus parvifolia* Jacq.	190	8	210	6	金河镇	移植园
1135	豫 RD1019	榔榆	赤肚榆	*Ulmus parvifolia* Jacq.	100	8	160	5	金河镇	移植园
1136	豫 RD1022	榔榆	赤肚榆	*Ulmus parvifolia* Jacq.	110	8	120	5	金河镇	移植园
1137	豫 RD1036	榔榆	赤肚榆	*Ulmus parvifolia* Jacq.	100	8	120	5	金河镇	移植园
1138	豫 RD1060	榔榆	赤肚榆	*Ulmus parvifolia* Jacq.	120	9	130	5	金河镇	移植园
1139	豫 RD1074	榔榆	赤肚榆	*Ulmus parvifolia* Jacq.	300	9	180	5	金河镇	移植园
1140	豫 RD1103	榔榆	赤肚榆	*Ulmus parvifolia* Jacq.	320	8	180	5	金河镇	移植园
1141	豫 RD1124	榔榆	赤肚榆	*Ulmus parvifolia* Jacq.	130	7	110	5	金河镇	移植园
1142	豫 RD180	榔榆	赤肚榆	*Ulmus parvifolia* Jacq.	200	20	280	10	盛湾镇	四峰山五道爷
1143	豫 RD293	榔树	鬼狼树	*Ulmus parvifolia* Jacq.	200	9	150	10	城关镇	丹江国际

序号	编号	中文名	别名	拉丁名	树龄（a）	树高（m）	胸围/地围（cm）	冠幅（m）	具体生长位置	管护单位（人）
1144	豫 RD89	榆树	家榆	*Ulmus pumila* L.	1000	15	540	13	毛堂乡	安沟三组
1145	豫 RD81	榆树	家榆	*Ulmus pumila* L.	500	16	320	15	荆关镇	法海寺
1146	豫 RD78	榉树	鬼狼树	*Zelkova serrata* (Thunb.) Makino	300	13	150	13	荆关镇	法海寺
1147	豫 RD109	榉树	鬼狼树	*Zelkova serrata* (Thunb.) Makino	300	22	300	17	毛堂乡	庙沟村九组
1148	豫 RD21	大果榉	光肚榆、榔榆	*Zelkova Sinica* Schneid	500	14	360	12	西簧乡	黑马庄村四组
1149	豫 RD77	大果榉	鬼狼树	*Zelkova Sinica* Schneid	300	12	400	10	荆关镇	法海寺

二、西峡县古树名木名录

序号	编号	中文名	别名	拉丁名	树龄（a）	树高（m）	胸围/地围（cm）	冠幅（m）	具体生长位置	管护单位（人）
1150	豫 RC19	飞蛾槭	早发芽	*Acer oblongum* Wall. ex DC.	200	15	243	28	回车镇大块地村范凹村	皮旭坡
1151	豫 RC328	飞蛾槭	早发芽	*Acer oblongum* Wall. ex DC.	150	27	254	20	双龙镇 西大沟村 张平头组	魏国民
1152	豫 RC329	飞蛾槭	早发芽	*Acer oblongum* Wall. ex DC.	200	27	190	13	双龙镇 西大沟村 张平头组	魏国民
1153	豫 RC34	七叶树	梭椤树	*Aesculus chinensis* Bunge	150	11	160	4	白羽公园博物馆北	白羽公园
1154	豫 RC104	七叶树	梭椤树	*Aesculus chinensis* Bunge	250	24	210	26	重阳镇高台村五组	五组
1155	豫 RC231	七叶树	梭椤树	*Aesculus chinensis* Bunge	300	25	340	24	石界河镇大坪村和尚沟	烟镇林场
1156	豫 RC233	七叶树	梭椤树	*Aesculus chinensis* Bunge	500	22	460	21	石界河镇杨盘村岭根	烟镇林场
1157	豫 RC235	七叶树	梭椤树	*Aesculus chinensis* Bunge	300	20	323	24	石界河镇杨盘西头	烟镇林场
1158	豫 RC234	七叶树	梭椤树	*Aesculus chinensis* Bunge	200	12	250	11	石界河镇通渠	烟镇林场
1159	豫 RC255	七叶树	梭椤树	*Aesculus chinensis* Bunge	1200	28	530	28	米坪镇石门村南沟组	南沟组
1160	豫 RC256	七叶树	梭椤树	*Aesculus chinensis* Bunge	600	18	307	17	米坪镇石门村白石尖	马书娃
1161	豫 RC257	七叶树	梭椤树	*Aesculus chinensis* Bunge	300	20	320	8	米坪镇石门村邓沟	王宝成
1162	豫 RC260	七叶树	梭椤树	*Aesculus chinensis* Bunge	300	20	306	13	米坪镇关山村仓房组	仓房组
1163	豫 RC293	七叶树	梭椤树	*Aesculus chinensis* Bunge	800	25	680	31	军马河镇军马河村碾道组	碾道组
1164	豫 RC95	七叶树	梭椤树	*Aesculus chinensis* Bunge	200	12	190	14	丁河镇马蹄村四组	何保国
1165	豫 RC343	七叶树	梭椤树	*Aesculus chinensis* Bunge	600	30	490	17	二郎坪镇 蒿坪村西地组	西地组
1166	豫 RC47	毛八角枫	板倒烂	*Alangium kurzii* Craib	200	10	121	9	丁河镇石门村八组	八组
1167	豫 RC236	千金榆		*Carpinus cordata* Bl.	300	18	295	20	石界河镇杨盘村台上	张金元
1168	豫 RC163	千金榆		*Carpinus cordata* Bl.	200	16	244	15	桑坪镇黄沙三道河村	三道河组
1169	豫 RC206	栗	毛栗	*Castanea mollissima* Bl.	200	18	280	13	桑坪镇珠宝沟失马崖	失马崖组

序号	编号	中文名	别 名	拉丁名	树龄（a）	树高（m）	胸围 / 地围（cm）	冠幅（m）	具体生长位置	管护单位（人）
1170	豫 RC207	栗	毛栗	*Castanea mollissima* Bl.	200	18	295	19	桑坪镇珠宝沟失马崖	失马崖组
1171	豫 RC210	栗	毛栗	*Castanea mollissima* Bl.	300	13	410	11	桑坪镇珠宝沟失马崖	失马崖组
1172	豫 RC165	栗	毛栗	*Castanea mollissima* Bl.	500	14	499	16	桑坪镇珠宝沟失马崖	失马崖组
1173	豫 RC166	栗	毛栗	*Castanea mollissima* Bl.	500	12	502	11	桑坪镇珠宝沟失马崖	失马崖组
1174	豫 RC130	栗	毛栗	*Castanea mollissima* Bl.	300	16	378	14	寨根乡方庄 12 组	12 组
1175	豫 RC157	栗	毛栗	*Castanea mollissima* Bl.	150	13	260	17	寨根乡捷道 2 组	2 组
1176	豫 RC278	栗	毛栗	*Castanea mollissima* Bl.	130	13	230	13	米坪镇关山村小风组	小风组
1177	豫 RC8	楸树	梓桐 金丝楸	*Catalpa bungei* C.A.Mey	280	10	113	11	田关乡王营一组	一组
1178	豫 RC24	紫弹树	白麻子	*Celtis biondii* PamP.	200	13	145	20	回车镇垱子岭村蛮子营	蛮子营
1179	豫 RC428	连香树	子母树	*Cercidiphyllum japonicum* Sieb. Et Zucc.	200	29	250	11	太平镇 细辛村三道岗组	三道岗组
1180	豫 RC98	木瓜	木瓜树	*Chaenomeles sinensis* (Thouin)Koehne	200	9	91	4	重阳镇水峡河一组	李景富
1181	豫 RC334	香槐	山荆	*Cladrastis wilsonii* Takeda	200	16	190	9	二郎坪镇草湖峪村三组	三 组
1182	豫 RC251	山茱萸	山萸肉 肉枣	*Cornus officinalis* Sieb. et Zucc.	200	7	222	13	米坪镇行上村 南沟组	南沟组
1183	豫 RC156	山茱萸	山萸肉 肉枣	*Cornus officinalis* Sieb. et Zucc.	200	8	137	10	寨根乡捷道 10 组	程立端
1184	豫 RC174	山茱萸	山萸肉 肉枣	*Cornus officinalis* Sieb. et Zucc.	200	8	122	16	桑坪镇唐岈村安场组	安场组
1185	豫 RC372	山茱萸	山萸肉 肉枣	*Cornus officinalis* Sieb. et Zucc.	200	7	200	9	二郎坪镇栗坪村宋沟组	宋沟组
1186	豫 RC376	山茱萸	山萸肉 肉枣	*Cornus officinalis* Sieb. et Zucc.	300	8	270	11	二郎坪镇栗坪村宋沟组	宋沟组
1187	豫 RC377	山茱萸	山萸肉 肉枣	*Cornus officinalis* Sieb. et Zucc.	100	8	178	10	二郎坪镇栗坪村宋沟组	宋沟组
1188	豫 RC394	山茱萸	山萸肉 肉枣	*Cornus officinalis* Sieb. et Zucc.	200	6	204	11	二郎坪镇栗坪村上庵组	上庵组
1189	豫 RC412	山茱萸	山萸肉 肉枣	*Cornus officinalis* Sieb. et Zucc.	150	8	185	11	二郎坪镇西庄河村吴庄组	吴庄组
1190	豫 RC413	山茱萸	山萸肉 肉枣	*Cornus officinalis* Sieb. et Zucc.	200	9	219	10	二郎坪镇西庄河村东头组	东头组
1191	豫 RC365	山茱萸	山萸肉 肉枣	*Cornus officinalis* Sieb. et Zucc.	200	7	252	13	二郎坪镇蒿坪村西坪镇组	西坪组
1192	豫 RC414	山茱萸	山萸肉 肉枣	*Cornus officinalis* Sieb. et Zucc.	250	9	150	9	二郎坪镇蒿坪村西地组	西地组
1193	豫 RC300	黄檀	山槐 檀木	*Dalbergia hupeana* Hance.	200	21	220	14	军马河镇孙门村西头组	西头组
1194	豫 RC197	柿	朱果	*Diospyros kaki* Thunb	100	14	123	7	桑坪镇珠宝沟村失马崖	失马崖组
1195	豫 RC198	柿	朱果	*Diospyros kaki* Thunb	100	11	140	5	桑坪镇珠宝沟村失马崖	失马崖组
1196	豫 RC199	柿	朱果	*Diospyros kaki* Thunb	150	13	178	10	桑坪镇珠宝沟村失马崖	失马崖组
1197	豫 RC211	柿	朱果	*Diospyros kaki* Thunb	100	12	132	10	桑坪镇珠宝沟村失马崖	失马崖组
1198	豫 RC216	柿	朱果	*Diospyros kaki* Thunb	100	12	125	8	桑坪镇珠宝沟村三里壕	三里壕组
1199	豫 RC188	柿	朱果	*Diospyros kaki* Thunb	100	16	100	12	桑坪镇珠宝沟村失马崖	失马崖组
1200	豫 RC189	柿	朱果	*Diospyros kaki* Thunb	100	10	125	10	桑坪镇珠宝沟村失马崖	失马崖组
1201	豫 RC190	柿	朱果	*Diospyros kaki* Thunb	100	15	88	7	桑坪镇珠宝沟村失马崖	失马崖组
1202	豫 RC191	柿	朱果	*Diospyros kaki* Thunb	100	15	124	8	桑坪镇珠宝沟村失马崖	失马崖组

序号	编号	中文名	别名	拉丁名	树龄(a)	树高(m)	胸围/地围(cm)	冠幅(m)	具体生长位置	管护单位(人)
1203	豫 RC193	柿	朱果	*Diospyros kaki* Thunb	100	12	130	11	桑坪镇珠宝沟村失马崖	失马崖组
1204	豫 RC194	柿	朱果	*Diospyros kaki* Thunb	100	7	116	7	桑坪镇珠宝沟村失马崖	失马崖组
1205	豫 RC195	柿	朱果	*Diospyros kaki* Thunb	150	14	141	6	桑坪镇珠宝沟村失马崖	失马崖组
1206	豫 RC196	柿	朱果	*Diospyros kaki* Thunb	150	18	135	9	桑坪镇珠宝沟村失马崖	失马崖组
1207	豫 RC203	柿	朱果	*Diospyros kaki* Thunb	100	18	140	10	桑坪镇珠宝沟村失马崖	失马崖组
1208	豫 RC208	柿	朱果	*Diospyros kaki* Thunb	150	13	170	11	桑坪镇珠宝沟村失马崖	失马崖组
1209	豫 RC209	柿	朱果	*Diospyros kaki* Thunb	100	14	157	8	桑坪镇珠宝沟村失马崖	失马崖组
1210	豫 RC238	柿	朱果	*Diospyros kaki* Thunb	100	9	110	5	石界河镇杨盘村岭跟	烟镇林场
1211	豫 RC239	柿	朱果	*Diospyros kaki* Thunb	100	10	119	6	石界河镇杨盘村岭跟	烟镇林场
1212	豫 RC240	柿	朱果	*Diospyros kaki* Thunb	100	10	115	6	石界河镇杨盘村岭跟	烟镇林场
1213	豫 RC447	柿	朱果	*Diospyros kaki* Thunb	100	14	130	9	太平镇东坪村西地组	郭德明
1214	豫 RC448	柿	朱果	*Diospyros kaki* Thunb	100	12	124	6	太平镇东坪村西地组	郭德林
1215	豫 RC449	柿	朱果	*Diospyros kaki* Thunb	120	11	157	11	太平镇东坪村西地组	郭德林
1216	豫 RC450	柿	朱果	*Diospyros kaki* Thunb	100	10	140	8	太平镇东坪村西地组	西地组
1217	豫 RC451	柿	朱果	*Diospyros kaki* Thunb	120	9	152	7	太平镇东坪村西地组	西地组
1218	豫 RC83	小果卫矛	大果冬青	*Euonymus microcarpus* (Oliv.) Sprague	500	16	740	20	丁河镇陈阳村阳坡	阳坡组
1219	豫 RC292	小果卫矛	大果冬青	*Euonymus microcarpus* (Oliv.) Sprague	200	20	180	16	军马河镇孙门村西头组	王义山
1220	豫 RC416	银杏	白果 公孙树	*Ginkgo biloba* L.	1000	18	905	9	太平镇东坪村二组	二组
1221	豫 RC417	银杏	白果 公孙树	*Ginkgo biloba* L.	1000	18	710	20	太平镇回龙寺村一组	一组
1222	豫 RC452	银杏	白果 公孙树	*Ginkgo biloba* L.	500	23	380	22	太平镇鱼库村北沟组	北沟组
1223	豫 RC224	银杏	白果 公孙树	*Ginkgo biloba* L.	800	26	650	20	石界河镇通渠白果组	白果组
1224	豫 RC225	银杏	白果 公孙树	*Ginkgo biloba* L.	500	28	440	14	石界河镇杨盘村西沟组	西沟组
1225	豫 RC232	银杏	白果 公孙树	*Ginkgo biloba* L.	500	16	430	18	石界河镇大坪村古石组	古石组
1226	豫 RC244	银杏	白果 公孙树	*Ginkgo biloba* L.	400	18	385	13	米坪镇干角村白果组	白果组
1227	豫 RC294	银杏	白果 公孙树	*Ginkgo biloba* L.	350	20	346	24	军马河镇军马河村 核桃组	杨文青
1228	豫 RC318	银杏	白果 公孙树	*Ginkgo biloba* L.	400	25	405	13	双龙镇白果村下河组	下河组
1229	豫 RC315	银杏	白果 公孙树	*Ginkgo biloba* L.	500	21	474	16	双龙镇双龙村白果树组	白果树组
1230	豫 RC143	银杏	白果 公孙树	*Ginkgo biloba* L.	600	25	508	12	寨根乡寨根乡村 3 组	3 组
1231	豫 RC5	银杏	白果 公孙树	*Ginkgo biloba* L.	1200	23	383	22	丹水镇谭沟寺沟组	寺沟组
1232	豫 RC6	银杏	白果 公孙树	*Ginkgo biloba* L.	1200	22	367	6	丹水镇谭沟寺沟组	寺沟组
1233	豫 RC335	银杏	白果 公孙树	*Ginkgo biloba* L.	800	30	630	17	二郎坪镇 草湖峪村三组	三组
1234	豫 RC364	银杏	白果 公孙树	*Ginkgo biloba* L.	500	22	355	15	二郎坪镇二郎坪镇西场组	西场组

序号	编号	中文名	别 名	拉丁名	树龄（a）	树高（m）	胸围 / 地围（cm）	冠幅（m）	具体生长位置	管护单位（人）
1235	豫 RC351	银杏	白果 公孙树	*Ginkgo biloba* L.	500	20	440	18	二郎坪镇白果村二组	二组
1236	豫 RC352	银杏	白果 公孙树	*Ginkgo biloba* L.	200	20	184	11	二郎坪镇白果村二组	二组
1237	豫 RC353	银杏	白果 公孙树	*Ginkgo biloba* L.	200	18	190	14	二郎坪镇白果村二组	二组
1238	豫 RC354	银杏	白果 公孙树	*Ginkgo biloba* L.	250	24	265	16	二郎坪镇白果村二组	二组
1239	豫 RC355	银杏	白果 公孙树	*Ginkgo biloba* L.	400	20	348	18	二郎坪镇白果村二组	二组
1240	豫 RC356	银杏	白果 公孙树	*Ginkgo biloba* L.	200	25	180	11	二郎坪镇白果村二组	二组
1241	豫 RC367	银杏	白果 公孙树	*Ginkgo biloba* L.	200	19	190	15	二郎坪镇白果坪二组	二 组
1242	豫 RC368	银杏	白果 公孙树	*Ginkgo biloba* L.	500	24 小 19	380	大 17 小 15	二郎坪镇白果坪二组	二 组
1243	豫 RC369	银杏	白果 公孙树	*Ginkgo biloba* L.	200	19	209	14	二郎坪镇白果坪村二组	二 组
1244	豫 RC370	银杏	白果 公孙树	*Ginkgo biloba* L.	100	17	160	12	二郎坪镇白果坪村二组	二 组
1245	豫 RC357	银杏	白果 公孙树	*Ginkgo biloba* L.	400	26	340	16	二郎坪镇栗坪村上庵组	上安组
1246	豫 RC358	银杏	白果 公孙树	*Ginkgo biloba* L.	800	32	569	24	二郎坪镇栗坪村北峪组	北峪组
1247	豫 RC375	银杏	白果 公孙树	*Ginkgo biloba* L.	300	27	316	18	二郎坪镇栗坪村宋沟组	宋沟组
1248	豫 RC379	银杏	白果 公孙树	*Ginkgo biloba* L.	100	15	170	15	二郎坪镇栗坪村北峪组	北峪组
1249	豫 RC380	银杏	白果 公孙树	*Ginkgo biloba* L.	100	26	185	23	二郎坪镇栗坪村北峪组	北峪组
1250	豫 RC381	银杏	白果 公孙树	*Ginkgo biloba* L.	500	16	445	17	二郎坪镇栗坪村北峪组	北峪组
1251	豫 RC382	银杏	白果 公孙树	*Ginkgo biloba* L.	100	18	147	11	二郎坪镇栗坪村北峪组	北峪组
1252	豫 RC383	银杏	白果 公孙树	*Ginkgo biloba* L.	100	16	133	11	二郎坪镇栗坪村北峪组	北峪组
1253	豫 RC384	银杏	白果 公孙树	*Ginkgo biloba* L.	600	23	547	22	二郎坪镇栗坪村北峪组	北峪组
1254	豫 RC385	银杏	白果 公孙树	*Ginkgo biloba* L.	250	22	263	16	二郎坪镇栗坪村北峪组	北峪组
1255	豫 RC386	银杏	白果 公孙树	*Ginkgo biloba* L.	250	25	276	11	二郎坪镇栗坪村北峪组	北峪组
1256	豫 RC387	银杏	白果 公孙树	*Ginkgo biloba* L.	250	17	241	17	二郎坪镇栗坪村北峪组	北峪组
1257	豫 RC388	银杏	白果 公孙树	*Ginkgo biloba* L.	200	17	212	14	二郎坪镇栗坪村北峪组	北峪组
1258	豫 RC389	银杏	白果 公孙树	*Ginkgo biloba* L.	100	18	137	10	二郎坪镇栗坪村北峪组	北峪组
1259	豫 RC391	银杏	白果 公孙树	*Ginkgo biloba* L.	120	12	156	15	二郎坪镇栗坪村北峪组	北峪组
1260	豫 RC395	银杏	白果 公孙树	*Ginkgo biloba* L.	250	21	270	18	二郎坪镇栗坪村上庵组	上庵组
1261	豫 RC396	银杏	白果 公孙树	*Ginkgo biloba* L.	600	26	472	17	二郎坪镇栗坪村上庵组	上庵组
1262	豫 RC405	银杏	白果 公孙树	*Ginkgo biloba* L.	600	28	508	16	二郎坪镇栗坪村下庵组	下庵组
1263	豫 RC406	银杏	白果 公孙树	*Ginkgo biloba* L.	600	26	470	18	二郎坪镇栗坪村下庵组	下庵组
1264	豫 RC407	银杏	白果 公孙树	*Ginkgo biloba* L.	150	13	173	12	二郎坪镇栗坪村下庵组	下庵组
1265	豫 RC378	银杏	白果 公孙树	*Ginkgo biloba* L.	100	17	185	12	二郎坪镇栗坪村北峪组	北峪组
1266	豫 RC390	银杏	白果 公孙树	*Ginkgo biloba* L.	150	12	170	8	二郎坪镇栗坪村北峪组	北峪组
1267	豫 RC36	银杏	白果 公孙树	*Ginkgo biloba* L.	600	17	505	17	五里桥镇孔沟村	园艺场

序号	编号	中文名	别名	拉丁名	树龄(a)	树高(m)	胸围/地围(cm)	冠幅(m)	具体生长位置	管护单位(人)
1268	豫 RC37	银杏	白果 公孙树	*Ginkgo biloba* L.	250	5	169	9	五里桥镇孔沟村	园艺场
1269	豫 RC72	银杏	白果 公孙树	*Ginkgo biloba* L.	400	16	350	20	丁河镇黄草坪岭子庄	黄草坪小学
1270	豫 RC81	银杏	白果 公孙树	*Ginkgo biloba* L.	300	22	310	14	丁河镇陈阳村山西沟	山西沟
1271	豫 RC82	银杏	白果 公孙树	*Ginkgo biloba* L.	150	17	123	4	丁河镇陈阳村山西沟	山西沟
1272	豫 RC56	银杏	白果 公孙树	*Ginkgo biloba* L.	600	25	260	20	丁河镇大林村三组	三组
1273	豫 RC415	皂荚	皂角	*Gleditsia sinensis* Lam	350	25	320	22	太平镇 东坪三关坪组	三关坪组
1274	豫 RC43	皂荚	皂角	*Gleditsia sinensis* Lam	350	22	310	13	丁河镇茶峪村九组	九 组
1275	豫 RC58	皂荚	皂角	*Gleditsia sinensis* Lam	100	21	111	11	丁河镇丁河镇村十二组	十二组
1276	豫 RC52	皂荚	皂角	*Gleditsia sinensis* Lam	100	18	121	3	丁河镇蒲塘村八组	八 组
1277	豫 RC60	皂荚	皂角	*Gleditsia sinensis* Lam	200	24	228	18	丁河镇蒲塘村八组	八组
1278	豫 RC63	皂荚	皂角	*Gleditsia sinensis* Lam	100	19	186	16	丁河镇大林村八组	八组
1279	豫 RC76	皂荚	皂角	*Gleditsia sinensis* Lam	150	22	202	11	丁河镇秧地村袁营组	袁营
1280	豫 RC85	皂荚	皂角	*Gleditsia sinensis* Lam	200	20	400	18	丁河镇龙庄村龙庄组	龙庄组
1281	豫 RC86	皂荚	皂角	*Gleditsia sinensis* Lam	100	23	190	15	丁河镇龙庄村龙庄组	龙庄组
1282	豫 RC87	皂荚	皂角	*Gleditsia sinensis* Lam	100	16	225	10	丁河镇龙庄村龙庄组	龙庄组
1283	豫 RC15	皂荚	皂角	*Gleditsia sinensis* Lam	350	25	340	4	回车镇黑虎庙龙庄组	龙庄组
1284	豫 RC28	皂荚	皂角	*Gleditsia sinensis* Lam	100	17	168	13	回车镇垱子岭村蛮子营	蛮子营
1285	豫 RC17	皂荚	皂角	*Gleditsia sinensis* Lam	300	12	277	9	回车镇石梯村李营组	李营组
1286	豫 RC18	皂荚	皂角	*Gleditsia sinensis* Lam	200	15	131	15	回车镇吴岗村郭营组	郭营组
1287	豫 RC26	皂荚	皂角	*Gleditsia sinensis* Lam	100	22	197	18	回车镇屈原岗薛营	薛营组
1288	豫 RC167	皂荚	皂角	*Gleditsia sinensis* Lam	350	17	310	16	桑坪镇东万沟西坡	王立恩
1289	豫 RC173	皂荚	皂角	*Gleditsia sinensis* Lam	200	20	251	16	桑坪镇牦坪三岔组	三岔组
1290	豫 RC178	皂荚	皂角	*Gleditsia sinensis* Lam	120	16	215	13	桑坪镇珠宝沟九组	李崇
1291	豫 RC7	皂荚	皂角	*Gleditsia sinensis* Lam	200	14	285	11	丹水镇肖关后营组	后营组
1292	豫 RC13	皂荚	皂角	*Gleditsia sinensis* Lam	200	22	244	17	阳城高崖六组	郑新范
1293	豫 RC29	皂荚	皂角	*Gleditsia sinensis* Lam	450	18	281	16	白羽街道别公幼儿园内	西峡县供销总社
1294	豫 RC30	皂荚	皂角	*Gleditsia sinensis* Lam	200	5	203	4	白羽公园南大门东侧	白羽公园
1295	豫 RC31	皂荚	皂角	*Gleditsia sinensis* Lam	200	12	181	6	白羽公园西侧	白羽公园
1296	豫 RC32	皂荚	皂角	*Gleditsia sinensis* Lam	200	7	205	5	白羽公园博物馆西北角	白羽公园
1297	豫 RC33	皂荚	皂角	*Gleditsia sinensis* Lam	200	10	182	5	白羽公园博物馆北	白羽公园
1298	豫 RC35	皂荚	皂角	*Gleditsia sinensis* Lam	150	8	195	3	白羽公园东门北侧	白羽公园
1299	豫 RC103	皂荚	皂角	*Gleditsia sinensis* Lam	200	16	257	11	重阳镇奎岭村三组	三组
1300	豫 RC106	皂荚	皂角	*Gleditsia sinensis* Lam	350	15	330	17	重阳镇半川村二组	顾建伟
1301	豫 RC108	皂荚	皂角	*Gleditsia sinensis* Lam	100	20	214	21	重阳镇芦沟村六组	六组

序号	编号	中文名	别名	拉丁名	树龄（a）	树高（m）	胸围/地围（cm）	冠幅（m）	具体生长位置	管护单位（人）
1302	豫 RC109	皂荚	皂角	*Gleditsia sinensis* Lam	100	19	167	17	重阳镇芦沟村四组	王义凡 / 王义王
1303	豫 RC110	皂荚	皂角	*Gleditsia sinensis* Lam	400	25	355	16	西坪镇西岗村六组	六组
1304	豫 RC118	皂荚	皂角	*Gleditsia sinensis* Lam	400	18	289	14	西坪镇操场村三社	三组
1305	豫 RC123	皂荚	皂角	*Gleditsia sinensis* Lam	300	22	301	17	西坪镇操场村操场城子后岭	包先鑫
1306	豫 RC147	皂荚	皂角	*Gleditsia sinensis* Lam	150	22	186	14	寨根乡赛岭村 7 组	7 组
1307	豫 RC151	皂荚	皂角	*Gleditsia sinensis* Lam	400	20	300	8	寨根乡赛岭村 1 组	1 组
1308	豫 RC227	皂荚	皂角	*Gleditsia sinensis* Lam	300	22	279	21	石界河镇石界河镇村 孟村	孟村
1309	豫 RC246	皂荚	皂角	*Gleditsia sinensis* Lam	200	13	202	13	米坪镇秧田村三组	三组
1310	豫 RC267	皂荚	皂角	*Gleditsia sinensis* Lam	200	18	242	11	米坪镇米坪镇村 1 组	1 组
1311	豫 RC268	皂荚	皂角	*Gleditsia sinensis* Lam	200	17	216	12	米坪镇米坪镇村 1 组	1 组
1312	豫 RC270	皂荚	皂角	*Gleditsia sinensis* Lam	300	22	277	15	米坪镇米坪镇村 1 组	1 组
1313	豫 RC326	皂荚	皂角	*Gleditsia sinensis* Lam	100	17	190	17	双龙镇双龙镇村 白果组	白果组
1314	豫 RC333	皂荚	皂角	*Gleditsia sinensis* Lam	200	13	250	15	二郎坪镇草湖峪村一组	一组
1315	豫 RC336	皂荚	皂角	*Gleditsia sinensis* Lam	200	22	242	17	二郎坪镇草湖峪村三组	陈宝成
1316	豫 RC350	皂荚	皂角	*Gleditsia sinensis* Lam	200	22	272	17	二郎坪镇中坪村河北组	河北组
1317	豫 RC313	皂角	皂角	*Gleditsia sinensis* Lam	300	19	277	18	军马河镇军马河村独岭组	独岭组
1318	豫 RC158	小果冬青	冬青	*Ilex micrococca* Maxim	200	8	183	10	寨根乡方庄 6 组	6 组
1319	豫 RC200	胡桃	核桃	*Juglans regia* L.	100	15	144	15	桑坪镇珠宝沟村失马崖	失马崖组
1320	豫 RC204	胡桃	核桃	*Juglans regia* L.	100	16	156	14	桑坪镇珠宝沟村失马崖	失马崖组
1321	豫 RC205	胡桃	核桃	*Juglans regia* L.	100	16	150	14	桑坪镇珠宝沟村失马崖	失马崖组
1322	豫 RC184	胡桃	核桃	*Juglans regia* L.	100	15	132	12	桑坪镇珠宝沟村失马崖	失马崖组
1323	豫 RC185	胡桃	核桃	*Juglans regia* L.	120	14	157	14	桑坪镇珠宝沟村失马崖	失马崖组
1324	豫 RC186	胡桃	核桃	*Juglans regia* L.	100	15	138	13	桑坪镇珠宝沟村失马崖	失马崖组
1325	豫 RC187	胡桃	核桃	*Juglans regia* L.	150	16	216	15	桑坪镇珠宝沟村失马崖	失马崖组
1326	豫 RC192	胡桃	核桃	*Juglans regia* L.	150	13	231	8	桑坪镇珠宝沟村失马崖	失马崖组
1327	豫 RC201	胡桃	核桃	*Juglans regia* L.	150	18	203	18	桑坪镇珠宝沟村失马崖	失马崖组
1328	豫 RC202	胡桃	核桃	*Juglans regia* L.	100	16	162	15	桑坪镇珠宝沟村失马崖	失马崖组
1329	豫 RC212	胡桃	核桃	*Juglans regia* L.	100	13	194	17	桑坪镇珠宝沟村失马崖	失马崖组
1330	豫 RC213	胡桃	核桃	*Juglans regia* L.	100	14	180	14	桑坪镇珠宝沟村三里壕	三里壕组
1331	豫 RC214	胡桃	核桃	*Juglans regia* L.	100	14	150	14	桑坪镇珠宝沟村三里壕	三里壕组
1332	豫 RC164	胡桃	核桃	*Juglans regzia* L.	200	15	270	11	桑坪镇珠宝沟村赛岭壕	张金良
1333	豫 RC175	胡桃	核桃	*Juglans regzia* L.	300	19	343	22	桑坪镇珠宝沟村 4 组	胡立国
1334	豫 RC177	胡桃	核桃	*Juglans regzia* L.	120	19	215	16	桑坪镇珠宝沟村九组	周石伟
1335	豫 RC179	胡桃	核桃	*Juglans regzia* L.	120	16	200	12	桑坪镇珠宝沟村 10 组	李天才

序号	编号	中文名	别名	拉丁名	树龄（a）	树高（m）	胸围/地围（cm）	冠幅（m）	具体生长位置	管护单位（人）
1336	豫 RC215	胡桃	核桃	*Juglans regia* L.	100	12	149	13	桑坪镇珠宝沟村三里壕	三里壕组
1337	豫 RC217	胡桃	核桃	*Juglans regia* L.	150	18	236	11	桑坪镇黄沙村中组	中组
1338	豫 RC218	胡桃	核桃	*Juglans regia* L.	100	13	178	9	桑坪镇黄沙村中组	中组
1339	豫 RC219	胡桃	核桃	*Juglans regia* L.	150	16	255	9	桑坪镇黄沙村中组	中组
1340	豫 RC220	胡桃	核桃	*Juglans regia* L.	150	15	203	15	桑坪镇黄沙村中组	中组
1341	豫 RC176	胡桃	核桃	*Juglans regia* L.	200	19	242	19	桑坪镇仓房村竹园组	竹园组
1342	豫 RC150	胡桃	核桃	*Juglans regia* L.	100	17	203	17	寨根乡寨岭村 2 组	韩从理
1343	豫 RC155	胡桃	核桃	*Juglans regia* L.	100	17	220	16	寨根乡方庄 11 组	11 组
1344	豫 RC430	胡桃	核桃	*Juglans regzia* L.	100	14	231	13	太平镇黄石庵村三组	李定三
1345	豫 RC431	胡桃	核桃	*Juglans regzia* L.	100	13	240	14	太平镇黄石庵村三组	三 组
1346	豫 RC432	胡桃	核桃	*Juglans regzia* L.	100	13	205	15	太平镇黄石庵村三组	三 组
1347	豫 RC443	胡桃	核桃	*Juglans regia* L.	150	23	238	17	太平镇细辛村南庵组	南庵组
1348	豫 RC434	胡桃	核桃	*Juglans regzia* L.	100	18	213	18	太平镇细辛村南庵组	张玉钦
1349	豫 RC435	胡桃	核桃	*Juglans regzia* L.	100	20	214	16	太平镇细辛村南庵组	张玉钦
1350	豫 RC436	胡桃	核桃	*Juglans regzia* L.	150	17	265	19	太平镇细辛村南庵组	张玉钦
1351	豫 RC437	胡桃	核桃	*Juglans regzia* L.	100	17	218	18	太平镇细辛村西庵组	西庵组
1352	豫 RC438	胡桃	核桃	*Juglans regzia* L.	150	16	231	16	太平镇细辛村南庵组	张玉钦
1353	豫 RC168	女贞		*Ligustrum Lucidum* Ait.	250	9	188	13	桑坪镇东万沟西坡	贺运强
1354	豫 RC107	女贞		*Ligustrum lucidum* Ait.	200	12	173	13	重阳镇重阳镇村五组	重阳寺
1355	豫 RC102	女贞		*Ligustrum lucidum* Ait.	200	7	192	4	重阳镇下街村二组	郭明泽
1356	豫 RC27	女贞		*Ligustrum lucidum* Ait.	200	13	215	10	回车镇大块地村范凹组	范凹组
1357	豫 RC38	女贞		*Ligustrum lucidum* Ait.	250	11	221	8	五里桥镇孔沟村	园艺场
1358	豫 RC39	女贞		*Ligustrum lucidum* Ait.	250	13	210	9	五里桥镇孔沟村	园艺场
1359	豫 RC125	女贞		*Ligustrum lucidum* Ait.	250	16	241	16	西坪镇德河村九组	九组
1360	豫 RC20	黑壳楠	八角香	*Lindera megaphylla* Hemsl.	200	14	178	12	回车镇大块地村月沟组	月沟组
1361	豫 RC21	黑壳楠	八角香	*Lindera megaphylla* Hemsl.	200	12	163	9	回车镇大块地村月沟组	月沟组
1362	豫 RC22	黑壳楠	八角香	*Lindera megaphylla* Hemsl.	100	10	98	8	回车镇大块地村月沟组	月沟组
1363	豫 RC23	黑壳楠	八角香	*Lindera megaphylla* Hemsl.	200	18	179	7	回车镇大块地村月沟组	月沟组
1364	豫 RC345	枫香	大叶枫	*Liquidambar formosana* Hance	250	34	294	8	二郎坪镇蒿坪村西地组	西地组
1365	豫 RC344	枫香	大叶枫	*Liquidambar formosana* Hance	250	30	314	7	二郎坪镇蒿坪村西地组	西地组
1366	豫 RC262	暖木		*Meliosma veitchiorum*	600	20	390	23	米坪镇关山村小风组	小风组
1367	豫 RC114	桂花	岩桂、九里香	*Osmanthi Fragrantis*	200	11	135	10	西坪镇西官庄	西官庄小学
1368	豫 RC1	桂花	岩桂、九里香	*Osmanthi Fragrantis*	250	10	178	6	丹水镇古垛刘营	刘相华
1369	豫 RC144	华山松	五叶松、白松	*Pinus armandi* Franch.	400	22	250	12	寨根乡高峰 7 组	7 组

序号	编号	中文名	别 名	拉丁名	树龄（a）	树高（m）	胸围 / 地围（cm）	冠幅（m）	具体生长位置	管护单位（人）
1370	豫 RC228	白皮松	白骨松 三针松	*Pinus bungeana* Zucc.ex Endl.	200	8	178	6	石界河镇走马坪村下坪	下坪组
1371	豫 RC229	白皮松	白骨松 三针松	*Pinus bungeana* Zucc.ex Endl.	180	8	162	8	石界河镇走马坪村下坪	下坪组
1372	豫 RC259	马尾松	青松	*Pinus massoniana* Lamb	200	26	206	8	米坪镇关山村仓房组	仓房组
1373	豫 RC59	油松	短叶松	*Pinus tabulaeformis* Carr.	200	12	92	14	丁河镇瓦房村三组	三组
1374	豫 RC420	油松	短叶松	*Pinus tabulaeformis* Carr.	250	23	195	11	太平镇黄石庵村街上组	黄石庵庙
1375	豫 RC421	油松	短叶松	*Pinus tabulaeformis* Carr.	250	23	167	11	太平镇黄石庵村街上组	黄石庵庙
1376	豫 RC429	油松	短叶松	*Pinus tabulaeformis* Carr.	300	17	243	9	太平镇太平村二组	二组
1377	豫 RC145	油松	短叶松	*Pinus tabulaeformis* Carr.	250	21	210	18	寨根乡高峰 1 组	1 组
1378	豫 RC223	油松	短叶松	*Pinus tabulaeformis* Carr.	200	18	240	17	石界河镇大坪古石组	古石组
1379	豫 RC230	油松	短叶松	*Pinus tabulaeformis* Carr.	300	18	240	11	石界河镇大坪村松树组	松树组
1380	豫 RC359	油松	短叶松	*Pinus tabulaeformis* Carr.	180	18	278	22	二郎坪镇二郎坪村沟脑组	沟脑组
1381	豫 RC360	油松	短叶松	*Pinus tabulaeformis* Carr.	250	22	400	21	二郎坪镇二郎坪村沟脑组	沟脑组
1382	豫 RC148	黄连木	黄楝树 楷木	*Pistacia chinensis* Bunge	400	21	343	18	寨根乡赛岭村 2 组	2 组
1383	豫 RC314	黄连木	黄楝树 楷木	*Pistacia chinensis* Bunge	300	20	296	21	军马河镇大河岗上沟组	董梁
1384	豫 RC290	黄连木	黄楝树 楷木	*Pistacia chinensis* Bunge	400	29	380	25	军马河镇毛坪村五组	五组
1385	豫 RC295	黄连木	黄楝树 楷木	*Pistacia chinensis* Bunge	250	15	285	18	军马河镇白果村郭墁组	郭墁组
1386	豫 RC296	黄连木	黄楝树 楷木	*Pistacia chinensis* Bunge	400	17	416	19	军马河镇白果村白果组	白果组
1387	豫 RC308	黄连木	黄楝树 楷木	*Pistacia chinensis* Bunge	100	17	137	12	军马河镇白果村郭墁组	郭墁组
1388	豫 RC297	黄连木	黄楝树 楷木	*Pistacia chinensis* Bunge	250	20	280	13	军马河镇孙门村岗头组	岗头组
1389	豫 RC298	黄连木	黄楝树 楷木	*Pistacia chinensis* Bunge	250	18	310	13	军马河镇孙门村上沟组	上沟组
1390	豫 RC301	黄连木	黄楝树 楷木	*Pistacia chinensis* Bunge	400	23	420	19	军马河镇孙门村头道组	头道组
1391	豫 RC9	黄连木	黄楝树 楷木	*Pistacia chinensis* Bunge	200	16	311	14	阳城镇田营村田营组	田营组
1392	豫 RC42	黄连木	黄楝树 楷木	*Pistacia chinensis* Bunge	150	13	177	9	五里桥镇宋沟村庞沟组	庞沟组
1393	豫 RC80	黄连木	黄楝树 楷木	*Pistacia chinensis* Bunge	200	10	230	14	丁河镇秧地村袁营组	袁营
1394	豫 RC84	黄连木	黄楝树 楷木	*Pistacia chinensis* Bunge	200	15	350	8	丁河镇龙庄村大洲组	大洲组
1395	豫 RC92	黄连木	黄楝树 楷木	*Pistacia chinensis* Bunge	300	12	355	10	丁河镇马蹄村岭根	韩华强
1396	豫 RC93	黄连木	黄楝树 楷木	*Pistacia chinensis* Bunge	300	16	339	9	丁河镇马蹄村岭根	韩富军
1397	豫 RC97	黄连木	黄楝树 楷木	*Pistacia chinensis* Bunge	100	16	152	11	丁河镇马蹄村岭根组	韩华强
1398	豫 RC100	黄连木	黄楝树 楷木	*Pistacia chinensis* Bunge	200	11	289	9	重阳镇上街村十四组	曹国恩
1399	豫 RC105	黄连木	黄楝树 楷木	*Pistacia chinensis* Bunge	350	28	380	31	重阳镇鱼池村七组	七组
1400	豫 RC112	黄连木	黄楝树 楷木	*Pistacia chinensis* Bunge	200	13	255	11	西坪镇德河村五组	五组
1401	豫 RC113	黄连木	黄楝树 楷木	*Pistacia chinensis* Bunge	400	28	377	23	西坪镇皇后村五组	五组
1402	豫 RC121	黄连木	黄楝树 楷木	*Pistacia chinensis* Bunge	150	28	168	13	西坪镇下营村三组	三组
1403	豫 RC271	黄连木	黄楝树 楷木	*Pistacia chinensis* Bunge	200	13	251	13	米坪镇干角村阳坡组	阳坡组

序号	编号	中文名	别 名	拉丁名	树龄（a）	树高（m）	胸围/地围（cm）	冠幅（m）	具体生长位置	管护单位（人）
1404	豫 RC272	黄连木	黄楝树 楷木	*Pistacia chinensis* Bunge	200	18	250	17	米坪镇高庄村台子组	台子组
1405	豫 RC281	黄连木	黄楝树 楷木	*Pistacia chinensis* Bunge	400	20	398	21	米坪镇大庄村南地组	南地组
1406	豫 RC282	黄连木	黄楝树 楷木	*Pistacia chinensis* Bunge	100	14	206	9	米坪镇大庄村窑上组	窑上组
1407	豫 RC284	黄连木	黄楝树 楷木	*Pistacia chinensis* Bunge	200	16	267	17	米坪镇大庄村窑上组	窑上组
1408	豫 RC265	黄连木	黄楝树 楷木	*Pistacia chinensis* Bunge	500	13	485	18	米坪镇大庄村窑上组	窑上组
1409	豫 RC286	黄连木	黄楝树 楷木	*Pistacia chinensis* Bunge	200	16	260	19	米坪镇大庄村窑上组	窑上组
1410	豫 RC332	黄连木	黄楝树 楷木	*Pistacia chinensis* Bunge	300	18	323	23	双龙镇西大沟村张平头组	张平头组
1411	豫 RC169	黄连木	黄楝树 楷木	*Pistacia chinensis* Bunge	150	17	196	13	桑坪镇东万沟油坊	冯德强
1412	豫 RC221	黄连木	黄楝树 楷木	*Pistacia chinensis* Bunge	500	13	296	15	桑坪镇黄沙普陀沟口组	普陀沟口组
1413	豫 RC410	黄连木	黄楝树 楷木	*Pistacia chinensis* Bunge	150	18	196	13	二郎坪镇西庄河村吴庄组	吴庄组
1414	豫 RC419	侧柏	扁柏	*Platycladus orientalis* (L.) Franco	200	16	112	3	太平镇黄石庵村街上组	黄石庵庙
1415	豫 RC422	侧柏	扁柏	*Platycladus orientalis* (L.) Franco	200	16	112	4	太平镇黄石庵村街上组	黄石庵庙
1416	豫 RC423	侧柏	扁柏	*Platycladus orientalis* (L.) Franco	200	20	135	5	太平镇黄石庵村街上组	黄石庵庙
1417	豫 RC424	侧柏	扁柏	*Platycladus orientalis* (L.) Franco	200	15	123	4	太平镇黄石庵村街上组	黄石庵庙
1418	豫 RC425	侧柏	扁柏	*Platycladus orientalis* (L.) Franco	200	17	127	7	太平镇黄石庵村街上组	黄石庵庙
1419	豫 RC426	侧柏	扁柏	*Platycladus orientalis* (L.) Franco	250	16	130	7	太平镇黄石庵村街上组	黄石庵庙
1420	豫 RC427	侧柏	扁柏	*Platycladus orientalis* (L.) Franco	300	17	90	5	太平镇 黄石庵 街上组	黄石庵庙
1421	豫 RC40	侧柏	扁柏	*Platycladus orientalis* (L.) Franco	500	13	210	11	五里桥镇葛营村马营组	马营组
1422	豫 RC41	侧柏	扁柏	*Platycladus orientalis* (L.) Franco	500	13	246	8	五里桥镇封店村九组	九组
1423	豫 RC115	侧柏	扁柏	*Platycladus orientalis* (L.) Franco	100	22	82	14	西坪镇豫边村四组	四组
1424	豫 RC116	侧柏	扁柏	*Platycladus orientalis* (L.) Franco	200	20	154	8	西坪镇豫边村四组	四组
1425	豫 RC117	侧柏	扁柏	*Platycladus orientalis* (L.) Franco	200	19	109	8	西坪镇豫边村四组	四组
1426	豫 RC119	侧柏	扁柏	*Platycladus orientalis* (L.) Franco	100	10	87	2	西坪镇操场村三组	三组
1427	豫 RC120	侧柏	扁柏	*Platycladus orientalis* (L.) Franco	200	12	120	5	西坪镇操场村三组	三组
1428	豫 RC2	侧柏	扁柏	*Platycladus orientalis* (L.) Franco	400	14	235	6	丹水镇七峪村三组	梁孝芝
1429	豫 RC3	侧柏	扁柏	*Platycladus orientalis* (L.) Franco	300	22	178	9	丹水镇七峪村七峪小学	七峪小学
1430	豫 RC4	侧柏	扁柏	*Platycladus orientalis* (L.) Franco	400	20	278	8	丹水镇七峪村七峪小学	七峪小学
1431	豫 RC11	侧柏	扁柏	*Platycladus orientalis* (L.) Franco	250	9	118	9	阳城镇高崖村六组	六组
1432	豫 RC274	侧柏	扁柏	*Platycladus orientalis* (L.) Franco	150	10	125	7	米坪镇米坪村	米坪小学
1433	豫 RC363	侧柏	龙爪柏	*Platycladus orientalis* (L.) Franco	400	16	269	10	二郎坪镇汉王城村庙上组	庙上组
1434	豫 RC128	枫杨	鬼柳 麻柳	*Pterocarya stenoptera* C.DC	500	25	540	21	寨根乡界牌村 10 组	十组
1435	豫 RC249	枫杨	鬼柳 麻柳	*Pterocarya stenoptera* C.DC	250	27	306	21	米坪镇野牛村仓西组	仓西组
1436	豫 RC291	枫杨	鬼柳 麻柳	*Pterocarya stenoptera* C.DC	500	16	550	14	军马河镇孙门村大柳树组	大柳树组
1437	豫 RC44	枫杨	鬼柳 麻柳	*Pterocarya stenoptera* C.DC	400	26	433	19	丁河镇木寨村七组	七组

序号	编号	中文名	别 名	拉丁名	树龄（a）	树高（m）	胸围/地围（cm）	冠幅（m）	具体生长位置	管护单位（人）
1438	豫 RC45	枫杨	鬼柳 麻柳	*Pterocarya stenoptera* C.DC	200	25	242	7	丁河镇木寨村八组	八组
1439	豫 RC46	枫杨	鬼柳 麻柳	*Pterocarya stenoptera* C.DC	150	32	198	7	丁河镇木寨村八组	八组
1440	豫 RC49	枫杨	鬼柳 麻柳	*Pterocarya stenoptera* C.DC	100	17	116	9	丁河镇蝎子坪村二组	二组
1441	豫 RC61	枫杨	鬼柳 麻柳	*Pterocarya stenoptera* C.DC	200	22	290	20	丁河镇蒲塘村八组	八组
1442	豫 RC50	枫杨	鬼柳 麻柳	*Pterocarya stenoptera* C.DC	300	26	347	20	丁河镇蒲塘村四组	顾丰刚
1443	豫 RC51	枫杨	鬼柳 麻柳	*Pterocarya stenoptera* C.DC	100	34	155	12	丁河镇蒲塘村八组	八 组
1444	豫 RC53	枫杨	鬼柳 麻柳	*Pterocarya stenoptera* C.DC	100	34	92	12	丁河镇蒲塘村八组	八 组
1445	豫 RC338	枫杨	鬼柳 麻柳	*Pterocarya stenoptera* C.DC	500	27	545	16	二郎坪镇西庄河村中河组	中河组
1446	豫 RC361	枫杨	鬼柳 麻柳	*Pterocarya stenoptera* C.DC	100	17	232	27	二郎坪镇湾潭村东河组	东河组
1447	豫 RC408	枫杨	鬼柳 麻柳	*Pterocarya stenoptera* C.DC	150	17	260	19	二郎坪镇中坪两河口组	两河口组
1448	豫 RC409	枫杨	鬼柳 麻柳	*Pterocarya stenoptera* C.DC	150	23	238	22	二郎坪镇中坪两河口组	两河口组
1449	豫 RC171	枫杨	鬼柳 麻柳	*Pterocarya stenoptera* C.DC	100	10	175	10	桑坪镇仓房村仓房	仓房组
1450	豫 RC94	青檀	板倒烂	*Pteroceltis tatarinowii* Maxim	300	24	377	15	丁河镇马蹄村二组	二组
1451	豫 RC10	青檀	翼朴 / 檀树	*Pteroceltis tatarinowii* Maxim	400	12	533	11	阳城张堂毛竹组	马新社
1452	豫 RC247	青檀	檀树	*Pteroceltis tatarinowii* Maxim.	200	20	199	17	米坪镇 秧田村竹园组	竹园组
1453	豫 RC309	青檀	檀树	*Pteroceltis tatarinowii* Maxim.	150	17	144	12	军马河镇白果村郭墁组	郭墁组
1454	豫 RC310	青檀	檀树	*Pteroceltis tatarinowii* Maxim.	150	17	141	9	军马河镇白果村郭墁组	郭墁组
1455	豫 RC311	青檀	檀树	*Pteroceltis tatarinowii* Maxim.	100	16	115	9	军马河镇白果村郭墁组	郭墁组
1456	豫 RC347	青檀	檀树	*Pteroceltis tatarinowii* Maxim.	250	20	301	19	二郎坪镇大庙村梅子沟组	梅子沟组
1457	豫 RC348	青檀	檀树	*Pteroceltis tatarinowii* Maxim.	200	22	220	17	二郎坪镇大庙村梅子沟组	梅子沟组
1458	豫 RC162	青檀	檀树	*Pteroceltis tatarinowii* Maxim.	150	17	154	13	寨根乡捷道 6 组	6 组
1459	豫 RC439	沙梨	秋疙瘩	*Pyrus pyrifolia*	100	13	175	9	太平镇细辛村南庵组	张玉钦
1460	豫 RC440	沙梨	秋疙瘩	*Pyrus pyrifolia*	400	17	315	14	太平镇细辛村南庵组	南庵组
1461	豫 RC64	岩栎	小叶礓子	*Quercus acrodenta* Seem	250	21	340	20	丁河镇上店村六组	木寨林场
1462	豫 RC65	岩栎	小叶礓子	*Quercus acrodenta* Seem	300	14	380	8	丁河镇上店村六组	木寨林场
1463	豫 RC67	岩栎	小叶礓子	*Quercus acrodenta* Seem	300	16	377	10	丁河镇上店村六组	木寨林场
1464	豫 RC68	岩栎	小叶礓子	*Quercus acrodenta* Seem	200	17	220	13	丁河镇上店村六组	木寨林场
1465	豫 RC69	岩栎	小叶礓子	*Quercus acrodenta* Seem	280	15	330	21	丁河镇上店村六组	木寨林场
1466	豫 RC90	岩栎	小叶礓子	*Quercus acrodenta* Seem.	300	16	365	18	丁河镇寺山村三组	三组
1467	豫 RC159	岩栎	小叶礓子	*Quercus acrodenta* Seem.	200	13	158	17	寨根乡方庄 6 组	6 组
1468	豫 RC180	岩栎	小叶礓子	*Quercus acrodenta* Seem.	300	12	220	14	桑坪镇珠宝沟村失马崖	失马崖组
1469	豫 RC181	岩栎	小叶礓子	*Quercus acrodenta* Seem.	200	13	139	13	桑坪镇珠宝沟村失马崖	失马崖组
1470	豫 RC182	岩栎	小叶礓子	*Quercus acrodenta* Seem.	200	11	167	14	桑坪镇珠宝沟村失马崖	失马崖组
1471	豫 RC183	岩栎	小叶礓子	*Quercus acrodenta* Seem.	100	10	95	6	桑坪镇珠宝沟村失马崖	失马崖组

序号	编号	中文名	别 名	拉丁名	树龄（a）	树高（m）	胸围 / 地围（cm）	冠幅（m）	具体生长位置	管护单位（人）
1472	豫 RC170	岩栎	小叶橿子	*Quercus acrodenta* Seem.	200	16	172	13	桑坪镇包沟 邵家	邵家组
1473	豫 RC245	岩栎	小叶橿子	*Quercus acrodenta* Seem.	200	10	200	14	米坪镇干角村上地组	上地组
1474	豫 RC243	岩栎	小叶橿子	*Quercus acrodenta* Seem.	400	20	390	19	米坪镇干角村五组	五组
1475	豫 RC273	岩栎	小叶橿子	*Quercus acrodenta* Seem.	150	16	186	13	米坪镇杨沟村 11 组	11 组
1476	豫 RC261	岩栎	小叶橿子	*Quercus acrodenta* Seem.	300	16	320	20	米坪镇关山村仓房组	仓房组
1477	豫 RC283	岩栎	小叶橿子	*Quercus acrodenta* Seem.	200	16	282	18	米坪镇大庄村窑上组	窑上组
1478	豫 RC306	岩栎	小叶橿子	*Quercus acrodenta* Seem.	200	12	204	22	军马河镇白果村郭墁组	郭墁组
1479	豫 RC307	岩栎	小叶橿子	*Quercus acrodenta* Seem.	100	10	116	9	军马河镇白果村郭墁组	郭墁组
1480	豫 RC299	岩栎	小叶橿子	*Quercus acrodenta* Seem.	300	23	292	14	军马河镇孙门村西头组	西头组
1481	豫 RC317	岩栎	小叶橿子	*Quercus acrodenta* Seem.	200	12	188	17	双龙镇小水村西头组	西头组
1482	豫 RC124	岩栎	小叶橿子	*Quercus acrodenta* Seem.	100	8	110	7	西坪镇德河村九社	王青法 / 马金德
1483	豫 RC127	槲栎	青冈	*Quercus aliena* Bl.	300	14	440	9	寨根乡桑树村 5 组	五组
1484	豫 RC73	槲栎	青冈	*Quercus aliena* Bl.	300	16	372	17	丁河镇黄草坪岭子庄	岭子庄
1485	豫 RC75	槲栎	青冈	*Quercus aliena* Bl.	300	12	420	9	丁河镇黄草坪岭子庄	岭子庄
1486	豫 RC279	槲栎	青冈	*Quercus aliena* Bl.	200	12	256	15	米坪镇关山村西庄组	西庄组
1487	豫 RC303	槲栎	青冈	*Quercus aliena* Bl.	300	17	375	20	军马河镇鱼库村大世组	大世组
1488	豫 RC304	槲栎	青冈	*Quercus aliena* Bl.	200	17	195	15	军马河镇鱼库村大世组	大世组
1489	豫 RC312	槲栎	青冈	*Quercus aliena* Bl.	120	9	189	8	军马河镇白果村郭墁组	郭墁组
1490	豫 RC366	槲栎	青冈	*Quercus aliena* Bl.	150	16	278	8	二郎坪镇蒿坪西地组	西地组
1491	豫 RC276	巴东栎	小叶青岗	*Quercus engleriana* Seem.	200	8	131	10	米坪镇关山村仓房组	仓房组
1492	豫 RC131	短柄枹栎	小叶青冈	*Quercus glandulifera* Bl.	200	15	244	5	寨根乡方庄 12 组	12 组
1493	豫 RC330	短柄枹栎	小叶青冈	*Quercus glandulifera* Bl.	120	18	257	21	双龙镇西大沟村张平头组	魏国民
1494	豫 RC331	短柄枹栎	小叶青冈	*Quercus glandulifera* Bl.	120	16	295	18	双龙镇西大沟村张平头组	魏忠福
1495	豫 RC342	短柄枹栎	小叶青冈	*Quercus glandulifera* Bl.	200	15	250	11	二郎坪镇西庄河村锅炉组	锅炉组
1496	豫 RC401	短柄枹栎	小叶青冈	*Quercus glandulifera* Bl.	100	10	260	11	二郎坪镇栗坪村上庵组	上庵组
1497	豫 RC402	短柄枹栎	小叶青冈	*Quercus glandulifera* Bl.	150	13	303	12	二郎坪镇栗坪村上庵组	上庵组
1498	豫 RC48	栓皮栎	花栎 软木栎	*Quercus variabilis* Bl.	300	18	355	11	丁河镇丰山村四组	四 组
1499	豫 RC54	栓皮栎	花栎 软木栎	*Quercus variabilis* Bl.	280	19	288	14	丁河镇蒲塘村九组	九组
1500	豫 RC62	栓皮栎	花栎 软木栎	*Quercus variabilis* Bl.	200	22	205	13	丁河镇蒲塘村八组	八组
1501	豫 RC55	栓皮栎	花栎 软木栎	*Quercus variabilis* Bl.	500	30	460	24	丁河镇大林村三组	三组
1502	豫 RC57	栓皮栎	花栎 软木栎	*Quercus variabilis* Bl.	300	24	320	17	丁河镇瓦房村四组	四组
1503	豫 RC70	栓皮栎	花栎 软木栎	*Quercus variabilis* Bl.	300	16	314	19	丁河镇上店村六组	木寨林场
1504	豫 RC71	栓皮栎	花栎 软木栎	*Quercus variabilis* Bl.	300	17	345	11	丁河镇上店村五组	木寨林场
1505	豫 RC88	栓皮栎	花栎 软木栎	*Quercus variabilis* Bl.	200	14	226	16	丁河镇寺山村七组	七组

序号	编号	中文名	别 名	拉丁名	树龄（a）	树高（m）	胸围 / 地围（cm）	冠幅（m）	具体生长位置	管护单位（人）
1506	豫 RC89	栓皮栎	花栎 软木栎	*Quercus variabilis* Bl.	200	18	210	11	丁河镇寺山村六组	六组
1507	豫 RC91	栓皮栎	花栎 软木栎	*Quercus variabilis* Bl.	200	22	221	9	丁河镇寺山村二组	二组
1508	豫 RC132	栓皮栎	花栎 软木栎	*Quercus variabilis* Bl.	250	17	325	19	寨根乡方庄 12 组	12 组
1509	豫 RC133	栓皮栎	花栎 软木栎	*Quercus variabilis* Bl.	500	22	460	7	寨根乡方庄 11 组	11 组
1510	豫 RC134	栓皮栎	花栎 软木栎	*Quercus variabilis* Bl.	400	22	440	15	寨根乡方庄 11 组	11 组
1511	豫 RC135	栓皮栎	花栎 软木栎	*Quercus variabilis* Bl.	400	20	424	18	寨根乡方庄 11 组	11 组
1512	豫 RC136	栓皮栎	花栎 软木栎	*Quercus variabilis* Bl.	200	18	265	11	寨根乡方庄 10 组	10 组
1513	豫 RC137	栓皮栎	花栎 软木栎	*Quercus variabilis* Bl.	200	15	292	14	寨根乡方庄 10 组	叶少中
1514	豫 RC140	栓皮栎	花栎 软木栎	*Quercus variabilis* Bl.	200	20	294	15	寨根乡捷道村小沟组	小沟组
1515	豫 RC141	栓皮栎	花栎 软木栎	*Quercus variabilis* Bl.	200	22	273	25	寨根乡捷道村 10 组	叶少中
1516	豫 RC146	栓皮栎	花栎 软木栎	*Quercus variabilis* Bl.	200	26	290	21	寨根乡捷道村 1 组	1 组
1517	豫 RC142	栓皮栎	花栎 软木栎	*Quercus variabilis* Bl.	400	24	433	22	寨根乡寨岭村 7 组	王国政
1518	豫 RC248	栓皮栎	花栎 软木栎	*Quercus variabilis* Bl.	250	10	320	19	米坪镇秧田村竹园组	竹园组
1519	豫 RC250	栓皮栎	花栎 软木栎	*Quercus variabilis* Bl.	250	15	268	11	米坪镇行上村秧田组	秧田组
1520	豫 RC252	栓皮栎	花栎 软木栎	*Quercus variabilis* Bl.	300	26	360	19	米坪镇堂坪村街西组	街西组
1521	豫 RC253	栓皮栎	花栎 软木栎	*Quercus variabilis* Bl.	300	24	410	28	米坪镇堂坪村街东组	街东组
1522	豫 RC264	栓皮栎	花栎 软木栎	*Quercus variabilis* Bl.	200	23	276	23	米坪镇关山村小风组	小风组
1523	豫 RC275	栓皮栎	花栎 软木栎	*Quercus variabilis* Bl.	200	15	200	10	米坪镇关山村仓房组	仓房组
1524	豫 RC277	栓皮栎	花栎 软木栎	*Quercus variabilis* Bl.	200	10	270	9	米坪镇关山村仓房组	仓房组
1525	豫 RC319	栓皮栎	花栎 软木栎	*Quercus variabilis* Bl.	300	32	450	30	双龙镇西大沟村张平头组	张平头组
1526	豫 RC320	栓皮栎	花栎 软木栎	*Quercus variabilis* Bl.	200	18	288	28	双龙镇西大沟村张平头组	张平头组
1527	豫 RC321	栓皮栎	花栎 软木栎	*Quercus variabilis* Bl.	150	14	208	12	双龙镇西大沟村张平头组	张平头组
1528	豫 RC322	栓皮栎	花栎 软木栎	*Quercus variabilis* Bl.	200	25	252	21	双龙镇西大沟村张平头组	张平头组
1529	豫 RC323	栓皮栎	花栎 软木栎	*Quercus variabilis* Bl.	150	22	190	17	双龙镇西大沟村张平头组	张平头组
1530	豫 RC324	栓皮栎	花栎 软木栎	*Quercus variabilis* Bl.	200	28	267	15	双龙镇西大沟村张平头组	张平头组
1531	豫 RC327	栓皮栎	花栎 软木栎	*Quercus variabilis* Bl.	200	12	243	21	双龙镇西大沟村张平头组	张平头组
1532	豫 RC325	栓皮栎	花栎 软木栎	*Quercus variabilis* Bl.	300	16	445	21	双龙镇寨岗村符家坪组	符家坪组
1533	豫 RC441	栓皮栎	花栎 软木栎	*Quercus variabilis* Bl.	200	16	266	13	太平镇细辛村南庵组	南庵组
1534	豫 RC442	栓皮栎	花栎 软木栎	*Quercus variabilis* Bl.	180	13	200	11	太平镇细辛村南庵组	南庵组
1535	豫 RC444	栓皮栎	花栎 软木栎	*Quercus variabilis* Bl.	200	13	246	13	太平镇东坪村西地组	郭德明
1536	豫 RC445	栓皮栎	花栎 软木栎	*Quercus variabilis* Bl.	200	20	307	13	太平镇东坪村西地组	郭德明
1537	豫 RC99	栓皮栎	花栎 软木栎	*Quercus variabilis* Bl.	400	14	414	21	重阳镇上街村十一组	十一组
1538	豫 RC111	栓皮栎	花栎 软木栎	*Quercus variabilis* Bl.	100	29	117	14	西坪镇德河村八组	八组
1539	豫 RC122	栓皮栎	花栎 软木栎	*Quercus variabilis* Bl.	400	26	371	29	西坪镇下营村二组	二组

序号	编号	中文名	别名	拉丁名	树龄（a）	树高（m）	胸围/地围（cm）	冠幅（m）	具体生长位置	管护单位（人）
1540	豫 RC337	栓皮栎	花栎 软木栎	*Quercus variabilis* Bl.	500	20	495	23	二郎坪镇草湖峪村二组	二组
1541	豫 RC340	栓皮栎	花栎 软木栎	*Quercus variabilis* Bl.	200	20	215	17	二郎坪镇西庄河村吴庄组	吴庄组
1542	豫 RC411	栓皮栎	花栎 软木栎	*Quercus variabilis* Bl.	250	19	427	17	二郎坪镇西庄河 中河组	中河组
1543	豫 RC346	栓皮栎	花栎 软木栎	*Quercus variabilis* Bl.	250	22	434	24	二郎坪镇大庙村梅子沟组	梅子沟组
1544	豫 RC371	栓皮栎	花栎 软木栎	*Quercus variabilis* Bl.	200	13	295	14	二郎坪镇栗坪村宋沟组	宋沟组
1545	豫 RC373	栓皮栎	花栎 软木栎	*Quercus variabilis* Bl.	200	20	290	20	二郎坪镇栗坪村宋沟组	宋沟组
1546	豫 RC374	栓皮栎	花栎 软木栎	*Quercus variabilis* Bl.	250	23	315	25	二郎坪镇栗坪村宋沟组	宋沟组
1547	豫 RC403	栓皮栎	花栎 软木栎	*Quercus variabilis* Bl.	200	20	269	18	二郎坪镇栗坪村上庵组	上庵组
1548	豫 RC404	栓皮栎	花栎 软木栎	*Quercus variabilis* Bl.	250	17	308	8	二郎坪镇栗坪村上庵组	上庵组
1549	豫 RC25	栓皮栎	花栎 软木栎	*Quercus variabilis* Bl.	400	24	426	18	回车镇黑虎庙白庙	白庙组
1550	豫 RC222	栓皮栎	花栎 软木栎	*Quercus variabilis* Bl.	300	18	352	18	桑坪镇黄沙村普陀沟口组	普陀沟口组
1551	豫 RC392	杜鹃花	映山红	*Rhododendron Simsii* Planch.	100	4	32	5	二郎坪镇栗坪村北峪组	北峪组
1552	豫 RC393	杜鹃花	映山红	*Rhododendron Simsii* Planch.	100	3	38	3	二郎坪镇栗坪村北峪组	北峪组
1553	豫 RC14	圆柏	刺柏、柏树	*Sabina chinensis* (L.) Ant.	600	18	380	5	回车镇回车镇堂东湾组	东湾组
1554	豫 RC254	圆柏	刺柏、柏树	*Sabina chinensis* (L.) Ant.	600	25	415	17	米坪镇堂坪村河北川组	河北川组
1555	豫 RC266	圆柏	刺柏、柏树	*Sabina chinensis* (L.) Ant.	250	15	212	9	米坪镇米坪镇村窑上组	米坪小学
1556	豫 RC316	圆柏	刺柏、柏树	*Sabina chinensis* (L.) Ant.	2000	21	302	11	双龙镇小水村二组	二组
1557	豫 RC226	腺柳	河柳	*Salix chaenomeloides* kimura	300	24	342	27	石界河镇烟镇村西沟组	西沟组
1558	豫 RC433	腺柳	河柳	*Salix chaenomeloides* kimura	350	13	394	17	太平镇细辛村三道岗组	三道岗组
1559	豫 RC66	腺柳	河柳	*Salix chaenomeloides* kimura	150	20	260	15	丁河镇上店村六组	木寨林场
1560	豫 RC74	腺柳	河柳	*Salix chaenomeloides* kimura	500	9	480	12	丁河镇黄草坪岭子庄	岭子庄
1561	豫 RC149	腺柳	河柳	*Salix chaenomeloides* kimura	300	15	345	15	寨根乡捷道村 3 组	黄国成
1562	豫 RC152	腺柳	河柳	*Salix chaenomeloides* kimura	200	16	283	17	寨根乡捷道村 2 组	2 组
1563	豫 RC139	腺柳	河柳	*Salix chaenomeloides* kimura	500	11	465	20	寨根乡捷道村大沟组	大沟组
1564	豫 RC129	腺柳	河柳	*Salix chaenomeloides* kimura	600	20	600	17	寨根乡界牌村许庄	许庄
1565	豫 RC172	腺柳	河柳	*Salix chaenomeloides* kimura	100	9	175	12	桑坪镇仓房村	仓房组
1566	豫 RC269	腺柳	河柳	*Salix chaenomeloides* kimura	100	11	248	14	米坪镇行上村河南组	河南组
1567	豫 RC280	腺柳	河柳	*Salix chaenomeloides* kimura	400	10	399	18	米坪镇关山村西庄	西庄组
1568	豫 RC302	腺柳	河柳	*Salix chaenomeloides* kimura	150	13	245	8	军马河镇鱼库村大世组	大世组
1569	豫 RC339	腺柳	河柳	*Salix chaenomeloides* kimura	220	12	220	12	二郎坪镇西庄河村中河组	中河组
1570	豫 RC341	腺柳	河柳	*Salix chaenomeloides* kimura	250	18	293	15	二郎坪镇 西庄河村吴庄组	吴庄组
1571	豫 RC160	红叶腺柳		*Salix chaenomeloides* kimura	150	15	137	13	寨根乡捷道 6 组	6 组
1572	豫 RC161	红叶腺柳		*Salix chaenomeloides* kimura	150	16	137	16	寨根乡捷道 6 组	6 组
1573	豫 RC126	槐	槐树、豆槐	*Sophora japonica* Linn	400	18	334	25	寨根乡桑树村 5 组	五组

序号	编号	中文名	别 名	拉丁名	树龄（a）	树高（m）	胸围/地围（cm）	冠幅（m）	具体生长位置	管护单位（人）
1574	豫 RC101	槐	槐树、豆槐	*Sophora japonica* Linn	400	14	340	14	重阳镇八庙村二组	张丰贵
1575	豫 RC16	槐	槐树、豆槐	*Sophora japonica* Linn	500	12	460	28	回车镇黑虎庙上堰组	上堰组
1576	豫 RC349	槐	槐树、豆槐	*Sophora japonica* Linn	200	14	340	14	二郎坪镇中坪村下坪组	下坪组
1577	豫 RC418	梾木		*Swida macrophylla* (Wall.) Soják	200	17	170	9	太平镇上口村东头组	东头组
1578	豫 RC12	梾木		*Swida macrophylla* (Wall.) Soják	300	9	164	10	阳城镇高崖村六组	六组
1579	豫 RC446	三春柳	柽 柳	*Tamarix chinensis* Lour.	200	14	176	5	太平镇东坪村西地组	郭德明
1580	豫 RC237	红豆杉		*Taxus chinasis*	200	3	180	2	石界河镇杨盘台上	台上组
1581	豫 RC305	毛糯米椴	椴树	*Tilia henryana* Szyszyl.	250	10	250	10	军马河镇鱼库村大世组	大世组
1582	豫 RC77	脱皮榆	光肚榆、榔榆	*Ulmus lamellosa* T.Wang et S.L.Chang	200	14	235	15	丁河镇秧地村袁营组	袁营
1583	豫 RC78	脱皮榆	光肚榆、榔榆	*Ulmus lamellosa* T.Wang et S.L.Chang	150	12	190	15	丁河镇秧地村袁营组	袁营
1584	豫 RC79	脱皮榆	光肚榆、榔榆	*Ulmus lamellosa* T.Wang et S.L.Chang	150	8	187	11	丁河镇秧地村袁营组	袁营
1585	豫 RC96	脱皮榆	光肚榆、榔榆	*Ulmus lamellosa* T.Wang et S.L.Chang	300	18	322	13	丁河镇马蹄村四组	四组
1586	豫 RC241	脱皮榆	光肚榆、榔榆	*Ulmus lamellosa* T.Wang et S.L.Chang	100	21	190	19	石界河镇石界河镇杨坟	宋金均
1587	豫 RC258	脱皮榆	光肚榆、榔榆	*Ulmus lamellosa* T.Wang et S.L.Chang	250	20	302	17	米坪镇关山村仓房组	仓房组
1588	豫 RC285	脱皮榆	光肚榆、榔榆	*Ulmus lamellosa* T.Wang et S.L.Chang	200	18	190	9	米坪镇大庄村窑上组	窑上组
1589	豫 RC287	脱皮榆	光肚榆、榔榆	*Ulmus lamellosa* T.Wang et S.L.Chang	200	13	130	8	米坪镇大庄村窑上组	窑上组
1590	豫 RC288	脱皮榆	光肚榆、榔榆	*Ulmus lamellosa* T.Wang et S.L.Chang	300	16	278	15	米坪镇大庄村窑上组	窑上组
1591	豫 RC289	脱皮榆	光肚榆、榔榆	*Ulmus lamellosa* T.Wang et S.L.Chang	200	16	214	14	米坪镇大庄村窑上组	金广成
1592	豫 RC138	脱皮榆	光肚榆、榔榆	*Ulmus lamellosa* T.Wang et S.L.Chang	400	23	398	25	寨根乡方庄 9 组	9 组
1593	豫 RC153	脱皮榆	光肚榆、榔榆	*Ulmus lamellosa* T.Wang et S.L.Chang	100	13	172	14	寨根乡方庄 9 组	9 组
1594	豫 RC154	脱皮榆	光肚榆、榔榆	*Ulmus lamellosa* T.Wang et S.L.Chang	100	10	126	10	寨根乡方庄 9 组	9 组
1595	豫 RC397	脱皮榆	光肚榆、榔榆	*Ulmus lamellosa* T.Wang et S.L.Chang	120	15	165	10	二郎坪镇栗坪村上庵组	樊金有
1596	豫 RC398	脱皮榆	光肚榆、榔榆	*Ulmus lamellosa* T.Wang et S.L.Chang	150	15	230	10	二郎坪镇栗坪村上庵组	上庵组
1597	豫 RC399	脱皮榆	光肚榆、榔榆	*Ulmus lamellosa* T.Wang et S.L.Chang	120	15	156	10	二郎坪镇栗坪村上庵组	上庵组
1598	豫 RC263	榆树	家榆	*Ulmus pumila* L.	150	20	223	12	米坪镇关山村小风组	小风组
1599	豫 RC242	大果榉	光肚榆、榔榆	*Zelkova serrata* (Thunb.) Makino	300	20	325	13	米坪镇干角村尚庄	尚庄组
1600	豫 RC400	大果榉	光肚榆、榔榆	*Zelkova serrata* (Thunb.) Makino	400	14	429	12	二郎坪镇栗坪村上庵组	樊金有
1601	豫 RC362	大果榉	黄扎榆	*Zelkova Sinica* Schneid	250	19	250	17	二郎坪镇湾潭沟口组	周西录

三、内乡县古树名木名录

序号	编号	中文名	别名	拉丁名	树龄（a）	树高（m）	胸围/地围（cm）	冠幅（m）	具体生长位置	管护单位（人）
1602	豫 RE79	朴树	细叶榕	*Celtis sinensis* Pers	750	28	510	27	夏馆镇青杠树村东沟组	杜金甫
1603	豫 RE4	木瓜	木李	*Chaenomeles sinensis* (Thouin) Koehne	260	6	70	3	瓦亭镇春景村王家沟组	刘中道
1604	豫 RE54	樟	樟树	*Cinnamomum camphora* (L.) Presl.	310	19	195	17	赤眉镇朱陈村白果树组	刘黎晖
1605	豫 RE67	山茱萸	山萸肉	*Cornus officinalis* Sieb. et Zucc.	260	7	105	7	七里坪乡大龙村七星潭	马国喜
1606	豫 RE60	黄栌	翁仔树	*Cotinus coggygria* Scop	310	16	160	12	城关镇清真寺	杨运举
1607	豫 RE2	柿树	朱果	*Diospyros kaki* Thunb.	150	15	130	14	瓦亭镇袁营村黄家组	杨新法
1608	豫 RE3	柿树	朱果	*Diospyros kaki* Thunb.	130	22	160	12	瓦亭镇春景村王家沟组	封云保
1609	豫 RE11	银杏	白果	*Ginkgo biloba* L.	200	28	185	12	岞岖乡清泉村范沟组	靳建敏
1610	豫 RE23	银杏	白果	*Ginkgo biloba* L.	810	19	550	20	大桥乡南王村五组	王充都
1611	豫 RE25	银杏	白果	*Ginkgo biloba* L.	210	17	160	9	湍东镇庞营村小学	赵文会
1612	豫 RE26	银杏	白果	*Ginkgo biloba* L.	210	26	285	16	湍东镇庞营村小学	赵文会
1613	豫 RE53	银杏	白果	*Ginkgo biloba* L.	1700	22	1050	20	赤眉镇朱陈村白果树组	陶贵清
1614	豫 RE71	银杏	白果	*Ginkgo biloba* L.	110	19	180	15	七里坪乡靳河村路南组	谢国俊
1615	豫 RE82	银杏	白果	*Ginkgo biloba* L.	160	21	255	18	夏馆镇湍源村油坊组	刘章林
1616	豫 RE98	银杏	白果	*Ginkgo biloba* L.	550	31	350	17	板场乡让河村楸树湾组	余富全
1617	豫 RE99	银杏	白果	*Ginkgo biloba* L.	540	33	377	18	板场乡让河村楸树湾组	余富全
1618	豫 RE100	银杏	白果	*Ginkgo biloba* L.	450	25	260	15	板场乡让河村余营下院组	余富全
1619	豫 RE101	银杏	白果	*Ginkgo biloba* L.	440	25	220	11	板场乡让河村余营下院组	余富全
1620	豫 RE1	皂荚	皂角	*Gleditsia sinensis* Lam.	150	22	200	18	瓦亭镇瓦亭村张二组	张明方
1621	豫 RE8	皂荚	皂角	*Gleditsia sinensis* Lam.	320	28	260	19	岞岖乡双堰村山坡组	刘少平
1622	豫 RE22	皂荚	皂角	*Gleditsia sinensis* Lam.	510	24	210	17	大桥乡郭河村郭东组	郭金全
1623	豫 RE24	皂荚	皂角	*Gleditsia sinensis* Lam.	210	18	200	16	大桥乡程岗村陆家组	陆兴汉
1624	豫 RE29	皂荚	皂角	*Gleditsia sinensis* Lam.	1150	22	335	18	灌涨镇杨集村吉祥寺	杨曙光
1625	豫 RE30	皂荚	皂角	*Gleditsia sinensis* Lam.	1100	20	340	24	灌涨镇杨集村吉祥寺	杨曙光
1626	豫 RE32	皂荚	皂角	*Gleditsia sinensis* Lam.	180	18	180	14	灌涨镇灌涨村东岳二组	樊广华
1627	豫 RE34	皂荚	皂角	*Gleditsia sinensis* Lam.	710	16	235	11	马山口镇河西村小学	秦永才
1628	豫 RE44	皂荚	皂角	*Gleditsia sinensis* Lam.	120	11	125	9	余关乡麦山村西营组	秦海龙
1629	豫 RE45	皂荚	皂角	*Gleditsia sinensis* Lam.	130	14	155	15	余关乡麦山村庙坪组	秦海龙
1630	豫 RE51	皂荚	皂角	*Gleditsia sinensis* Lam.	600	19	430	14	赤眉镇张堂村小河组	杨玉培
1631	豫 RE52	皂荚	皂角	*Gleditsia sinensis* Lam.	500	20	330	13	赤眉镇王庄村沟脑组	张定周

序号	编号	中文名	别名	拉丁名	树龄（a）	树高（m）	胸围/地围（cm）	冠幅（m）	具体生长位置	管护单位（人）
1632	豫 RE62	皂荚	皂角	*Gleditsia sinensis* Lam.	160	16	225	18	七里坪乡高皇村马庄组	马新富
1633	豫 RE74	皂荚	皂角	*Gleditsia sinensis* Lam.	660	14	380	13	夏馆镇夏馆村南上岗组	李万志
1634	豫 RE15	冬青		*Ilex chinensis* Sims	210	13	185	10	岞岖乡王井村吴垭组	吴生三
1635	豫 RE16	冬青		*Ilex chinensis* Sims	120	10	134	10	岞岖乡王井村吴垭组	吴生三
1636	豫 RE84	核桃	胡桃树	*Juglans regia*	320	23	295	19	夏馆镇湍源村沟口组	刘章林
1637	豫 RE7	圆柏	翠柏	*Juniperus formosana* Hayata	1500	19	350	10	岞岖乡白杨村石堂山	韩有品
1638	豫 RE27	刺柏	翠柏	*Juniperus formosana* Hayata	510	12	300	6	王店镇均张村拐子李小学	张晓
1639	豫 RE55	刺柏	翠柏	*Juniperus formosana* Hayata	110	13	135	8	赤眉镇鱼贯口村南头组	曹黑成
1640	豫 RE61	刺柏	翠柏	*Juniperus formosana* Hayata	210	13	195	10	城关镇清真寺	杨运举
1641	豫 RE78	刺柏	翠柏	*Juniperus formosana* Hayata	710	10	180	3	夏馆镇青杠树村翟庄组	杜金甫
1642	豫 RE90	刺柏	翠柏	*Juniperus formosana* Hayata	720	13	260	11	夏馆镇青杠树村苇园组	杜金甫
1643	豫 RE93	刺柏	翠柏	*Juniperus formosana* Hayata	360	15	280	13	板场乡前庄村后河组	杨国义
1644	豫 RE97	刺柏	翠柏	*Juniperus formosana* Hayata	120	16	170	12	板场乡青竹村岗上组	范正朝
1645	豫 RE14	桂花	木犀	*Osmanthus fragrans* (Thunb.)Lour.	350	15	140	9	岞岖乡王井村吴垭组	吴生三
1646	豫 RE58	桂花	木犀	*Osmanthus fragrans* (Thunb.)Lour.	700	11	160	16	城关镇内乡县衙	王晓杰
1647	豫 RE59	桂花	木犀	*Osmanthus fragrans* (Thunb.)Lour.	700	10	152	12	城关镇内乡县衙	王晓杰
1648	豫 RE72	桂花	木犀	*Osmanthus fragrans* (Thunb.)Lour.	350	8	210	8	七里坪乡靳河村路南组	张国顺
1649	豫 RE89	马尾松	青松	*Pinus massoniana* Lamb	130	17	100	11	夏馆镇牡珠琉村绿泥坑组	郭玉保
1650	豫 RE69	马尾松	青松	*Pinus tabulaeformis* Carr	210	18	242	15	七里坪乡蚌峪村石庄组	齐明伍
1651	豫 RE12	黄连木	黄楝树	*Pistacia chinensis* Bunge	350	14	290	8	岞岖乡王井村吴垭组	吴生三
1652	豫 RE17	黄连木	黄楝树	*Pistacia chinensis* Bunge	120	15	130	10	岞岖乡王井村吴垭组	吴生三
1653	豫 RE21	黄连木	黄楝树	*Pistacia chinensis* Bunge	220	24	240	16	师岗镇苗庄村吕楼组	吕慎康
1654	豫 RE40	黄连木	黄楝树	*Pistacia chinensis* Bunge	160	18	215	17	余关乡梁坪村曹坪组	岳子华
1655	豫 RE47	黄连木	黄楝树	*Pistacia chinensis* Bunge	160	28	235	16	余关乡石庙村陈家组	陈文广
1656	豫 RE48	黄连木	黄楝树	*Pistacia chinensis* Bunge	260	30	216	18	余关乡独树村敬老院	雷志高
1657	豫 RE49	黄连木	黄楝树	*Pistacia chinensis* Bunge	220	14	320	18	余关乡独树村张庞组	雷志高
1658	豫 RE57	黄连木	黄楝树	*Pistacia chinensis* Bunge	320	31	240	21	赤眉镇庙北村马庄组	马富华
1659	豫 RE63	黄连木	黄楝树	*Pistacia chinensis* Bunge	220	17	225	14	七里坪乡黄沙村宋庄组	韩国平
1660	豫 RE64	黄连木	黄楝树	*Pistacia chinensis* Bunge	320	18	312	15	七里坪乡野獐村西岈组	李士林
1661	豫 RE66	黄连木	黄楝树	*Pistacia chinensis* Bunge	320	28	396	21	七里坪乡大龙村赵坟组	陈松林
1662	豫 RE68	黄连木	黄楝树	*Pistacia chinensis* Bunge	600	21	660	21	七里坪乡大龙村老庙组	席丰君
1663	豫 RE75	黄连木	黄楝树	*Pistacia chinensis* Bunge	510	18	323	18	夏馆镇西河堂村黑龙潭组	李朝阳
1664	豫 RE80	黄连木	黄楝树	*Pistacia chinensis* Bunge	600	14	420	15	夏馆镇青杠树村张庄组	杜金甫
1665	豫 RE5	侧柏	香柏	*Platycladus orientalis* (L.) Franco	200	12	142	5	瓦亭镇药山村张家庙组	张金海

序号	编号	中文名	别名	拉丁名	树龄（a）	树高（m）	胸围/地围（cm）	冠幅（m）	具体生长位置	管护单位（人）
1666	豫 RE10	侧柏	香柏	*Platycladus orientalis* (L.) Franco	510	15	205	8	岞岖乡红庙村小学	王俊虎
1667	豫 RE13	侧柏	香柏	*Platycladus orientalis* (L.) Franco	210	18	180	7	岞岖乡王井村吴垭组	吴生三
1668	豫 RE20	侧柏	香柏	*Platycladus orientalis* (L.) Franco	150	17	195	8	师岗镇付湾村姚家组	付文伟
1669	豫 RE31	侧柏	香柏	*Platycladus orientalis* (L.) Franco	120	11	120	4	灌涨镇前湾村贾营组	贾玉国
1670	豫 RE36	侧柏	香柏	*Platycladus orientalis* (L.) Franco	210	15	112	3	余关乡梁坪村大眼组	岳子华
1671	豫 RE37	侧柏	香柏	*Platycladus orientalis* (L.) Franco	210	17	123	6	余关乡梁坪村大眼组	岳子华
1672	豫 RE38	侧柏	香柏	*Platycladus orientalis* (L.) Franco	210	12	85	4	余关乡梁坪村大眼组	岳子华
1673	豫 RE39	侧柏	香柏	*Platycladus orientalis* (L.) Franco	210	12	135	5	余关乡梁坪村白路组	岳子华
1674	豫 RE42	侧柏	香柏	*Platycladus orientalis* (L.) Franco	130	10	95	6	余关乡东王庄村小学	董会超
1675	豫 RE46	侧柏	香柏	*Platycladus orientalis* (L.) Franco	200	8	140	6	余关乡麦山村岈子	秦海龙
1676	豫 RE50	侧柏	香柏	*Platycladus orientalis* (L.) Franco	150	13	112	6	余关乡黄楝村黄南组	王建国
1677	豫 RE56	侧柏	香柏	*Platycladus orientalis* (L.) Franco	230	12	168	6	赤眉镇鱼贯口村南头组	曹黑成
1678	豫 RE91	侧柏	香柏	*Platycladus orientalis* (L.) Franco	220	27	220	9	板场乡信用社	谭涛
1679	豫 RE85	毛白杨		*Populus tomentosa* Carrière	110	25	150	18	夏馆镇湍源村小东沟组	刘章林
1680	豫 RE18	枫杨	白杨	*Pterocarya stenoptera* C. DC.	310	30	400	23	桃溪镇桃庄河村三叉口组	张成林
1681	豫 RE19	枫杨	白杨	*Pterocarya stenoptera* C. DC.	210	15	360	12	桃溪镇彭沟村於家沟组	冯金柱
1682	豫 RE41	枫杨	白杨	*Pterocarya stenoptera* C. DC.	350	28	535	20	余关乡梁坪村么河组	岳子华
1683	豫 RE65	枫杨	白杨	*Pterocarya stenoptera* C. DC.	200	20	410	20	七里坪乡野獐村赵庄组	王建邦
1684	豫 RE81	枫杨	白杨	*Pterocarya stenoptera* C. DC.	160	23	400	18	夏馆镇小栗坪村四组	李国成
1685	豫 RE87	枫杨	白杨	*Pterocarya stenoptera* C. DC.	180	17	390	15	夏馆镇大块地村大块地组	张铁伟
1686	豫 RE88	枫杨	白杨	*Pterocarya stenoptera* C. DC.	210	19	230	17	夏馆镇牡珠琉村牡珠琉组	郭玉保
1687	豫 RE92	枫杨	白杨	*Pterocarya stenoptera* C. DC.	220	28	470	26	板场乡双庙村土门沟组	齐年运
1688	豫 RE95	枫杨	白杨	*Pterocarya stenoptera* C. DC.	110	32	305	26	板场乡雁岭村吴营组	李国华
1689	豫 RE94	青檀	檀树	*Pteroceltis tatarinowii Maxim.*	450	24	450	14	板场乡长兴村河岸组	王喜盈
1690	豫 RE6	梨	鸦梨	*Pyrus* Spp.	320	14	180	13	瓦亭镇药山村魏沟组	魏特志
1691	豫 RE33	栎树	橡树	*Quercus* Linn	320	19	400	25	马山口镇杜落庄村 6 组	吴书朝
1692	豫 RE86	栎树	橡树	*Quercus* Linn	320	24	330	16	夏馆镇湍源村西沟组	刘章林
1693	豫 RE83	栓皮树	橡树	*Quercus variabilis* Bl	360	30	425	22	夏馆镇湍源村河西组	刘章林
1694	豫 RE28	圆柏	翠柏	*Sabina chinensis* (L.) Ant	710	15	230	10	王店镇显圣庙村小学	周学亮
1695	豫 RE9	圆柏	香柏	*Sabina chinensis* (L.) Ant	550	18	284	8	岞岖乡红庙村小学	王俊虎
1696	豫 RE77	圆柏	香柏	*Sabina chinensis* (L.) Ant	710	18	189	7	夏馆镇黄龙村后庄组	贾国明
1697	豫 RE35	柳树	水柳	*Salix babylonica* L.	1100	15	385	16	马山口镇杏树坪村李家庄	朱子成
1698	豫 RE76	柳树	水柳	*Salix babylonica* L.	310	15	420	11	夏馆镇黄靳村刘庄组	刘金明
1699	豫 RE43	槐	槐树	*Sophora japonica* Linn.	450	8	225	6	余关乡麦山村石山组	秦海龙

序号	编号	中文名	别 名	拉丁名	树龄（a）	树高（m）	胸围/地围（cm）	冠幅（m）	具体生长位置	管护单位（人）
1700	豫 RE70	槐	槐树	*Sophora japonica* Linn.	320	15	300	13	七里坪乡后坪村谢楼组	谢雪山
1701	豫 RE73	槐	槐树	*Sophora japonica* Linn.	510	11	420	9	夏馆镇西河堂村东沟组	李朝阳
1702	豫 RE96	槐	槐树	*Sophora japonica* Linn.	220	3	350	2	板场乡玉皇村南沟组	刘书传

四、南召县古树名木名录

序号	编号	中文名	别 名	拉丁名	树龄（a）	树高（m）	胸围/地围（cm）	冠幅（m）	具体生长位置	管护单位（人）
1703	豫 RF102	七叶树	梭椤树	*Aesculus chinensis* Bunge	110	18	170	13	崔庄乡核桃树村老沟组	朱明银
1704	豫 RF184	臭椿	臭椿皮	*Ailanthus altissima* (Mill.)Swingle	130	18	360	21	云阳镇陈沟村七里湾组	七里湾组
1705	豫 RF159	杏	杏子	*Armeniaca vulgaris* Lam.	110	12	210	15	皇后乡天桥村田庄组	王兴文
1706	豫 RF190	杏	杏子	*Armeniaca vulgaris* Lam.	110	8	120	11	云阳乡镇马庄村石火坑组	王二娃
1707	豫 RF164	栗	毛栗	*Castanea mollissima* Bl.	200	11	180	5	皇后乡天桥村头道石墙口	天桥村委会
1708	豫 RF206	栗	毛栗	*Castanea mollissima* Bl.	120	10	200	10	云阳镇屈庄河南边	西花园村委会
1709	豫 RF113	栗	毛栗	*Castanea mollissima* Bl.	300	15	310	13	板山坪镇樊楼村	张建中
1710	豫 RF114	栗	毛栗	*Castanea mollissima* Bl.	80	8	130	6	板山坪镇樊楼村三亩田河东	陈明现
1711	豫 RF112	栗	毛栗	*Castanea mollissima* Bl.	110	8	190	8	板山坪镇仓房村	李贵林
1712	豫 RF116	栗	毛栗	*Castanea mollissima* Bl.	130	13	180	10	板山坪镇仓房村李喜红房后	尚中军
1713	豫 RF111	栗	毛栗	*Castanea mollissima* Bl.	200	8	250	11	板山坪镇仓房村	仓房村委会
1714	豫 RF115	栗		*Castanea seguinii* Dode	180	10	270	13	仓房尚庄组尚中军山墙北	尚占甫
1715	豫 RF91	栗	毛栗	*Castanea mollissima* Bl.	300	16	240	14	马市坪镇转角石村	转角石村委会
1716	豫 RF198	楸树	梓桐 金丝楸	*Catalpa bungei* C.A.Mey	100	19	160	5	云阳镇东花园村楸树盘组	东花园村委会
1717	豫 R87	木瓜	木瓜树	*Chaenomeles sinensis* (Thouin)Koehne	150	9	125	8	马市坪乡转角石村城角组	转角石村委会
1718	豫 RF120	木瓜	木瓜树	*Chaenomeles sinensis* (Thouin)Koehne	200	11	110	9	留山镇马窝村	丹霞寺
1719	豫 RF264	流苏树		*Chionanthus retusus* Lindl.et Paxt.	110	15	150	12	白土岗镇河南村下西扁组	河南村委
1720	豫 RF12	山茱萸	山萸肉 肉枣	*Cornus officinalis* Sieb. et Zucc.	110	8	270	10	乔端镇六组山门口	玉莽村委会
1721	豫 RF13	山茱萸	山萸肉 肉枣	*Cornus officinalis* Sieb. et Zucc.	180	8	260	11	乔端镇刘玉来房西	玉莽村委会
1722	豫 RF14	山茱萸	山萸肉 肉枣	*Cornus officinalis* Sieb. et Zucc.	100	8	130	7	乔端镇高万峰门前	玉莽村委会
1723	豫 RF15	山茱萸	山萸肉 肉枣	*Cornus officinalis* Sieb. et Zucc.	110	10	200	9	乔端镇王金峰门前	玉莽村委会
1724	豫 RF16	山茱萸	山萸肉 肉枣	*Cornus officinalis* Sieb. et Zucc.	200	10	290	13	乔端镇高万峰房后	玉莽村委会
1725	豫 RF17	山茱萸	山萸肉 肉枣	*Cornus officinalis* Sieb. et Zucc.	110	8	275	13	乔端镇下坑下路边	玉莽村委会

序号	编号	中文名	别 名	拉丁名	树龄（a）	树高（m）	胸围 / 地围（cm）	冠幅（m）	具体生长位置	管护单位（人）
1726	豫 R100	柿	朱果	*Diospyros kaki* Thunb	150	18	310	12	崔庄乡核桃树村	刘荣奎、刘荣汉
1727	豫 RF138	柿	朱果	*Diospyros kaki* Thunb	200	8	200	11	皇后乡潘平村	王金发
1728	豫 RF152	柿	朱果	*Diospyros kaki* Thunb	200	6	240	7	皇后乡天桥村	丁庄组
1729	豫 RF156	柿	朱果	*Diospyros kaki* Thunb	100	17	170	4	皇后乡天桥村	天桥村委会
1730	豫 RF162	柿	朱果	*Diospyros kaki* Thunb	200	7	250	5	皇后乡天桥村	天桥村委会
1731	豫 RF170	柿	朱果	*Diospyros kaki* Thunb	150	16	180	10	皇后乡天桥村	天桥村委会
1732	豫 RF274	柿	朱果	*Diospyros kaki* Thunb	250	8	135	4	石门乡竹园村	窑沟组
1733	豫 RF185	柿	朱果	*Diospyros kaki* Thunb	130	10	180	12	云阳镇白行村	王上组
1734	豫 RF186	柿	朱果	*Diospyros kaki* Thunb	100	8	180	9	云阳镇白行村	王上组
1735	豫 RF192	柿	朱果	*Diospyros kaki* Thunb	120	8	160	7	云阳镇杨岗村	孔帅
1736	豫 RF1	银杏	白果 公孙树	*Ginkgo biloba* L.	750	28	425	14	乔端镇水晶河村	乔端镇政府
1737	豫 RF2	银杏	白果 公孙树	*Ginkgo biloba* L.	300	15	200	12	乔端镇水晶河村	乔端镇政府
1738	豫 RF3	银杏	白果 公孙树	*Ginkgo biloba* L.	300	12	180	7	乔端镇水晶河村	乔端镇政府
1739	豫 RF4	银杏	白果 公孙树	*Ginkgo biloba* L.	300	12	170	7	乔端镇水晶河村	乔端镇政府
1740	豫 RF5	银杏	白果 公孙树	*Ginkgo biloba* L.	500	23	320	11	乔端镇水晶河村	水晶河村委会
1741	豫 RF6	银杏	白果 公孙树	*Ginkgo biloba* L.	310	15	218	11	乔端镇水晶河村	水晶河村委会
1742	豫 RF7	银杏	白果 公孙树	*Ginkgo biloba* L.	700	25	140	13	乔端镇水晶河村	水晶河村委会
1743	豫 RF8	银杏	白果 公孙树	*Ginkgo biloba* L.	400	24	260	15	乔端镇水晶河村	水晶河村委会
1744	豫 RF9	银杏	白果 公孙树	*Ginkgo biloba* L.	400	24	368	16	乔端镇水晶河村	水晶河村委会
1745	豫 RF18	银杏	白果 公孙树	*Ginkgo biloba* L.	400	26	360	15	乔端镇九崖村前河组	九崖村委会
1746	豫 RF23	银杏	白果 公孙树	*Ginkgo biloba* L.	380	30	470	19	乔端镇九崖村前河组	九崖村委会
1747	豫 RF24	银杏	白果 公孙树	*Ginkgo biloba* L.	380	19	350	17	乔端镇九崖村前河组	九崖村委会
1748	豫 RF25	银杏	白果 公孙树	*Ginkgo biloba* L.	380	21	400	17	乔端镇九崖村前河组	九崖村委会
1749	豫 RF26	银杏	白果 公孙树	*Ginkgo biloba* L.	400	20	310	18	乔端镇九崖村前河组	九崖村委会
1750	豫 RF27	银杏	白果 公孙树	*Ginkgo biloba* L.	350	25	333	17	乔端镇九崖村前河组	九崖村委会
1751	豫 RF19	银杏	白果 公孙树	*Ginkgo biloba* L.	300	26	480	15	乔端镇九崖村前河组	乔端镇政府
1752	豫 RF20	银杏	白果 公孙树	*Ginkgo biloba* L.	380	27	480	15	乔端镇九崖村前河组	乔端镇政府
1753	豫 RF21	银杏	白果 公孙树	*Ginkgo biloba* L.	380	30	465	15	乔端镇九崖村前河组	乔端镇政府
1754	豫 RF22	银杏	白果 公孙树	*Ginkgo biloba* L.	200	25	223	15	乔端镇九崖村前河组	乔端镇政府
1755	豫 RF34	银杏	白果 公孙树	*Ginkgo biloba* L.	1500	25	1150	15	乔端镇竹园村白果坪组	竹园村委会
1756	豫 RF35	银杏	白果 公孙树	*Ginkgo biloba* L.	500	16	360	15	乔端镇竹园村白果坪组	竹园村委会
1757	豫 RF36	银杏	白果 公孙树	*Ginkgo biloba* L.	150	18	170	16	乔端镇竹园村白果坪组	竹园村委会
1758	豫 RF37	银杏	白果 公孙树	*Ginkgo biloba* L.	500	21	470	17	乔端镇竹园村白果坪组	竹园村委会
1759	豫 RF38	银杏	白果 公孙树	*Ginkgo biloba* L.	500	13	380	18	乔端镇竹园村白果坪组	乔端镇政府

序号	编号	中文名	别 名	拉丁名	树龄（a）	树高（m）	胸围 / 地围（cm）	冠幅（m）	具体生长位置	管护单位（人）
1760	豫 RF39	银杏	白果 公孙树	*Ginkgo biloba* L.	210	14	250	16	乔端镇吉家庄村前湖组	乔端镇政府
1761	豫 RF40	银杏	白果 公孙树	*Ginkgo biloba* L.	500	20	370	18	乔端镇吉家庄村前湖组	乔端镇政府
1762	豫 RF41	银杏	白果 公孙树	*Ginkgo biloba* L.	500	21	310	14	乔端镇吉家庄村前湖组	乔端镇政府
1763	豫 RF42	银杏	白果 公孙树	*Ginkgo biloba* L.	500	18	310	13	乔端镇吉家庄村后湖组	乔端镇政府
1764	豫 RF43	银杏	白果 公孙树	*Ginkgo biloba* L.	500	16	400	14	乔端镇吉家庄村后湖组	乔端镇政府
1765	豫 RF44	银杏	白果 公孙树	*Ginkgo biloba* L.	500	17	250	14	乔端镇吉家庄村后湖组	乔端镇政府
1766	豫 RF45	银杏	白果 公孙树	*Ginkgo biloba* L.	500	18	320	16	乔端镇吉家庄村后湖组	乔端镇政府
1767	豫 RF46	银杏	白果 公孙树	*Ginkgo biloba* L.	500	17	320	15	乔端镇吉家庄村后湖组	乔端镇政府
1768	豫 RF51	银杏	白果 公孙树	*Ginkgo biloba* L.	500	30	540	18	乔端镇石鼓村上坪组	乔端镇政府
1769	豫 RF52	银杏	白果 公孙树	*Ginkgo biloba* L.	500	21	840	25	乔端镇石鼓村石门组	乔端镇政府
1770	豫 RF53	银杏	白果 公孙树	*Ginkgo biloba* L.	250	23	180	14	乔端镇石鼓村河南庄组	乔端镇政府
1771	豫 RF54	银杏	白果 公孙树	*Ginkgo biloba* L.	260	20	210	8	乔端镇石鼓村水牛冲组	乔端镇政府
1772	豫 RF55	银杏	白果 公孙树	*Ginkgo biloba* L.	500	18	185	11	乔端镇石鼓村水牛冲组	乔端镇政府
1773	豫 RF56	银杏	白果 公孙树	*Ginkgo biloba* L.	180	15	170	12	乔端镇石鼓村水牛冲组	乔端镇政府
1774	豫 RF57	银杏	白果 公孙树	*Ginkgo biloba* L.	500	20	300	20	乔端镇石鼓村石鼓组	乔端镇政府
1775	豫 R47	银杏	白果 公孙树	*Ginkgo biloba* L.	200	15	200	13	乔端镇吉家庄村前湖组	吉家庄村委会
1776	豫 RF58	银杏	白果 公孙树	*Ginkgo biloba* L.	300	30	280	16	乔端镇石鼓村石鼓组	石鼓村委会
1777	豫 RF59	银杏	白果 公孙树	*Ginkgo biloba* L.	300	20	320	15	乔端镇石鼓村石鼓组	石鼓村委会
1778	豫 RF60	银杏	白果 公孙树	*Ginkgo biloba* L.	300	28	430	22	乔端镇石鼓村石鼓组	石鼓村委会
1779	豫 RF63	银杏	白果 公孙树	*Ginkgo biloba* L.	280	15	248	11	乔端镇石鼓村砖塔组	石鼓村砖塔组
1780	豫 RF64	银杏	白果 公孙树	*Ginkgo biloba* L.	350	20	295	14	乔端镇石鼓村砖塔组	石鼓村砖塔组
1781	豫 RF65	银杏	白果 公孙树	*Ginkgo biloba* L.	200	12	110	13	乔端镇石鼓村砖塔组	石鼓村砖塔组
1782	豫 RF66	银杏	白果 公孙树	*Ginkgo biloba* L.	160	18	125	12	乔端镇石鼓村砖塔组	石鼓村砖塔组
1783	豫 RF67	银杏	白果 公孙树	*Ginkgo biloba* L.	200	17	140	11	乔端镇石鼓村砖塔组	石鼓村砖塔组
1784	豫 RF68	银杏	白果 公孙树	*Ginkgo biloba* L.	240	18	180	12	乔端镇石鼓村砖塔组	石鼓村砖塔组
1785	豫 RF69	银杏	白果 公孙树	*Ginkgo biloba* L.	350	18	640	19	乔端镇石鼓村砖塔组	石鼓村砖塔组
1786	豫 RF70	银杏	白果 公孙树	*Ginkgo biloba* L.	220	18	170	12	乔端镇石鼓村砖塔组	石鼓村砖塔组
1787	豫 RF71	银杏	白果 公孙树	*Ginkgo biloba* L.	320	20	440	15	乔端镇石鼓村砖塔组	石鼓村砖塔组
1788	豫 RF72	银杏	白果 公孙树	*Ginkgo biloba* L.	300	18	250	13	乔端镇石鼓村砖塔组	石鼓村砖塔组
1789	豫 RF73	银杏	白果 公孙树	*Ginkgo biloba* L.	220	15	160	10	乔端镇石鼓村砖塔组	石鼓村砖塔组
1790	豫 RF78	银杏	白果 公孙树	*Ginkgo biloba* L.	200	17	220	11	马市坪乡政府	马市坪镇政府
1791	豫 RF79	银杏	白果 公孙树	*Ginkgo biloba* L.	150	26	180	17	马市坪乡供销社院内	马市坪供销社
1792	豫 RF82	银杏	白果 公孙树	*Ginkgo biloba* L.	1000	18	345	14	马市坪乡转角石村	转角石村委会
1793	豫 RF88	银杏	白果 公孙树	*Ginkgo biloba* L.	150	20	182	12	马市坪乡转角石村	转角石村委会

序号	编号	中文名	别 名	拉丁名	树龄（a）	树高（m）	胸围 / 地围（cm）	冠幅（m）	具体生长位置	管护单位（人）
1794	豫 RF92	银杏	白果 公孙树	*Ginkgo biloba* L.	150	20	178	14	马市坪乡转角石村	转角石村委会
1795	豫 RF93	银杏	白果 公孙树	*Ginkgo biloba* L.	120	13	173	11	马市坪乡转角石村	转角石村委会
1796	豫 RF94	银杏	白果 公孙树	*Ginkgo biloba* L.	150	18	198	15	马市坪乡转角石村	转角石村委会
1797	豫 RF104	银杏	白果 公孙树	*Ginkgo biloba* L.	1000	20	640	22	板山坪镇华阳宫村裴老庄组	华阳宫村委会
1798	豫 RF105	银杏	白果 公孙树	*Ginkgo biloba* L.	1000	27	600	21	板山坪镇华阳宫村	华阳宫村委会
1799	豫 RF108	银杏	白果 公孙树	*Ginkgo biloba* L.	300	25	260	13	板山坪镇漆树沟村	漆树沟村委会
1800	豫 RF109	银杏	白果 公孙树	*Ginkgo biloba* L.	300	25	290	13	板山坪镇漆树沟村	漆树沟村委会
1801	豫 RF233	银杏	白果 公孙树	*Ginkgo biloba* L.	500	16	320	12	小店乡杨庄小学院内	杨庄小学
1802	豫 RF131	银杏	白果 公孙树	*Ginkgo biloba* L.	1000	22	435	20	留山镇马窝村组	大庄林场
1803	豫 RF132	银杏	白果 公孙树	*Ginkgo biloba* L.	1000	25	239	27	留山镇马窝村组	大庄林场
1804	豫 RF28	皂荚	皂角	*Gleditsia sinensis* Lam	300	20	320	24	乔端镇西庄村江边组	西庄村委会
1805	豫 RF29	皂荚	皂角	*Gleditsia sinensis* Lam	160	10	300	6	乔端镇西庄村江边组	西庄村委会
1806	豫 RF32	皂荚	皂角	*Gleditsia sinensis* Lam	150	20	300	16	乔端镇白水河村黄家庄组	白河村委会
1807	豫 RF49	皂荚	皂角	*Gleditsia sinensis* Lam	120	17	190	15	乔端镇八里湾村小南沟组	八里湾村委会
1808	豫 RF118	皂荚	皂角	*Gleditsia sinensis* Lam	100	17	180	10	小街清风崖组中间	小街村委会
1809	豫 RF119	皂荚	皂角	*Gleditsia sinensis* Lam	500	21	330	19	留山乡镇土门村组世纪门口	土门村委会
1810	豫 RF117	皂荚	皂角	*Gleditsia sinensis* Lam	300	17	355	9	板山坪镇小街村清风崖组	小街村委会
1811	豫 RF101	皂荚	皂角	*Gleditsia sinensis* Lam	280	23	300	18	崔庄乡马良村上马良组	马良村委会
1812	豫 RF136	皂荚	皂角	*Gleditsia sinensis* Lam	400	12	295	12	太山庙乡梁沟村任岗组井旁边	梁沟村委会
1813	豫 RF142	皂荚	皂角	*Gleditsia sinensis* Lam	100	13	240	22	皇后乡康庄村大庄组	里面沟大庄组
1814	豫 RF143	皂荚	皂角	*Gleditsia sinensis* Lam	150	13	300	25	皇后乡康庄村河东组	李绍孩
1815	豫 RF183	皂荚	皂角	*Gleditsia sinensis* Lam	150	15	230	15	云阳乡镇关山村许家庄组	官山村委会
1816	豫 RF188	皂荚	皂角	*Gleditsia sinensis* Lam	130	13	113	11	云阳乡镇马庄村石火坑组	朱贵昌
1817	豫 RF193	皂荚	皂角	*Gleditsia sinensis* Lam	400	12	370	10	云阳镇南召店村大石岈组	宁富贵
1818	豫 RF241	皂荚	皂角	*Gleditsia sinensis* Lam	220	18	230	25	小店乡龙潭村崇兴寺组	龙潭村委会
1819	豫 RF242	皂荚	皂角	*Gleditsia sinensis* Lam	150	13	190	12	小店乡龙潭村崇兴寺组	龙潭村委会
1820	豫 RF247	皂荚	皂角	*Gleditsia sinensis* Lam	500	18	300	14	小店乡建坪村小南沟组	建坪村委会
1821	豫 RF263	皂荚	皂角	*Gleditsia sinensis* Lam	210	16	229	12	白土岗镇东沟村后坪组	东沟村委
1822	豫 RF265	皂荚	皂角	*Gleditsia sinensis* Lam	105	18	219	17	白土岗镇姬村姬南组	和广中
1823	豫 RF269	皂荚	皂角	*Gleditsia sinensis* Lam	110	17	165	13	城郊镇秦老庄村老窝组	靳德志
1824	豫 RF271	皂荚	皂角	*Gleditsia sinensis* Lam	380	18	178	11.5	城郊镇前庄村前东组	前东组
1825	豫 RF272	皂荚	皂角	*Gleditsia sinensis* Lam	1010	18	380	14	石门乡黑龙村红草沟组	红草沟组
1826	豫 RF275	皂荚	皂角	*Gleditsia sinensis* Lam	240	15	164	12.5	南河店镇申沟村栗轧沟组	栗轧沟组
1827	豫 RF277	皂荚	皂角	*Gleditsia sinensis* Lam	100	14	175	12.5	南河店镇韦湾村皂荚树组	皂荚树组

序号	编号	中文名	别名	拉丁名	树龄（a）	树高（m）	胸围/地围（cm）	冠幅（m）	具体生长位置	管护单位（人）
1828	豫 RF282	皂荚	皂角	*Gleditsia sinensis* Lam	300	18	275	17	南河店镇席老庄村梨园组	梨园组
1829	豫 RF285	皂荚	皂角	*Gleditsia sinensis* Lam	400	16	310	11.1	四棵树乡青杠扒村河西组	河西组
1830	豫 RF252	皂荚	皂角	*Gleditsia sinensis* Lam	450	15	330	14	小店乡镇马庄村马庄组	马庄村委会
1831	豫 RF149	皂荚	皂角	*Gleditsia sinensis* Lam	160	13	210	18	皇后乡镇天桥村桥上组	天桥村委会
1832	豫 RF196	刺柏	山刺柏	*Juniperus formosana* Hayata	300	12	180	6	云阳镇东花园村楸树盘李运建门前	东花园村委会
1833	豫 RF266	女贞		*Ligustrum lucidum* Ait.	260	13	215	11.7	白土岗镇华子岭村	刘文来
1834	豫 RF284	枫香		*Liquidambar formosana* Hance	200	20	280	19	四棵树乡白草垛村	白草垛村软枣树组
1835	豫 RF150	望春玉兰	辛夷	*Magnolia biondii* Pamp.	150	18	215	12	皇后乡天桥村桥上对面坡跟	天桥村委会
1836	豫 RF153	望春玉兰	辛夷	*Magnolia biondii* Pamp.	400	15	300	23	皇后乡天桥村丁庄	天桥村委会
1837	豫 RF154	望春玉兰	辛夷	*Magnolia biondii* Pamp.	120	8	180	13	皇后乡天桥村丁庄	天桥村委会
1838	豫 RF155	望春玉兰	辛夷	*Magnolia biondii* Pamp.	150	15	330	7	皇后乡天桥村丁庄	天桥村委会
1839	豫 RF161	望春玉兰	辛夷	*Magnolia biondii* Pamp.	120	3	120	2	皇后乡天桥村老丈沟	天桥村委会
1840	豫 RF163	望春玉兰	辛夷	*Magnolia biondii* Pamp.	150	8	180	3	皇后乡天桥村下地	天桥村委会
1841	豫 RF166	望春玉兰	辛夷	*Magnolia biondii* Pamp.	160	6	170	2	皇后乡天桥村栗树坪	天桥村委会
1842	豫 RF167	望春玉兰	辛夷	*Magnolia biondii* Pamp.	200	9	340	5	皇后乡天桥村栗树坪	天桥村委会
1843	豫 RF168	望春玉兰	辛夷	*Magnolia biondii* Pamp.	200	9	300	6	皇后乡天桥村栗树坪	天桥村委会
1844	豫 RF169	望春玉兰	辛夷	*Magnolia biondii* Pamp.	250	10	175	6	皇后乡天桥村上河庙	天桥村委会
1845	豫 RF171	望春玉兰	辛夷	*Magnolia biondii* Pamp.	100	13	120	4	皇后乡天桥村党庄	天桥村委会
1846	豫 RF172	望春玉兰	辛夷	*Magnolia biondii* Pamp.	100	13	110	4	皇后乡天桥村党庄	天桥村委会
1847	豫 RF175	望春玉兰	辛夷	*Magnolia biondii* Pamp.	150	18	245	21	皇后乡天桥村南坡	天桥村委会
1848	豫 RF176	望春玉兰	辛夷	*Magnolia biondii* Pamp.	120	18	200	6	皇后乡天桥村王伟家房后	天桥村委会
1849	豫 RF177	望春玉兰	辛夷	*Magnolia biondii* Pamp.	120	10	255	10	皇后乡天桥村后洼	天桥村委会
1850	豫 RF178	望春玉兰	辛夷	*Magnolia biondii* Pamp.	110	12	180	4	皇后乡天桥村碾道	天桥村委会
1851	豫 RF179	望春玉兰	辛夷	*Magnolia biondii* Pamp.	100	13	145	5	皇后乡天桥村碾道	天桥村委会
1852	豫 RF173	望春玉兰	辛夷	*Magnolia biondii* Pamp.	100	16	130	7	皇后乡天桥村党庄	天桥村委会
1853	豫 RF180	望春玉兰	辛夷	*Magnolia biondii* Pamp.	300	11	280	9	云阳镇东花园村	天桥村委会
1854	豫 RF199	望春玉兰	辛夷	*Magnolia biondii* Pamp.	150	8	360	10	云阳镇东花园村楸树盘	东花园村委会
1855	豫 RF202	望春玉兰	辛夷	*Magnolia biondii* Pamp.	250	17	240	15	云阳镇西花园村三道庙	西花园村委会
1856	豫 RF203	望春玉兰	辛夷	*Magnolia biondii* Pamp.	100	14	220	11	云阳镇西花园村仓房庄	西花园村委会
1857	豫 RF204	望春玉兰	辛夷	*Magnolia biondii* Pamp.	140	22	230	13	云阳镇西花园村仓房庄	西花园村委会
1858	豫 RF205	望春玉兰	辛夷	*Magnolia biondii* Pamp.	120	22	215	7	云阳镇西花园村仓房庄	西花园村委会
1859	豫 RF207	望春玉兰	辛夷	*Magnolia biondii* Pamp.	100	6	130	4	云阳镇西花园村屈庄河	西花园村委会
1860	豫 RF208	望春玉兰	辛夷	*Magnolia biondii* Pamp.	150	6	180	3	云阳镇西花园村屈庄	西花园村委会

序号	编号	中文名	别名	拉丁名	树龄（a）	树高（m）	胸围/地围（cm）	冠幅（m）	具体生长位置	管护单位（人）
1861	豫 RF209	望春玉兰	辛夷	*Magnolia biondii* Pamp.	150	18	210	7	云阳镇西花园村岭西南沟	西花园村委会
1862	豫 RF210	望春玉兰	辛夷	*Magnolia biondii* Pamp.	100	9	170	5	云阳镇西花园村岭西南沟	西花园村委会
1863	豫 RF215	望春玉兰	辛夷	*Magnolia biondii* Pamp.	150	13	310	19	云阳镇西花园村草楼门前	西花园村委会
1864	豫 RF216	望春玉兰	辛夷	*Magnolia biondii* Pamp.	200	7	245	9	云阳镇西花园村背九沟口	西花园村委会
1865	豫 RF217	望春玉兰	辛夷	*Magnolia biondii* Pamp.	260	18	260	14	云阳镇西花园村河边	西花园村委会
1866	豫 RF218	望春玉兰	辛夷	*Magnolia biondii* Pamp.	120	11	210	9	云阳镇西花园村河边	西花园村委会
1867	豫 RF219	望春玉兰	辛夷	*Magnolia biondii* Pamp.	300	3	600	4	云阳镇西花园村仓房下河	西花园村委会
1868	豫 RF220	望春玉兰	辛夷	*Magnolia biondii* Pamp.	106	10	120	6	云阳镇西花园村仓房下河	西花园村委会
1869	豫 RF221	望春玉兰	辛夷	*Magnolia biondii* Pamp.	100	7	125	7	云阳镇西花园村仓房下河	西花园村委会
1870	豫 RF222	望春玉兰	辛夷	*Magnolia biondii* Pamp.	100	8	130	6	云阳镇西花园村河边	西花园村委会
1871	豫 RF223	望春玉兰	辛夷	*Magnolia biondii* Pamp.	500	11	420	9	云阳镇西花园村路口边	西花园村委会
1872	豫 RF224	望春玉兰	辛夷	*Magnolia biondii* Pamp.	500	16	310	10	云阳镇西花园村郭家庄门前	西花园村委会
1873	豫 RF225	望春玉兰	辛夷	*Magnolia biondii* Pamp.	150	11	160	7	云阳镇西花园村郭家庄南坡	西花园村委会
1874	豫 RF226	望春玉兰	辛夷	*Magnolia biondii* Pamp.	150	9	170	7	云阳镇西花园村郭家庄南坡	西花园村委会
1875	豫 RF228	望春玉兰	辛夷	*Magnolia biondii* Pamp.	100	11	180	11	云阳镇西花园村前庄下河	西花园村委会
1876	豫 RF229	望春玉兰	辛夷	*Magnolia biondii* Pamp.	100	10	180	13	云阳镇西花园村杨树沟口	西花园村委会
1877	豫 RF230	望春玉兰	辛夷	*Magnolia biondii* Pamp.	150	8	150	12	云阳镇西花园村杨树沟口	西花园村委会
1878	豫 RF231	望春玉兰	辛夷	*Magnolia biondii* Pamp.	300	20	200	9	云阳镇西花园村茶棚地东头	西花园村委会
1879	豫 RF251	望春玉兰	辛夷	*Magnolia biondii* Pamp.	200	8	240	6	小店乡马庄村	杨树坪村委会
1880	豫 RF254	望春玉兰	辛夷	*Magnolia biondii* Pamp.	400	24	339	22	小店乡马庄村	马庄村委会
1881	豫 RF257	望春玉兰	辛夷	*Magnolia biondii* Pamp.	130	13	240	18	小店乡马庄村	马庄村委会
1882	豫 RF258	望春玉兰	辛夷	*Magnolia biondii* Pamp.	120	15	250	11	小店乡马庄村	马庄村委会
1883	豫 RF255	望春玉兰	辛夷	*Magnolia biondii* Pamp.	160	10	280	10	小店乡马庄村	马庄村委会
1884	豫 RF260	望春玉兰	辛夷	*Magnolia biondii* Pamp.	60	7	99	8	小店乡下扁村	下扁村九里山南沟
1885	豫 RF261	望春玉兰	辛夷	*Magnolia biondii* Pamp.	60	12	110	7	小店乡下扁村	下扁九里山南沟
1886	豫 RF262	望春玉兰	辛夷	*Magnolia biondii* Pamp.	60	9	132	9	小店乡下扁村	下扁九里山南沟
1887	豫 RF197	雪松	白骨松 三针松	*Pinus bungeana* Zucc.ex Endl.	100	17	139	10	云阳镇东花园村	东花园村委会
1888	豫 RF10	黄连木	黄楝树 楷木	*Pistacia chinensis* Bunge	500	28	550	22	乔端镇玉葬村李来栓房后	玉葬村委会
1889	豫 RF31	黄连木	黄楝树 楷木	*Pistacia chinensis* Bunge	120	18	350	16	乔端镇穆老庄村杨三山墙北	穆老庄村委会
1890	豫 RF61	黄连木	黄楝树 楷木	*Pistacia chinensis* Bunge	200	16	285	19	乔端镇瓦房庄村仓房庄边	瓦房庄村委会
1891	豫 RF81	黄连木	黄楝树 楷木	*Pistacia chinensis* Bunge	130	17	250	17	马市坪乡碾道组庄前	黄土岭村碾道组
1892	豫 RF106	黄连木	黄楝树 楷木	*Pistacia chinensis* Bunge	500	6	350	8	板山坪镇黄楝垭	白河村委会
1893	豫 RF133	黄连木	黄楝树 楷木	*Pistacia chinensis* Bunge	100	15	240	17	留山乡镇马窝村	赵德现
1894	豫 RF134	黄连木	黄楝树 楷木	*Pistacia chinensis* Bunge	300	13	155	15	留山乡镇东街村后地	留山镇政府

序号	编号	中文名	别 名	拉丁名	树龄（a）	树高（m）	胸围 / 地围（cm）	冠幅（m）	具体生长位置	管护单位（人）
1895	豫 RF139	黄连木	黄楝树 楷木	*Pistacia chinensis* Bunge	200	14	220	20	皇后乡碾盘沟	廉国山
1896	豫 RF140	黄连木	黄楝树 楷木	*Pistacia chinensis* Bunge	350	7	320	12	皇后乡王村	宋八
1897	豫 RF141	黄连木	黄楝树 楷木	*Pistacia chinensis* Bunge	350	10	250	15	皇后乡王村	张小江
1898	豫 RF145	黄连木	黄楝树 楷木	*Pistacia chinensis* Bunge	260	9	180	9	皇后乡郭庄村	郭庄村委会
1899	豫 RF147	黄连木	黄楝树 楷木	*Pistacia chinensis* Bunge	300	12	300	13	皇后乡郭庄村	大庄连家老人
1900	豫 RF146	黄连木	黄楝树 楷木	*Pistacia chinensis* Bunge	260	8	260	11	皇后乡郭庄村	郭庄村委会
1901	豫 RF148	黄连木	黄楝树 楷木	*Pistacia chinensis* Bunge	160	14	185	15	皇后乡天桥村	天桥村委会
1902	豫 RF157	黄连木	黄楝树 楷木	*Pistacia chinensis* Bunge	100	16	170	7	皇后乡天桥村	天桥村委会
1903	豫 RF158	黄连木	黄楝树 楷木	*Pistacia chinensis* Bunge	350	13	270	24	皇后乡天桥村	天桥村委会
1904	豫 RF160	黄连木	黄楝树 楷木	*Pistacia chinensis* Bunge	350	22	270	20	皇后乡天桥村	天桥村委会
1905	豫 RF165	黄连木	黄楝树 楷木	*Pistacia chinensis* Bunge	320	21	240	18	皇后乡天桥村	天桥村委会
1906	豫 RF174	黄连木	黄楝树 楷木	*Pistacia chinensis* Bunge	400	13	385	8	南坡贾明学房后	天桥村委会
1907	豫 RF268	黄连木	黄楝树 楷木	*Pistacia chinensis* Bunge	130	17	173	13.7	城郊乡秦老庄村	靳玉才
1908	豫 RF278	黄连木	黄楝树 楷木	*Pistacia chinensis* Bunge	130	22	195	15.1	南河店镇渭林河村	曾凡兴
1909	豫 RF189	黄连木	黄楝树 楷木	*Pistacia chinensis* Bunge	120	10	140	13	云阳镇马庄村	王二娃
1910	豫 RF191	黄连木	黄楝树 楷木	*Pistacia chinensis* Bunge	100	10	170	13	云阳镇马庄村	朱长杰
1911	豫 RF195	黄连木	黄楝树 楷木	*Pistacia chinensis* Bunge	450	13	370	18	云阳镇东花园村	东花园村委会
1912	豫 RF194	黄连木	黄楝树 楷木	*Pistacia chinensis* Bunge	500	16	600	16	云阳镇十字坟村	十字坟村委会
1913	豫 RF201	黄连木	黄楝树 楷木	*Pistacia chinensis* Bunge	120	16	260	14	云阳镇桐树庄龙家沟	西花园村委会
1914	豫 RF227	黄连木	黄楝树 楷木	*Pistacia chinensis* Bunge	1000	25	330	23	云阳镇郭在远门前	西花园村委会
1915	豫 RF232	黄连木	黄楝树 楷木	*Pistacia chinensis* Bunge	105	14	210	10	云阳镇西花园村	老谢家集体
1916	豫 RF235	黄连木	黄楝树 楷木	*Pistacia chinensis* Bunge	100	14	160	14	小店乡周庄村	张家集体
1917	豫 RF236	黄连木	黄楝树 楷木	*Pistacia chinensis* Bunge	100	14	140	10	小店乡周庄村	张家集体
1918	豫 RF237	黄连木	黄楝树 楷木	*Pistacia chinensis* Bunge	100	8	180	15	小店乡周庄村	李家集体
1919	豫 RF238	黄连木	黄楝树 楷木	*Pistacia chinensis* Bunge	150	8	210	9	小店乡龙潭村	龙潭村委会
1920	豫 RF239	黄连木	黄楝树 楷木	*Pistacia chinensis* Bunge	150	12	190	11	小店乡龙潭村	龙潭村委会
1921	豫 RF240	黄连木	黄楝树 楷木	*Pistacia chinensis* Bunge	700	13	410	13	小店乡龙潭村	龙潭村委会
1922	豫 RF243	黄连木	黄楝树 楷木	*Pistacia chinensis* Bunge	120	8	150	13	小店乡柏林村	曹志林
1923	豫 RF244	黄连木	黄楝树 楷木	*Pistacia chinensis* Bunge	500	9	450	21	小店乡镇白鹿村	白鹿村委会
1924	豫 RF245	黄连木	黄楝树 楷木	*Pistacia chinensis* Bunge	200	9	210	16	小店乡镇白鹿村	白鹿村委会
1925	豫 RF248	黄连木	黄楝树 楷木	*Pistacia chinensis* Bunge	100	13	220	14	小店乡建坪村	建坪村委会
1926	豫 RF253	黄连木	黄楝树 楷木	*Pistacia chinensis* Bunge	200	12	360	16	小店乡鹰山村	三七八
1927	豫 RF256	黄连木	黄楝树 楷木	*Pistacia chinensis* Bunge	200	13	290	15	小店乡马庄村	马庄村委会
1928	豫 RF259	黄连木	黄楝树 楷木	*Pistacia chinensis* Bunge	120	13	200	6	小店乡马庄村	何秀府

序号	编号	中文名	别 名	拉丁名	树龄（a）	树高（m）	胸围 / 地围（cm）	冠幅（m）	具体生长位置	管护单位（人）
1929	豫 RF144	侧柏	扁柏	*Platycladus orientalis* (L.) Franco	300	7	130	9	云阳镇西花园村	西花园村台沟组
1930	豫 RF211	侧柏	扁柏	*Platycladus orientalis* (L.) Franco	300	4	54	2	云阳镇西花园村	西花园村委会
1931	豫 RF279	侧柏	扁柏	*Platycladus orientalis* (L.) Franco	310	12	172	6.5	南河店镇柏林庵村	东前组
1932	豫 RF33	湖北枫杨		*Pterocarya hupehensis* Skan.	300	18	580	27	乔端河竹园村西庄边	竹园村委会
1933	豫 RF151	枫杨	鬼柳 麻柳	*Pterocarya stenoptera* C.DC	100	12	330	26	皇后乡天桥村河边路边	天桥村委会
1934	豫 RF200	枫杨	鬼柳 麻柳	*Pterocarya stenoptera* C.DC	120	14	190	16	云阳镇东花园村楸树盘	东花园村委会
1935	豫 RF250	枫杨	鬼柳 麻柳	*Pterocarya stenoptera* C.DC	150	35	500	37	小店乡杨树坪村下河	杨树坪村委会
1936	豫 RF287	枫杨	鬼柳 麻柳	*Pterocarya stenoptera* C.DC	100	20	248	17.5	四棵树乡大柳树村大柳树组	大柳树村大柳树组
1937	豫 RF77	青檀	檀树	*Pteroceltis tatarinowii* Maxim.	350	20	570	22	马市坪乡白河村	白河村委会
1938	豫 RF123	青檀	檀树	*Pteroceltis tatarinowii* Maxim.	500	11	310	12	留山乡镇马窝村	丹霞寺
1939	豫 RF124	青檀	檀树	*Pteroceltis tatarinowii* Maxim.	500	9	193	16	留山乡镇马窝村	丹霞寺
1940	豫 RF125	青檀	檀树	*Pteroceltis tatarinowii* Maxim.	500	13	470	18	留山乡镇马窝村	丹霞寺
1941	豫 RF126	青檀	檀树	*Pteroceltis tatarinowii* Maxim.	500	16	235	17	留山乡镇马窝村	丹霞寺
1942	豫 RF127	青檀	檀树	*Pteroceltis tatarinowii* Maxim.	500	13	220	15	留山乡镇马窝村	丹霞寺
1943	豫 RF128	青檀	檀树	*Pteroceltis tatarinowii* Maxim.	500	13	120	14	留山乡镇马窝村	丹霞寺
1944	豫 RF129	青檀	檀树	*Pteroceltis tatarinowii* Maxim.	500	18	275	16	留山乡镇马窝村	丹霞寺
1945	豫 RF130	青檀	檀树	*Pteroceltis tatarinowii* Maxim.	500	15	160	9	留山乡镇马窝村	丹霞寺
1946	豫 RF83	白梨		*Pyrus bretschneideri* Rehd	200	10	185	10	马市坪乡转角石村	转角石村委会
1947	豫 RF30	麻栎	橡树	*Quercus acutissima* Carruth.	315	26	390	32	乔端镇西庄村	西庄村委会
1948	豫 RF107	麻栎	橡树	*Quercus acutissima* Carruth.	130	14	270	20	板山坪镇阳湖村	阳湖村委会
1949	豫 RF212	麻栎	橡树	*Quercus acutissima* Carruth.	210	24	300	22	云阳镇岭西谢学立房后	西花园村委会
1950	豫 RF267	麻栎	橡树	*Quercus acutissima* Carruth.	200	19	275	20	白土岗镇黑虎庙村	安德献
1951	豫 RF270	麻栎	橡树	*Quercus acutissima* Carruth.	120	14	155	12	城郊镇秦老庄村	靳玉才
1952	豫 RF62	槲栎	青冈	*Quercus aliena* Bl.	120	21	240	17	乔端镇瓦房庄	瓦房庄村委会
1953	豫 RF86	槲栎	青冈	*Quercus aliena* Bl.	250	14	230	13	马市坪镇转角石村	转角石村委会
1954	豫 RF89	槲栎	青冈	*Quercus aliena* Bl.	300	15	265	14	马市坪镇转角石村	转角石村委会
1955	豫 RF99	槲栎	青冈	*Quercus aliena* Bl.	550	23	350	17	崔庄乡核桃树村	核桃树村委会
1956	豫 RF137	槲栎	青冈	*Quercus aliena* Bl.	300	9	80	14	皇后乡郭庄村	皇后张长健
1957	豫 RF213	槲栎	青冈	*Quercus aliena* Bl.	280	11	214	12	云阳镇西花园村岭西庄	西花园村委会
1958	豫 RF214	槲栎	青冈	*Quercus aliena* Bl.	250	11	130	12	云阳镇西花园村岭西庄	西花园村委会
1959	豫 RF286	槲栎	青冈	*Quercus aliena* Bl.	600	11	325	13.8	四棵树乡青杠扒村	王世振
1960	豫 RF48	栓皮栎	花栎 软木栎	*Quercus variabilis* Bl.	40	14	70	2	乔端镇八里湾村	八里湾村委会
1961	豫 RF85	栓皮栎	花栎 软木栎	*Quercus variabilis* Bl.	500	20	290	18	马市坪乡转角石村	转角石村委会
1962	豫 RF90	栓皮栎	花栎 软木栎	*Quercus variabilis* Bl.	250	15	235	16	马市坪乡转角石村	转角石村委会

序号	编号	中文名	别名	拉丁名	树龄（a）	树高（m）	胸围/地围（cm）	冠幅（m）	具体生长位置	管护单位（人）
1963	豫 RF95	栓皮栎	花栎 软木栎	*Quercus variabilis* Bl.	350	14	345	28	马市坪乡转角石村	转角石村委会
1964	豫 RF96	栓皮栎	花栎 软木栎	*Quercus variabilis* Bl.	250	15	250	14	马市坪乡 庙垭垭脖	转角石村委会
1965	豫 RF103	栓皮栎	花栎 软木栎	*Quercus variabilis* Bl.	2000	12	200	16	崔庄乡西沟榆木垭	仓房村委会
1966	豫 RF110	栓皮栎	花栎 软木栎	*Quercus variabilis* Bl.	200	15	350	17	崔庄乡仓房公路边	仓房村委会
1967	豫 RF276	栓皮栎	花栎 软木栎	*Quercus variabilis* Bl.	120	22	198	20	南河店镇韦湾村	赵玉耀
1968	豫 RF280	栓皮栎	花栎 软木栎	*Quercus variabilis* Bl.	160	15	180	17	南河店镇桑树坪村	贺志轻
1969	豫 RF281	栓皮栎	花栎 软木栎	*Quercus variabilis* Bl.	210	20	220	15	南河店镇桑树坪村	白西组
1970	豫 RF283	栓皮栎	花栎 软木栎	*Quercus variabilis* Bl.	180	20	245	17	四棵树乡白草垛村	白草垛村软枣树组
1971	豫 RF121	圆柏	扁柏	*Sabina chinensis* (L.) Ant.	1000	21	190	5	留山乡镇马窝村	丹霞寺
1972	豫 RF122	圆柏	扁柏	*Sabina chinensis* (L.) Ant.	1000	22	230	12	留山乡镇马窝村	丹霞寺
1973	豫 RF181	圆柏	扁柏	*Sabina chinensis* (L.) Ant.	2700	21	279	5	云阳镇一小院内东	云阳一小
1974	豫 RF182	圆柏	扁柏	*Sabina chinensis* (L.) Ant.	2700	18	226	6	云阳镇一小院内西	云阳一小
1975	豫 RF273	圆柏	刺柏、柏树	*Sabina chinensis* (L.) Ant.	300	10	420	12.8	石门乡山根村	闫文青
1976	豫 RF234	柳树	水柳、垂杨柳	*Salix babylonica* L.	150	7	270	9	小店乡镇朱庄村	朱庄村委会
1977	豫 RF75	腺柳	河柳	*Salix chaenomeloides* kimura	160	14	225	16	乔端镇八里坡村	八里坡村委会
1978	豫 RF76	腺柳	河柳	*Salix chaenomeloides* kimura	200	12	303	15	乔端镇八里坡村	八里坡村委会
1979	豫 RF135	槐	槐树、豆槐	*Sophora japonica* Linn	500	8	195	10	太山庙乡毛庄村	太山庙王运生
1980	豫 RF187	槐	槐树、豆槐	*Sophora japonica* Linn	130	13	140	14	云阳镇马庄村	朱贵昌
1981	豫 RF249	槐	槐树、豆槐	*Sophora japonica* Linn	500	13	310	17	小店乡建坪村	陈中国
1982	豫 RF50	红豆杉		*Taxus chinasis*	1500	18	410	17	乔端镇石鼓村	石鼓村委会
1983	豫 RF80	榔榆	赤肚榆	*Ulmus parvifolia* Jacq.	380	13	320	14	马市坪乡三官庙村	三官庙村委会
1984	豫 RF84	榔榆	赤肚榆	*Ulmus parvifolia* Jacq.	250	12	194	11	马市坪乡转角石村委会	转角石村委会
1985	豫 RF97	榔榆	赤肚榆	*Ulmus parvifolia* Jacq.	210	26	410	31	崔庄乡回龙沟村	回龙沟村柴家庄组
1986	豫 RF98	榔榆	赤肚榆	*Ulmus parvifolia* Jacq.	150	9	200	9	崔庄乡曹村	曹村青山崖组
1987	豫 RF246	白榆	家榆、榆钱	*Ulmus pumila* L.	230	18	345	24	小店乡四厂村	四厂村委会
1988	豫 RF74	榉树	鬼狼树	*Zelkova serrata* (Thunb.) Makino	500	18	335	18	乔端镇石鼓村	石鼓村委会
1989	豫 RF11	榉树	鬼狼树	*Zelkova serrata* (Thunb.) Makino	450	20	370	20	乔端镇玉葬村委会	玉葬村委会

五、镇平县古树名木名录

序号	编号	中文名	别 名	拉丁名	树龄（a）	树高（m）	胸围/地围（cm）	冠幅（m）	具体生长位置	管护单位（人）
1990	豫 RI2	小果卫矛		*Euonymus microcarpus*（Oliv.）Sprague	450	11.5	292	17.5	高丘镇刘坟村	五岳庙林场宝林寺林区
1991	豫 RI3	银杏	白果 公孙树	*Ginkgo biloba* L.	1300	16	300	13.5	高丘乡镇刘坡村	五岳庙林场
1992	豫 RI4	银杏	白果 公孙树	*Ginkgo biloba* L.	1300	23	315	23	高丘乡镇刘坡村	五岳庙林场
1993	豫 RI5	银杏	白果 公孙树	*Ginkgo biloba* L.	1300	19.5	320	9.3	高丘乡镇刘坡村宝林寺	五岳庙林场
1994	豫 RI21	银杏	白果 公孙树	*Ginkgo biloba* L.	350	18	220	15.2	石佛寺镇政府	石佛寺镇政府
1995	豫 RI12	紫薇	百日红、痒痒树	*Lagerstroemia indica* L.	130	10	110	5.5	老庄镇果营村	五岳庙林场
1996	豫 RI10	白玉兰	玉兰	*Michelia alba* DC.	100	10	126	7.8	老庄镇果营村	五岳庙林场
1997	豫 RI24	桑	桑树	*Morus alba* L	120	16	220	15	雪枫街道七里庄村	彭建中
1998	豫 RI9	桂花	岩桂、九里香	*Osmanthi Fragrantis*	120	12	125	11	高丘镇五岳庙林场	五岳庙林场
1999	豫 RI11	桂花	岩桂、九里香	*Osmanthi Fragrantis*	120	13	155	10.7	高丘镇五岳庙林场	五岳庙林场
2000	豫 RI15	油松	短叶松	*Pinus tabulaeformis* Carr.	350	9	140	11.5	二龙乡三潭村	王海文
2001	豫 RI7	黄连木	黄楝树 楷木	*Pistacia chinensis* Bunge	180	26	365	14	高丘镇五岳庙林场	五岳庙林场
2002	豫 RI18	黄连木	黄楝树 楷木	*Pistacia chinensis* Bunge	130	22	310	13.8	二龙乡 石庙村	薛光荣
2003	豫 RI20	黄连木	黄楝树 楷木	*Pistacia chinensis* Bunge	180	27	350	20.3	二龙乡东马沟村	东马沟村
2004	豫 RI6	侧柏	柏树	*Platycladus orientalis* (L.) Franco	180	23	170	7.3	老庄镇果营村菩提寺	五岳庙林场
2005	豫 RI8	侧柏	柏树	*Platycladus orientalis* (L.) Franco	800	26	280	6	老庄镇果营村菩提寺	五岳庙林场
2006	豫 RI13	侧柏	柏树	*Platycladus orientalis* (L.) Franco	150	26	140	5	高丘镇五岳庙林场	五岳庙林场
2007	豫 RI14	侧柏	柏树	*Platycladus orientalis* (L.) Franco	220	13	130	5.4	二龙乡三潭村	王海文
2008	豫 RI22	侧柏	柏树	*Platycladus orientalis* (L.) Franco	640	10	300	9.6	卢医镇政府	卢医镇政府
2009	豫 RI25	侧柏	柏树	*Platycladus orientalis* (L.) Franco	410	13	200	6	涅阳乡镇东门村	李海波
2010	豫 RI26	侧柏	柏树	*Platycladus orientalis* (L.) Franco	410	16	330	8.5	涅阳乡镇东门村	李海波
2011	豫 RI27	侧柏	柏树	*Platycladus orientalis* (L.) Franco	100	11	100	5.5	涅阳乡镇东门村	李海波
2012	豫 RI28	侧柏	柏树	*Platycladus orientalis* (L.) Franco	100	12	100	6.5	涅阳乡镇东门村	李海波
2013	豫 RI16	麻栎	橡树	*Quercus acutissima* Carruth.	350	16	370	27	二龙乡三潭村	三潭村二潭坪组
2014	豫 RI17	麻栎	橡树	*Quercus acutissima* Carruth.	150	13	240	8.5	二龙乡石庙村	宋天才
2015	豫 RI19	麻栎	橡树	*Quercus acutissima* Carruth.	220	18	226	21.5	二龙乡二龙村	韩国顺
2016	豫 RI23	圆柏	柏树	*Sabina chinensis* (L.) Ant.	700	12	290	8.3	卢医镇政府	卢医镇政府
2017	豫 RI1	槐	槐树、豆槐	*Sophora japonica* Linn	400	14.5	230	13.7	遮山镇陈善岗村	陈玉奇

六、卧龙区古树名木名录

序号	编号	中文名	别 名	拉丁名	树龄（a）	树高（m）	胸围 / 地围（cm）	冠幅（m）	具体生长位置	管护单位（人）
2018	豫 RA13	樟叶槭	桂叶槭	*Acer cinnamomifolium* Hayata	150	16	143	11.4	武侯祠西北角	南阳市博物馆
2019	豫 RA15	樟叶槭	桂叶槭	*Acer cinnamomifolium* Hayata	200	15.7	150	12.9	武侯祠松树园路西	南阳市博物馆
2020	豫 RA16	樟叶槭	桂叶槭	*Acer cinnamomifolium* Hayata	150	15.7	130	10.8	武侯祠松树园路西	南阳市博物馆
2021	豫 RA17	樟叶槭	桂叶槭	*Acer cinnamomifolium* Hayata	150	12	145	10	武侯祠松树园路东	南阳市博物馆
2022	豫 RA14	飞蛾槭	桂叶槭	*Acer oblongum* Wall. ex DC.	200	14.7	180	11.7	武侯祠松树园路西	南阳市博物馆
2023	豫 RA10	楸树	梓桐 金丝楸	*Catalpa bungei* C.A.Mey	1700	12.7	276	7.5	武侯祠大门处	南阳市博物馆
2024	豫 RA12	楸树	梓桐 金丝楸	*Catalpa bungei* C.A.Mey	200	12.7	145	4.2	武侯祠大门口路南	南阳市博物馆
2025	豫 RA18	楸树	梓桐 金丝楸	*Catalpa bungei* C.A.Mey	200	15.6	145	6.8	武侯祠草庐内	南阳市博物馆
2026	豫 RA19	楸树	梓桐 金丝楸	*Catalpa bungei* C.A.Mey	600	16	270	9.8	武侯祠大拜殿内	南阳市博物馆
2027	豫 RA20	楸树	梓桐 金丝楸	*Catalpa bungei* C.A.Mey	300	9.6	145	5.2	武侯祠大拜殿内	南阳市博物馆
2028	豫 RA2	银杏	白果 公孙树	*Ginkgo biloba* L.	1000	17.7	380	15.5	蒲山镇马寨村马寨自然村	马寨村委
2029	豫 RA5	银杏	白果 公孙树	*Ginkgo biloba* L.	1000	18.7	610	20.6	七里园乡白塔村小学园内	白塔村委
2030	豫 RA11	银杏	白果 公孙树	*Ginkgo biloba* L.	350	22.6	285	16.5	武侯祠大拜店左侧	南阳市博物馆
2031	豫 RA4	皂荚	皂角	*Gleditsia sinensis* Lam	300	19.7	192	16.9	蒲山镇清泉村郑庄自然村	王喜国
2032	豫 RA21	皂荚	皂角	*Gleditsia sinensis* Lam	200	16.6	140	9.8	安皋镇杨庄村杨庄组	李志成
2033	豫 RA22	皂荚	皂角	*Gleditsia sinensis* Lam	200	19	160	15	安皋镇和庄村于岗组	李世忠
2034	豫 RA23	皂荚	皂角	*Gleditsia sinensis* Lam	300	21	315	21	安皋镇牛庙村大潘洼组	牛庙村委
2035	豫 RA3	圆柏	柏树	*Sabina chinensis* (L.) Ant.	1000	8	376	11.6	蒲山镇大庄村蔡寨自然村丰山	大庄村委
2036	豫 RA1	圆柏	龙爪柏	*Sabina chinensis* (L.) Ant.	2000	13.1	270	8.5	蒲山镇高庄村柏富寺	高庄村委
2037	豫 RA9	圆柏	柏树	*Sabina chinensis* (L.) Ant.	500	13.5	301	7	陆营镇杨庄营村十三组	杨家老坟园
2038	豫 RA6	圆柏	刺柏、柏树	*Sabina chinensis* (L.) Ant.	1000	10	310		七里园乡白塔村小学操场	白塔村委
2039	豫 RA8	圆柏	刺柏、柏树	*Sabina chinensis* (L.) Ant.	1600	12.1	240	7	石桥镇闻庄村闻庄自然村	闻庄村委
2040	豫 RA7	槐	槐树、豆槐	*Sophora japonica* Linn	1700	12.1	350	14.4	石桥镇二村汉槐街	石桥镇文化站

七、新野县古树名木名录

序号	编号	中文名	别名	拉丁名	树龄(a)	树高(m)	胸围/地围(cm)	冠幅(m)	具体生长位置	管护单位(人)
2041	豫 RL4	楸树	梓桐 金丝楸	*Catalpa bungei* C.A.Mey	535	11	289	8	上港乡张花楼村	张花楼村村委会
2042	豫 RL7	楸树	梓桐 金丝楸	*Catalpa bungei* C.A.Mey	130	28	167	3	施庵镇曾营村 2 组	马伦朝
2043	豫 RL8	楸树	梓桐 金丝楸	*Catalpa bungei* C.A.Mey	102	24	115	3	施庵镇曾营村 2 组	马伦朝
2044	豫 RL14	楸树	梓桐 金丝楸	*Catalpa bungei* C.A.Mey	106	17	206	8	歪子镇三河寨村 1 组	三河寨村委会
2045	豫 RL9	银杏	白果 公孙树	*Ginkgo biloba* L.	150	21	160	8	施庵镇曾营村 2 组	马伦朝
2046	豫 RL3	皂荚	皂角	*Gleditsia sinensis* Lam	555	13	293	12	新甸铺镇张套楼村	张强占
2047	豫 RL11	皂荚	皂角	*Gleditsia sinensis* Lam	210	17	209	18	溧河铺镇政府	溧河铺镇政府
2048	豫 RL12	皂荚	皂角	*Gleditsia sinensis* Lam	110	17	150	15	王庄镇西高营村 6 组	高天军
2049	豫 RL13	皂荚	皂角	*Gleditsia sinensis* Lam	170	24	236	20	王集镇梅堂村	观音寺
2050	豫 RL16	皂荚	皂角	*Gleditsia sinensis* Lam	1800	21	241	17	公安局院内	公安局
2051	豫 RL17	皂荚	皂角	*Gleditsia sinensis* Lam	150	24	151	12	樊集乡曹庄村 5 组	万良云
2052	豫 RL18	皂荚	皂角	*Gleditsia sinensis* Lam	110	22	208	14	樊集乡杨庄村 7 组	杨建令
2053	豫 RL5	桑	桑树	*Morus alba* L	1863	23	257	16	沙堰镇政府	沙堰镇政府
2054	豫 RL15	桑	桑树	*Morus alba* L	1805	17	305	15	汉城乡原汉桑城小学	青少年活动中心
2055	豫 RL1	侧柏	扁柏	*Platycladus orientalis* (L.) Franco	105	11	110	8	新甸铺镇杜桥村	圣水寺
2056	豫 RL2	侧柏	扁柏	*Platycladus orientalis* (L.) Franco	105	11	107	6	新甸铺镇杜桥村	圣水寺
2057	豫 RL19	侧柏	扁柏	*Platycladus orientalis* (L.) Franco	150	8	119	7	樊集乡樊集村	樊集村委会
2058	豫 RL20	侧柏	扁柏	*Platycladus orientalis* (L.) Franco	250	20	280	9	樊集乡赵庄村小学	赵庄村委会
2059	豫 RL21	侧柏	扁柏	*Platycladus orientalis* (L.) Franco	250	22	285	10	樊集乡赵庄村小学	赵庄村委会
2060	豫 RL6	枫杨	鬼柳 麻柳	*Pterocarya stenoptera* C.DC	102	22	296	22	沙堰镇粮食储备库	沙堰镇粮食储备库
2061	豫 RL10	枫杨	鬼柳 麻柳	*Pterocarya stenoptera* C.DC	102	27	253	20	施庵镇渠东村玉皇庙中心小学	玉皇庙中心小学

八、宛城区古树名木名录

序号	编号	中文名	别名	拉丁名	树龄(a)	树高(m)	胸围/地围(cm)	冠幅(m)	具体生长位置	管护单位(人)
2062	豫 RB4	银杏	白果 公孙树	*Ginkgo biloba* L.	100	13.5	300	7	新华街道卧佛寺街 57 号	宛城区林业局
2063	豫 RB2	桂花	岩桂、九里香	*Osmanthi Fragrantis*	139	8	38	8.5	东关街道玄妙观居委会 706 号	宛城区林业局

序号	编号	中文名	别 名	拉丁名	树龄（a）	树高（m）	胸围 / 地围（cm）	冠幅（m）	具体生长位置	管护单位（人）
2064	豫 RB1	侧柏	扁柏	*Platycladus orientalis* (L.) Franco	1000	13	150	3.5	东关街道魏公桥村居委会	宛城区林业局
2065	豫 RB6	接骨木		*Sambucus williamsii*	40	14	40	4.5	南阳府衙	宛城区林业局
2066	豫 RB3	槐	槐树、豆槐	*Sophora japonica* Linn	2100	8	130	12.5	瓦店镇光武小学	宛城区林业局
2067	豫 RB5	槐	槐树、豆槐	*Sophora japonica* Linn	350	10	75	12.5	黄台岗镇东下河村小学	宛城区林业局

九、方城县古树名木名录

序号	编号	中文名	别 名	拉丁名	树龄（a）	树高（m）	胸围 / 地围（cm）	冠幅（m）	具体生长位置	管护单位（人）
2068	豫 RH43	七叶树	梭椤树	*Aesculus chinensis* Bunge	1000	14.5	285	11.7	四里店乡善庄村	善庄组
2069	豫 RH64	臭椿	臭椿皮	*Ailanthus altissima* (Mill.)Swingle	150	19	200	18	四里店乡王三沟村米家	米怀良
2070	豫 RH127	臭椿	臭椿皮	*Ailanthus altissima* (Mill.)Swingle	150	14.4	41.7	11.3	博望镇沈桥村一组	
2071	豫 RH149	臭椿	臭椿皮	*Ailanthus altissima* (Mill.)Swingle	110	12.4	53.4	12.35	古庄店乡前王庄村	
2072	豫 RH93	木瓜海棠	木桃	*Altingia chinensis* Pistacia vera Eucalyptus	300	2.5	180	5	独树镇扳井村光武庙	光武庙
2073	豫 RH52	杏	杏子	*Armeniaca vulgaris* Lam.	100	11	181	12.5	四里店乡黄土岭村黑姑庵	杨青志
2074	豫 RH101	杏	杏子	*Armeniaca vulgaris* Lam.	100	8	130	14.5	独树镇白石嘴村	村林场
2075	豫 RH60	茶树		*Camellia sinensis*	150	8.5	70	5.5	四里店乡柳湾村	柳湾
2076	豫 RH23	栗	毛栗	*Castanea mollissima* Bl.	200	20	290	18.5	拐河乡徐沟村	村林场
2077	豫 RH179	山楂	山里果	*Crataegus pinnatifida* Bunge	130	6.2	96	8.2	大寺林场	
2078	豫 RH180	山楂	山里果	*Crataegus pinnatifida* Bunge	180	7	128	11.25	大寺林场	
2079	豫 RH181	山楂	山里果	*Crataegus pinnatifida* Bunge	180	8	134	12.6	大寺林场	
2080	豫 RH182	山楂	山里果	*Crataegus pinnatifida* Bunge	180	9	179	11.25	大寺林场	
2081	豫 RH183	山楂	山里果	*Crataegus pinnatifida* Bunge	130	9.5	135	9.1	大寺林场	
2082	豫 RH184	山楂	山里果	*Crataegus pinnatifida* Bunge	130	7	128	8.25	大寺林场	
2083	豫 RH185	山楂	山里果	*Crataegus pinnatifida* Bunge	130	9.2	133	9.25	大寺林场	
2084	豫 RH186	山楂	山里果	*Crataegus pinnatifida* Bunge	130	9.5	180	11.25	大寺林场	
2085	豫 RH61	柘树	柘刺、柘桑	*Cudrania tricuspidata* (Carr.)Bur.	600	4	100	3.5	四里店乡街村	街村
2086	豫 RH125	柘树	柘刺、柘桑	*Cudrania tricuspidata* (Carr.)Bur.	1800	5.9	65.3	5.45	博望镇博望村八组	
2087	豫 RH135	柿	朱果	*Diospyros kaki* Thunb	150	12.4	38.4	9.55	古庄店乡僧官庄村东北组	
2088	豫 RH143	柿	朱果	*Diospyros kaki* Thunb	350	9.2	62.2	11.85	古庄店乡山库庄村	

序号	编号	中文名	别 名	拉丁名	树龄（a）	树高（m）	胸围 / 地围（cm）	冠幅（m）	具体生长位置	管护单位（人）
2089	豫 RH146	柿	朱果	*Diospyros kaki* Thunb	300	14.2	80.8	8.8	古庄店乡老安庄村西营组	
2090	豫 RH6	柿	朱果	*Diospyros kaki* Thunb	180	12	140	11	清河乡段磨陈村	王清海
2091	豫 RH10	柿	朱果	*Diospyros kaki* Thunb	100	10	115	8	清河乡李家庄村	李家岗组
2092	豫 RH27	柿	朱果	*Diospyros kaki* Thunb	150	9	130	8	拐河乡韩庄张家村	张家组
2093	豫 RH38	柿	朱果	*Diospyros kaki* Thunb	150	9	165	10	四里店乡白庙沟村	上新庄组
2094	豫 RH44	柿	朱果	*Diospyros kaki* Thunb	150	13	180	13	四里店乡善庄村	木北组
2095	豫 RH53	柿	朱果	*Diospyros kaki* Thunb	300	10	200	6.5	四里店乡黄土岭村黑姑庵	里姑庵组
2096	豫 RH54	柿	朱果	*Diospyros kaki* Thunb	250	12	180	10	四里店乡黄土岭村黑姑庵	张克杰
2097	豫 RH55	柿	朱果	*Diospyros kaki* Thunb	300	12	210	7	四里店乡贾盘村	斗金洞
2098	豫 RH100	柿	朱果	*Diospyros kaki* Thunb	300	16	200	12.5	独树镇白石嘴村	村林场
2099	豫 RH102	柿	朱果	*Diospyros kaki* Thunb	300	14	150	12	独树镇白石嘴村	村林场
2100	豫 RH106	柿	朱果	*Diospyros kaki* Thunb	500	14	190	10	杨集乡党庄村	宋坟
2101	豫 RH107	柿	朱果	*Diospyros kaki* Thunb	500	14	250	13.2	杨集乡党庄村	宋坟
2102	豫 RH108	柿	朱果	*Diospyros kaki* Thunb	500	13	210	12	杨集乡党庄村	宋坟
2103	豫 RH111	柿	朱果	*Diospyros kaki* Thunb	210	7.5	210	11.8	杨楼乡赵店村后王庄	
2104	豫 RH113	柿	朱果	*Diospyros kaki* Thunb	130	7.2	210	7.9	杨楼乡赵店村后王庄	
2105	豫 RH114	柿	朱果	*Diospyros kaki* Thunb	200	7.5	150	5.5	杨楼乡赵店村后王庄	
2106	豫 RH115	柿	朱果	*Diospyros kaki* Thunb	130	6.7	160	6.4	杨楼乡赵店村后王庄	
2107	豫 RH110	柿	朱果	*Diospyros kaki* Thunb	250	7.5	135	4.6	杨楼乡郭庄	
2108	豫 RH116	柿	朱果	*Diospyros kaki* Thunb	250	13	150	12.6	杨楼乡郭庄郝庄	
2109	豫 RH117	柿	朱果	*Diospyros kaki* Thunb	100	9.5	150	7.1	杨楼乡郭庄学校	
2110	豫 RH118	柿	朱果	*Diospyros kaki* Thunb	250	8.5	130	8.6	杨楼乡郭庄学校	
2111	豫 RH119	柿	朱果	*Diospyros kaki* Thunb	300	10	110	5.9	杨楼乡郭庄学校	
2112	豫 RH9	梧桐	青桐、桐麻	*Firmiana platanifolia*	100	12	148	9	清河乡河桥村舜皇庙	庙院
2113	豫 RH175	雪柳	五谷树、挂梁青	*Fontanesia fortunei* Carr	800	7	113	8.7	释之街道西关村祖师庙内	祖师庙
2114	豫 RH176	雪柳	五谷树、挂梁青	*Fontanesia fortunei* Carr	800	6.3	77.6	7.1	释之街道西关村祖师庙内	祖师庙
2115	豫 RH20	白蜡树	蜡烛树	*Fraxinus chinensis* Roxb	350	10	230	10	拐河乡石门村	火龙泉
2116	豫 RH2	银杏	白果 公孙树	*Ginkgo biloba* L.	1100	17	360	23	柳河乡香店村太山庙	前香店
2117	豫 RH4	银杏	白果 公孙树	*Ginkgo biloba* L.	600	22	315	10	柳河乡边街村	李天建
2118	豫 RH57	银杏	白果 公孙树	*Ginkgo biloba* L.	2100	25	585	21	四里店乡达店村	达店
2119	豫 RH58	银杏	白果 公孙树	*Ginkgo biloba* L.	2100	23	510	18.5	四里店乡达店村	达店
2120	豫 RH81	银杏	白果 公孙树	*Ginkgo biloba* L.	1500	28	480	18	四里店乡庹庄村十字岭	潘玉贤
2121	豫 RH90	银杏	白果 公孙树	*Ginkgo biloba* L.	1000	17	260	12	独树镇扳井村光武庙	光武庙
2122	豫 RH94	银杏	白果 公孙树	*Ginkgo biloba* L.	500	18	190	12	独树镇砚山铺学校	小学

序号	编号	中文名	别名	拉丁名	树龄（a）	树高（m）	胸围/地围（cm）	冠幅（m）	具体生长位置	管护单位（人）
2123	豫 RH95	银杏	白果 公孙树	*Ginkgo biloba* L.	500	19	260	13	独树镇砚山铺学校	小学
2124	豫 RH96	银杏	白果 公孙树	*Ginkgo biloba* L.	500	13	160	10	独树镇砚山铺学校	小学
2125	豫 RH98	银杏	白果 公孙树	*Ginkgo biloba* L.	2200	29	750	27	独树镇白石嘴村	村林场
2126	豫 RH187	银杏	白果 公孙树	*Ginkgo biloba* L.	1000	23.4	386	13.7	城关镇大寺林场	
2127	豫 RH188	银杏	白果 公孙树	*Ginkgo biloba* L.	1000	23.5	431	11.3	大寺林场城关镇	
2128	豫 RH3	皂荚	皂角	*Gleditsia sinensis* Lam	1000	12	368	9.5	柳河边庄村黑龙庙	黑龙庙北
2129	豫 RH11	皂荚	皂角	*Gleditsia sinensis* Lam	160	17	180	14.5	拐河乡果木庄村山头刘	陆军旗
2130	豫 RH21	皂荚	皂角	*Gleditsia sinensis* Lam	300	18	335	14	拐河乡石门村	火龙泉
2131	豫 RH28	皂荚	皂角	*Gleditsia sinensis* Lam	110	19	190	18	拐河乡养马口村北组	马北组
2132	豫 RH34	皂荚	皂角	*Gleditsia sinensis* Lam	110	15	170	16	四里店乡白庙沟村上新庄	上新庄组
2133	豫 RH46	皂荚	皂角	*Gleditsia sinensis* Lam	130	18	200	18	四里店乡黄土岭村三道沟	三道沟
2134	豫 RH47	皂荚	皂角	*Gleditsia sinensis* Lam	150	18	182	12	四里店乡黄土岭村三道沟	三道沟
2135	豫 RH48	皂荚	皂角	*Gleditsia sinensis* Lam	200	22	275	23	四里店乡黄土岭村三道沟	三道沟
2136	豫 RH50	皂荚	皂角	*Gleditsia sinensis* Lam	110	17	220	17	四里店黄土岭村焦岭	焦国梁
2137	豫 RH66	皂荚	皂角	*Gleditsia sinensis* Lam	130	16	210	17	四里店乡王三沟村孔家	孔祥生
2138	豫 RH67	皂荚	皂角	*Gleditsia sinensis* Lam	100	23	320	11	四里店乡干沟村黄家庄	黄国旗
2139	豫 RH68	皂荚	皂角	*Gleditsia sinensis* Lam	250	14	275	9	四里店乡干沟村黄家庄	黄家庄
2140	豫 RH69	皂荚	皂角	*Gleditsia sinensis* Lam	250	16	330	16.5	四里店乡干沟村龙王庙	王志得
2141	豫 RH71	皂荚	皂角	*Gleditsia sinensis* Lam	120	18	220	19	四里店乡小景庄村河东	石安
2142	豫 RH72	皂荚	皂角	*Gleditsia sinensis* Lam	100	19	260	15.5	四里店乡张湾村	张湾
2143	豫 RH77	皂荚	皂角	*Gleditsia sinensis* Lam	200	20	265	14	四里店乡庹庄村外罗庄	朱国峰
2144	豫 RH78	皂荚	皂角	*Gleditsia sinensis* Lam	100	12	200	11	四里店乡庹庄村小李庄	小李庄
2145	豫 RH109	皂荚	皂角	*Gleditsia sinensis* Lam	300	14	170	10.9	杨楼乡二岗沟村王庄	
2146	豫 RH122	皂荚	皂角	*Gleditsia sinensis* Lam	300	12.5	148	20.2	杨楼乡黑龙潭村西老窑沟	
2147	豫 RH152	皂荚	皂角	*Gleditsia sinensis* Lam	130	8.5	154	11.4	小史店乡陈浮沱村草庙岗庙前	
2148	豫 RH164	皂荚	皂角	*Gleditsia sinensis* Lam	110	15.5	148	12.35	小史店乡周庄村周庄组	周正勇
2149	豫 RH165	皂荚	皂角	*Gleditsia sinensis* Lam	110	11.5	120	12.9	小史店乡周庄村周庄组	周民勇
2150	豫 RH167	皂荚	皂角	*Gleditsia sinensis* Lam	110	19	205		小史店乡龙风岗村龙风岗组	
2151	豫 RH168	皂荚	皂角	*Gleditsia sinensis* Lam	160	16.2	133	19.7	小史乡龙风岗村范沟组	
2152	豫 RH174	皂荚	皂角	*Gleditsia sinensis* Lam	110	15.4	180.5	15.1	释之街道和平村一校院内	一校
2153	豫 RH132	皂荚	皂角	*Gleditsia sinensis* Lam	200	15.4	82.7	17.2	古庄店乡古庄店村四组	
2154	豫 RH133	皂荚	皂角	*Gleditsia sinensis* Lam	180	14.7	77.7	12.6	古庄店乡荆庄村	
2155	豫 RH144	皂荚	皂角	*Gleditsia sinensis* Lam	110	17.1	58.9	18.3	古庄店乡金汤庄村	
2156	豫 RH92	白绣球	木绣球	*Hydrangea kwangsiensis* Hu var.	300	4	150	6	独树真镇扳井光武庙	光武庙

序号	编号	中文名	别 名	拉丁名	树龄（a）	树高（m）	胸围 / 地围（cm）	冠幅（m）	具体生长位置	管护单位（人）
2157	豫 RH148	核桃	胡桃	*Juglans regia*	120	11.6	32.6	13.05	古庄店乡前王庄村	
2158	豫 RH189	核桃	胡桃	*Juglans regia*	130	11	195	11.35	城关镇大寺林场	
2159	豫 RH99	刺柏	山刺柏	*Juniperus formosana* Hayata	800	15	220	9	独树镇乡白石嘴村	村林场
2160	豫 RH31	望春玉兰	辛夷	*Magnolia biondii* Pamp.	120	15	253	10	四里店乡蚊子庄	组
2161	豫 RH91	白玉兰	玉兰	*Michelia alba* DC.	300	5	80	3	独树镇扳井光武庙	光武庙
2162	豫 RH177	桑	桑树	*Morus alba* L	110	11.3	161	14.25	城关镇大寺林场	
2163	豫 RH178	桑	桑树	*Morus alba* L	110	9.1	163	9.25	大寺林场	
2164	豫 RH129	桑	桑树	*Morus alba* L	1800	10.9	103.7	9.25	赵河镇果园村黄家肖庄社	
2165	豫 RH7	桂花	岩桂、九里香	*Osmanthi Fragrantis*	350	8	150	7.5	清河乡罗圈湾村	马春生
2166	豫 RH136	黄连木	黄楝树 楷木	*Pistacia chinensis* Bunge	300	17.1	56.6	15.55	古庄店乡山库庄村	
2167	豫 RH137	黄连木	黄楝树 楷木	*Pistacia chinensis* Bunge	150	21.8	54.5	17.5	古庄店乡韩岗村	
2168	豫 RH140	黄连木	黄楝树 楷木	*Pistacia chinensis* Bunge	190	16.4	111.7	16.1	古庄店乡马坪村	
2169	豫 RH142	黄连木	黄楝树 楷木	*Pistacia chinensis* Bunge	140	24.6	70.1	19.15	古庄店乡刘庄村	
2170	豫 RH147	黄连木	黄楝树 楷木	*Pistacia chinensis* Bunge	500	9.7	59.6	10.1	古庄店乡老安庄村	
2171	豫 RH1	黄连木	黄楝树 楷木	*Pistacia chinensis* Bunge	500	11.3	619	13.3	袁店乡竹园村	庙院管理者
2172	豫 RH8	黄连木	黄楝树 楷木	*Pistacia chinensis* Bunge	120	14	210	13	清河乡梁庄村	牛新中
2173	豫 RH12	黄连木	黄楝树 楷木	*Pistacia chinensis* Bunge	180	14	185	15	拐河镇果木庄村张庄组	张庄组
2174	豫 RH13	黄连木	黄楝树 楷木	*Pistacia chinensis* Bunge	800	23	704	16	拐河乡桃园村	庙院管理者
2175	豫 RH14	黄连木	黄楝树 楷木	*Pistacia chinensis* Bunge	230	17	245	20	拐河乡大西沟村	西沟村
2176	豫 RH18	黄连木	黄楝树 楷木	*Pistacia chinensis* Bunge	320	17	435	20	拐河乡聚合庄村	李明旭
2177	豫 RH26	黄连木	黄楝树 楷木	*Pistacia chinensis* Bunge	100	14	175	13	拐河乡姚店村张家	张家组
2178	豫 RH32	黄连木	黄楝树 楷木	*Pistacia chinensis* Bunge	130	11	210	12.5	四里店乡青石坡村东庄	东庄组
2179	豫 RH33	黄连木	黄楝树 楷木	*Pistacia chinensis* Bunge	120	14	210	16	四里店乡青石坡村张家坟	张家
2180	豫 RH35	黄连木	黄楝树 楷木	*Pistacia chinensis* Bunge	120	17	145	9	四里店乡白庙沟村石头庄	石头庄
2181	豫 RH36	黄连木	黄楝树 楷木	*Pistacia chinensis* Bunge	120	16	140	8	四里店乡白庙沟村石头庄	石头庄
2182	豫 RH37	黄连木	黄楝树 楷木	*Pistacia chinensis* Bunge	120	16	145	11	四里店乡白庙沟村石头庄	石头庄
2183	豫 RH39	黄连木	黄楝树 楷木	*Pistacia chinensis* Bunge	300	18	300	17.5	四里店乡吴庄村	王化地岭
2184	豫 RH40	黄连木	黄楝树 楷木	*Pistacia chinensis* Bunge	110	18	220	17.5	四里店乡吴庄村大店	杨九勇
2185	豫 RH41	黄连木	黄楝树 楷木	*Pistacia chinensis* Bunge	200	17	301	13	四里店乡黄连树村庄村	耿国栋
2186	豫 RH49	黄连木	黄楝树 楷木	*Pistacia chinensis* Bunge	200	14	225	12	四里店乡黄土岭村三道沟	三道沟
2187	豫 RH51	黄连木	黄楝树 楷木	*Pistacia chinensis* Bunge	100	21	175	18	四里店乡黄土岭村焦岭	焦国梁
2188	豫 RH62	黄连木	黄楝树 楷木	*Pistacia chinensis* Bunge	120	8	255	9	四里店乡街村	张马沟组
2189	豫 RH65	黄连木	黄楝树 楷木	*Pistacia chinensis* Bunge	500	19	490	21	四里店乡王三沟村米家	王洪义
2190	豫 RH70	黄连木	黄楝树 楷木	*Pistacia chinensis* Bunge	150	11	260	9	四里店乡小景庄村马沟	马沟

序号	编号	中文名	别 名	拉丁名	树龄（a）	树高（m）	胸围 / 地围（cm）	冠幅（m）	具体生长位置	管护单位（人）
2191	豫 RH73	黄连木	黄楝树 楷木	*Pistacia chinensis* Bunge	300	17	272	18	四里店乡张湾村王家营	王家庄组
2192	豫 RH75	黄连木	黄楝树 楷木	*Pistacia chinensis* Bunge	300	12	210	13.5	四里店乡张湾村王家营	王家庄组
2193	豫 RH76	黄连木	黄楝树 楷木	*Pistacia chinensis* Bunge	350	21	305	19.5	四里店乡庹庄村	庹庄组
2194	豫 RH79	黄连木	黄楝树 楷木	*Pistacia chinensis* Bunge	500	20	470	10	四里店乡庹庄村小李庄	李德旺
2195	豫 RH80	黄连木	黄楝树 楷木	*Pistacia chinensis* Bunge	500	17	285	8	四里店乡庹庄村小李庄	李德旺
2196	豫 RH83	黄连木	黄楝树 楷木	*Pistacia chinensis* Bunge	200	19	290	11	四里店乡老么沟村	张天义
2197	豫 RH85	黄连木	黄楝树 楷木	*Pistacia chinensis* Bunge	100	16	186	17	四里店乡花里山村马南	刘建军
2198	豫 RH88	黄连木	黄楝树 楷木	*Pistacia chinensis* Bunge	100	15	180	13	四里店乡花里山村黑山口	西庄组
2199	豫 RH103	黄连木	黄楝树 楷木	*Pistacia chinensis* Bunge	300	15			独树镇白石嘴村	白石嘴
2200	豫 RH123	黄连木	黄楝树 楷木	*Pistacia chinensis* Bunge	100	12	120	16.4	杨楼乡黑龙潭葛花沟	
2201	豫 RH154	黄连木	黄楝树 楷木	*Pistacia chinensis* Bunge	105	17.5	182	18.3	小史店镇杨洼村张岗庄南	
2202	豫 RH157	黄连木	黄楝树 楷木	*Pistacia chinensis* Bunge	100	17.3	143.5	15.55	小史店镇五星村冯庄组	冯建召
2203	豫 RH163	黄连木	黄楝树 楷木	*Pistacia chinensis* Bunge	300	6.9	212	7.45	小史店镇舒庄村刘庄组	
2204	豫 RH170	黄连木	黄楝树 楷木	*Pistacia chinensis* Bunge	110	12.7	153	12.85	小史店镇联沟村	
2205	豫 RH5	侧柏	扁柏	*Platycladus orientalis* (L.) Franco	600	10	250	9	清河乡柏树岗村	柏树岗
2206	豫 RH19	侧柏	扁柏	*Platycladus orientalis* (L.) Franco	443	12	228	11	拐河乡史家庄村	高家组
2207	豫 RH24	侧柏	扁柏	*Platycladus orientalis* (L.) Franco	300	13	205	10.5	拐河乡西关村	镇政府
2208	豫 RH25	侧柏	扁柏	*Platycladus orientalis* (L.) Franco	300	14	198	7	拐河乡西关政府	庙院
2209	豫 RH151	侧柏	扁柏	*Platycladus orientalis* (L.) Franco	700	8.9	27.3	5.95	古庄店乡韩岗村大湾社组	
2210	豫 RH190	侧柏	扁柏	*Platycladus orientalis* (L.) Franco	180	9.5	148.5	8.85	城关镇大寺林场	
2211	豫 RH191	侧柏	扁柏	*Platycladus orientalis* (L.) Franco	180	12	138.5	4.95	城关镇大寺林场	
2212	豫 RH138	毛白杨	白杨、笨白杨	*Populus tomentosa* Carrière	150	19.1	60.7	14.05	古庄店乡马坪村	
2213	豫 RH63	毛白杨	白杨、笨白杨	*Populus tomentosa* Carrière	130	26	290	17.8	四里店太山庙村	桃园
2214	豫 RH153	毛白杨	白杨、笨白杨	*Populus tomentosa* Carrière	120	20	229	16.8	小史店镇杨洼村段庄东	
2215	豫 RH159	毛白杨	白杨、笨白杨	*Populus tomentosa* Carrière	100	16	168.5	14.8	小史店镇三岔口村	
2216	豫 RH42	枫杨	鬼柳 麻柳	*Pterocarya stenoptera* C.DC	100	23.5	280	23	四里店乡寺后村	寺后组
2217	豫 RH74	枫杨	鬼柳 麻柳	*Pterocarya stenoptera* C.DC	120	18	243	13.5	四里店乡张湾村王家营	王家庄组
2218	豫 RH112	梨	鸦梨	*Pyrus bretschneideri*	130	6.7	130	6.4	杨楼乡赵店村后王庄	
2219	豫 RH29	栓皮栎	花栎 软木栎	*Quercus variabilis* Bl.	200	13	234	10	拐河乡王家营村	舒家庄
2220	豫 RH30	栓皮栎	花栎 软木栎	*Quercus variabilis* Bl.	500	11	340	13.5	拐河乡王家营村	舒家庄
2221	豫 RH169	栓皮栎	花栎 软木栎	*Quercus variabilis* Bl.	150	15.7	198	13.4	小史店镇贾沟村贾沟组	
2222	豫 RH139	栓皮栎	花栎 软木栎	*Quercus variabilis* Bl.	400	13.6	60.7	15.4	古庄店乡马坪村	
2223	豫 RH158	柳树	水柳、垂杨柳	*Salix babylonica* L.	140	15	262	17.68	小史店镇五星村	
2224	豫 RH45	腺柳	河柳	*Salix chaenomeloides* kimura	1000	15	420	16.5	四里店乡五间房村	朋沟组

序号	编号	中文名	别名	拉丁名	树龄(a)	树高(m)	胸围/地围(cm)	冠幅(m)	具体生长位置	管护单位(人)
2225	豫 RH56	腺柳	河柳	*Salix chaenomeloides* kimura	600	17.5	150	13.4	四里店乡油房庄村磨口	磨口
2226	豫 RH15	槐	槐树、豆槐	*Sophora japonica* Linn	300	12	280	12.5	拐河乡各庄村东组	各东组
2227	豫 RH16	槐	槐树、豆槐	*Sophora japonica* Linn	300	11	235	8	拐河乡各庄村东组	各东组
2228	豫 RH22	槐	槐树、豆槐	*Sophora japonica* Linn	150	14	235	14	拐河乡徐沟村	徐乃生
2229	豫 RH59	槐	槐树、豆槐	*Sophora japonica* Linn	150	9	220	8	四里店乡柳湾村	柳湾
2230	豫 RH82	槐	槐树、豆槐	*Sophora japonica* Linn	250	6	220	3.5	四里店乡老么沟村	南岗组
2231	豫 RH84	槐	槐树、豆槐	*Sophora japonica* Linn	180	15	205	11	四里店乡花里山村	户福耀
2232	豫 RH86	槐	槐树、豆槐	*Sophora japonica* Linn	250	15	237	17	四里店乡花里山村	吴廷玉
2233	豫 RH87	槐	槐树、豆槐	*Sophora japonica* Linn	200	13	215	9	四里店乡花里山村	吴文义
2234	豫 RH89	槐	槐树、豆槐	*Sophora japonica* Linn	260	17	275	11	四里店乡周庙村小村吴庄	朱德林
2235	豫 RH97	槐	槐树、豆槐	*Sophora japonica* Linn	800	15	422	16	独树镇金银店村	金银店
2236	豫 RH104	槐	槐树、豆槐	*Sophora japonica* Linn	600	14	350	9	独树镇李洼村	周岗
2237	豫 RH105	槐	槐树、豆槐	*Sophora japonica* Linn	200	13	200	13	杨集乡李楼村黑龙庙	黑龙庙
2238	豫 RH120	槐	槐树、豆槐	*Sophora japonica* Linn	300	18.5	18.8	13	杨楼乡候沟村	
2239	豫 RH121	槐	槐树、豆槐	*Sophora japonica* Linn	300	7.5	67	12	杨楼乡候沟村	
2240	豫 RH155	槐	槐树、豆槐	*Sophora japonica* Linn	150	7.8	291	12.55	小史店镇林场村江庄中心	
2241	豫 RH156	槐	槐树、豆槐	*Sophora japonica* Linn	100	13.5	260	13.15	小史店镇魏庄村冯庄东	
2242	豫 RH160	槐	槐树、豆槐	*Sophora japonica* Linn	500	10.7	181	11.9	小史店镇舒庄村刘庄组	刘自强
2243	豫 RH161	槐	槐树、豆槐	*Sophora japonica* Linn	300	7.5	241	13	小史店镇舒庄村刘庄组	刘海潮
2244	豫 RH162	槐	槐树、豆槐	*Sophora japonica* Linn	300	6.7	162	12.4	小史店镇舒庄村刘庄组	
2245	豫 RH166	槐	槐树、豆槐	*Sophora japonica* Linn	200	10.5	200	8.75	小史店镇周庄村何南庄组	
2246	豫 RH171	槐	槐树、豆槐	*Sophora japonica* Linn	320	11.5	275	12.75	小史店镇张滹沱村陈庄组	
2247	豫 RH172	槐	槐树、豆槐	*Sophora japonica* Linn	260	7.7	198	12.4	小史店镇张滹沱村陈庄组	张牛
2248	豫 RH173	槐	槐树、豆槐	*Sophora japonica* Linn	300	13.7	300	12.55	小史店镇张滹沱村陈庄组	
2249	豫 RH126	槐	槐树、豆槐	*Sophora japonica* Linn	1800	8.8	56.5	7.85	博望镇水饭店村	
2250	豫 RH128	槐	槐树、豆槐	*Sophora japonica* Linn	200	7.5	49.3	2.9	博望镇梅林村	
2251	豫 RH130	槐	槐树、豆槐	*Sophora japonica* Linn	500	13.6	81.9	15.35	古庄店乡僧官庄村	
2252	豫 RH131	槐	槐树、豆槐	*Sophora japonica* Linn	180	10.1	45.2	9.1	古庄店乡僧官庄村	
2253	豫 RH134	槐	槐树、豆槐	*Sophora japonica* Linn	400	10.2	104.8	12.25	古庄店乡贾庄村	
2254	豫 RH141	槐	槐树、豆槐	*Sophora japonica* Linn	200	14.9	46.7	13.55	古庄店乡老沟村	
2255	豫 RH145	槐	槐树、豆槐	*Sophora japonica* Linn	120	15.1	62.8	16.7	古庄店乡老安庄村	
2256	豫 RH150	槐	槐树、豆槐	*Sophora japonica* Linn	150	5.9	20.1	5.7	古庄店乡小竹园村	
2257	豫 RH17	梾木	松杨、凉木	*Swida macrophylla* (Wall.) Soják	100	16	160	13	拐河乡许良庄村	许永生
2258	豫 RH124	紫藤	藤花	*Wisteria sinensis* (Sims)Sweet	100	12	180	7.5	杨楼乡黑龙潭村葛花沟	

十、唐河县古树名木名录

序号	编号	中文名	别名	拉丁名	树龄（a）	树高（m）	胸围/地围（cm）	冠幅（m）	具体生长位置	管护单位（人）
2259	豫 RJ6	栗	毛栗	*Castanea mollissima* Bl.	300	10	300	13	大河屯乡刑李庄村老湾	刑李庄村委
2260	豫 RJ7	栗	毛栗	*Castanea mollissima* Bl.	350	14	320	18	大河屯乡刑李庄村老湾	刑李庄村委
2261	豫 RJ8	栗	毛栗	*Castanea mollissima* Bl.	350	14	320	11	大河屯乡刑李庄村老湾	刑李庄村委
2262	豫 RJ11	栗	毛栗	*Castanea mollissima* Bl.	300	14	278	17	马振抚乡前庄村白家场红杉桥北头	前庄村委
2263	豫 RJ12	栗	毛栗	*Castanea mollissima* Bl.	300	17	247	14	马振抚乡前庄村白家场红杉桥北头	前庄村委
2264	豫 RJ35	楸树	梓桐 金丝楸	*Catalpa bungei* C.A.Mey	100	14	285	12	大河屯乡马庄寨村王庄组	马永钦
2265	豫 RJ20	蜡梅	金梅 蜡花	*Chimonanthus praecox* (Linn.) Link	160	6	510	8	祁仪乡政府院内	祁仪乡人民政府
2266	豫 RJ24	柿	朱果	*Diospyros kaki* Thunb	130	15	255	7	祁仪乡王田村蔡庄	王田村委
2267	豫 RJ28	柿	朱果	*Diospyros kaki* Thunb	120	13	159	13	祁仪乡王田村小西沟	王田村委
2268	豫 RJ32	柿	朱果	*Diospyros kaki* Thunb	105	17	150	8	祁仪乡王田村小西沟	王田村委
2269	豫 RJ1	银杏	白果 公孙树	*Ginkgo biloba* L.	800	20	590	19	源潭乡何庄村银杏寺	何庄村委
2270	豫 RJ19	银杏	白果 公孙树	*Ginkgo biloba* L.	160	23	226	11	祁仪乡政府院内	祁仪乡人民政府
2271	豫 RJ9	皂荚	皂角	*Gleditsia sinensis* Lam	300	13	225	13	毕店乡郑岗村程庄	陈明强
2272	豫 RJ13	皂荚	皂角	*Gleditsia sinensis* Lam	300	15	271	13	桐河乡邱庄村王桥	王邦锁
2273	豫 RJ30	皂荚	皂角	*Gleditsia sinensis* Lam	120	15	180	14	桐河乡大郭庄村	郭云芳
2274	豫 RJ18	皂荚	皂角	*Gleditsia sinensis* Lam	165	7	177	7	湖阳乡仝湾村东大寺	仝湾村委
2275	豫 RJ27	皂荚	皂角	*Gleditsia sinensis* Lam	130	9	158	9	湖阳乡仝湾村东大寺	张长龙
2276	豫 RJ34	皂荚	皂角	*Gleditsia sinensis* Lam	100	6	107	6	湖阳乡仝湾村东大寺	仝湾村委
2277	豫 RJ22	皂荚	皂角	*Gleditsia sinensis* Lam	150	14	215	13	祁仪乡王田村小西沟	王田村委
2278	豫 RJ25	皂荚	皂角	*Gleditsia sinensis* Lam	130	15	120	12	古城乡王慧村南杨岗	杨利发
2279	豫 RJ26	皂荚	皂角	*Gleditsia sinensis* Lam	130	15	130	14	古城乡王慧村南杨岗	杨利青
2280	豫 RJ33	桑	桑树	*Morus alba* L	100	15	195	8	祁仪乡王田村王田组	王田村委
2281	豫 RJ3	黄连木	楷木、惜木	*Pistacia chinensis* Bunge	400	25	222	19	马振抚乡姚岗村牛庄	向前旭
2282	豫 RJ17	黄连木	楷木、惜木	*Pistacia chinensis* Bunge	200	35	178	14	马振抚乡前庄村大河沟南 10 米	前庄村委
2283	豫 RJ16	黄连木	楷木、惜木	*Pistacia chinensis* Bunge	230	14	261	13	祁仪乡王田村王田组	苏炳力
2284	豫 RJ29	黄连木	楷木、惜木	*Pistacia chinensis* Bunge	120	18	180	13	古城乡徐岗村	王学斌
2285	豫 RJ4	侧柏	扁柏	*Platycladus orientalis* (L.) Franco	400	10	320	11	苍台乡陈排湾中心小学	陈排湾村委
2286	豫 RJ10	侧柏	扁柏	*Platycladus orientalis* (L.) Franco	300	8	170	6	马振抚乡前庄村大河沟南 10 米	邓传营
2287	豫 RJ14	侧柏	扁柏	*Platycladus orientalis* (L.) Franco	279	16	310	11	郭滩乡郭滩村中心小学	郭滩村委

序号	编号	中文名	别 名	拉丁名	树龄（a）	树高（m）	胸围 / 地围（cm）	冠幅（m）	具体生长位置	管护单位（人）
2288	豫 RJ21	侧柏	扁柏	*Platycladus orientalis* (L.) Franco	150	14	245	8	上屯镇白湖村	白湖村委
2289	豫 RJ23	侧柏	扁柏	*Platycladus orientalis* (L.) Franco	150	12	185	6	毕店乡张新一村回龙寺	张新一村委
2290	豫 RJ5	栓皮栎	花栎树	*Quercus variabilis* Bl.	380	15	250	16	祁仪乡古沟村栎树底	胡应钦
2291	豫 RJ15	腺柳	河柳	*Salix chaenomeloides* kimura	250	13	230	14	马振抚乡前庄村石柱山森林公园	前庄村委
2292	豫 RJ2	槐	槐树、豆槐	*Sophora japonica* Linn	450	8	295	5	马振抚乡观音寺庄	观音寺村委
2293	豫 RJ31	槐	槐树、豆槐	*Sophora japonica* Linn	120	14	118	6	古城乡黄店村观音寺	谢书军

十一、社旗县古树名木名录

序号	编号	中文名	别 名	拉丁名	树龄（a）	树高（m）	胸围 / 地围（cm）	冠幅（m）	具体生长位置	管护单位（人）
2294	豫 RK1	凌霄	藤萝花 凌霄花	*Campsis grandiflora*(Thunb.)Schum.	550	3	144	23	广和堂	赊店商铺文化中心
2295	豫 RK2	凌霄	藤萝花 凌霄花	*Campsis grandiflora*(Thunb.)Schum.	550	3	75	15	广和堂	赊店商铺文化中心
2296	豫 RK3	银杏	白果 公孙树	*Ginkgo biloba* L.	105	18	126	7	广和堂	赊店商铺文化中心
2297	豫 RK5	皂荚	皂角	*Gleditsia sinensis* Lam	150	17	151	11	晋庄镇胡良庄村	李华伟
2298	豫 RK15	皂荚	皂角	*Gleditsia sinensis* Lam	200	15	146	9	下洼乡国有林场	国有林场
2299	豫 RK9	望春玉兰	辛夷	*Magnolia biondii* Pamp.	130	8	130	7	国有林场	国有林场
2300	豫 RK6	桑	桑树	*Morus alba* L	320	15	314	20	下洼镇坑黄村	黄长星
2301	豫 RK10	马尾松	青松 山松	*Pinus massoniana* Lamb	130	25	160	7	国有林场龙山头东 500 米	国有林场
2302	豫 RK11	马尾松	青松 山松	*Pinus massoniana* Lamb	130	22	104	3	国有林场龙山头东 500 米	国有林场
2303	豫 RK8	黄连木	黄楝树 楷木	*Pistacia chinensis* Bunge	150	20	176	16	朱集镇王老庄村	王朝坡
2304	豫 RK12	枫杨	鬼柳 麻柳	*Pterocarya stenoptera* C.DC	160	16	182	14	国有林场龙山头东	国有林场
2305	豫 RK13	枫杨	鬼柳 麻柳	*Pterocarya stenoptera* C.DC	150	18	211	8	国有林场二零九抽水点	国有林场
2306	豫 RK14	枫杨	鬼柳 麻柳	*Pterocarya stenoptera* C.DC	150	16	196	8	国有林场二零九抽水点	国有林场
2307	豫 RK16	枫杨	鬼柳 麻柳	*Pterocarya stenoptera* C.DC	180	16	196	8	国有林场小寺	国有林场
2308	豫 RK7	棠梨树	铁梨树	*Pyrus calleryana* Decne.	240	18	157	15	下洼镇坑黄村	黄建高
2309	豫 RK4	槐	槐树、豆槐	*Sophora japonica* Linn	400	18	204	18	赊店镇四村	赊店商铺文化中心

十二、桐柏县古树名木名录

序号	编号	中文名	别名	拉丁名	树龄（a）	树高（m）	胸围/地围（cm）	冠幅（m）	具体生长位置	管护单位（人）
2310	豫 RG48	三角枫	三角槭	*Acer buergerianum* Miq.	200	10	160	12	程湾镇石头庄村	石头庄村委
2311	豫 RG49	三角枫	三角槭	*Acer buergerianum* Miq.	200	12	205	13	程湾镇石头庄村	石头庄村委
2312	豫 RG50	三角枫	三角槭	*Acer buergerianum* Miq.	250	16	220	18	程湾镇石头庄村	石头庄村委
2313	豫 RG51	三角枫	三角槭	*Acer buergerianum* Miq.	200	13	160	10	程湾镇石头庄村	石头庄村委
2314	豫 RG52	三角枫	三角槭	*Acer buergerianum* Miq.	200	10	160	11	程湾镇石头庄村	石头庄村委
2315	豫 RG53	三角枫	三角槭	*Acer buergerianum* Miq.	150	10	150	10	程湾镇石头庄村	石头庄村委
2316	豫 RG54	三角枫	三角槭	*Acer buergerianum* Miq.	200	16	190	12	程湾镇石头庄村	石头庄村委
2317	豫 RG55	三角枫	三角槭	*Acer buergerianum* Miq.	180	12	160	8	程湾镇石头庄村	石头庄村委
2318	豫 RG56	三角枫	三角槭	*Acer buergerianum* Miq.	200	12	170	12	程湾镇石头庄村	石头庄村委
2319	豫 RG57	三角枫	三角槭	*Acer buergerianum* Miq.	180	6	160	8	程湾镇石头庄村	石头庄村委
2320	豫 RG58	三角枫	三角槭	*Acer buergerianum* Miq.	140	9	150	9	程湾镇石头庄村	石头庄村委
2321	豫 RG87	三角枫	三角槭	*Acer buergerianum* Miq.	110	13	120	5	淮源镇淮源村	淮源村委
2322	豫 RG816	五角枫	五角槭、色木	*Acer mono* Maxim	120	10	150		吴城镇牧场村	周发勇
2323	豫 RG817	五角枫	五角槭、色木	*Acer mono* Maxim	120	7	140		吴城镇牧场村	周发勇
2324	豫 RG819	五角枫	五角槭、色木	*Acer mono* Maxim	110	6	135		吴城镇牧场村	周发勇
2325	豫 RG804	构树	构桃树	*Broussonetia papyrifera* (Linn.) L'Hér. ex Vent	100	8	190	6	月河镇沈庄村	沈庄村委
2326	豫 RG111	栗	毛栗	*Castanea mollissima* Bl.	130	12	230	13	淮源镇龚庄村	龚庄村委
2327	豫 RG112	栗	毛栗	*Castanea mollissima* Bl.	120	14	210	13	淮源镇龚庄村	龚庄村委
2328	豫 RG113	栗	毛栗	*Castanea mollissima* Bl.	200	14	370	12	淮源镇龚庄村	龚庄村委
2329	豫 RG114	栗	毛栗	*Castanea mollissima* Bl.	150	13	275	12	淮源镇龚庄村	龚庄村委
2330	豫 RG115	栗	毛栗	*Castanea mollissima* Bl.	180	14	330	11	淮源镇龚庄村	龚庄村委
2331	豫 RG116	栗	毛栗	*Castanea mollissima* Bl.	160	14	300	12	淮源镇龚庄村	龚庄村委
2332	豫 RG117	栗	毛栗	*Castanea mollissima* Bl.	100	13	180	12	淮源镇龚庄村	龚庄村委
2333	豫 RG118	栗	毛栗	*Castanea mollissima* Bl.	100	12	180	11	淮源镇龚庄村	龚庄村委
2334	豫 RG119	栗	毛栗	*Castanea mollissima* Bl.	100	13	190	14	淮源镇龚庄村	龚庄村委
2335	豫 RG120	栗	毛栗	*Castanea mollissima* Bl.	100	13	170	12	淮源镇龚庄村	龚庄村委
2336	豫 RG121	栗	毛栗	*Castanea mollissima* Bl.	100	14	170	12	淮源镇龚庄村	龚庄村委
2337	豫 RG122	栗	毛栗	*Castanea mollissima* Bl.	110	14	190	14	淮源镇龚庄村	龚庄村委
2338	豫 RG123	栗	毛栗	*Castanea mollissima* Bl.	100	12	180	12	淮源镇龚庄村	龚庄村委
2339	豫 RG124	栗	毛栗	*Castanea mollissima* Bl.	110	12	190	12	淮源镇龚庄村	龚庄村委

序号	编号	中文名	别名	拉丁名	树龄(a)	树高(m)	胸围/地围(cm)	冠幅(m)	具体生长位置	管护单位(人)
2340	豫 RG125	栗	毛栗	*Castanea mollissima* Bl.	130	9	220	11	淮源镇龚庄村	龚庄村委
2341	豫 RG126	栗	毛栗	*Castanea mollissima* Bl.	110	11	190	13	淮源镇龚庄村	龚庄村委
2342	豫 RG127	栗	毛栗	*Castanea mollissima* Bl.	110	7	190	7	淮源镇龚庄村	龚庄村委
2343	豫 RG128	栗	毛栗	*Castanea mollissima* Bl.	170	11	310	13	淮源镇龚庄村	龚庄村委
2344	豫 RG129	栗	毛栗	*Castanea mollissima* Bl.	120	12	200	12	淮源镇龚庄村	龚庄村委
2345	豫 RG130	栗	毛栗	*Castanea mollissima* Bl.	140	11	270	13	淮源镇龚庄村	龚庄村委
2346	豫 RG131	栗	毛栗	*Castanea mollissima* Bl.	160	12	250	13	淮源镇龚庄村	龚庄村委
2347	豫 RG132	栗	毛栗	*Castanea mollissima* Bl.	110	5	200	7	淮源镇龚庄村	龚庄村委
2348	豫 RG133	栗	毛栗	*Castanea mollissima* Bl.	110	13	190	14	淮源镇龚庄村	龚庄村委
2349	豫 RG134	栗	毛栗	*Castanea mollissima* Bl.	120	8	210	7	淮源镇龚庄村	龚庄村委
2350	豫 RG135	栗	毛栗	*Castanea mollissima* Bl.	110	13	190	13	淮源镇龚庄村	龚庄村委
2351	豫 RG136	栗	毛栗	*Castanea mollissima* Bl.	100	12	180	12	淮源镇龚庄村	龚庄村委
2352	豫 RG137	栗	毛栗	*Castanea mollissima* Bl.	130	13	235	13	淮源镇龚庄村	龚庄村委
2353	豫 RG138	栗	毛栗	*Castanea mollissima* Bl.	180	13	330	13	淮源镇龚庄村	龚庄村委
2354	豫 RG139	栗	毛栗	*Castanea mollissima* Bl.	110	14	200	10	淮源镇龚庄村	龚庄村委
2355	豫 RG140	栗	毛栗	*Castanea mollissima* Bl.	160	13	300	12	淮源镇龚庄村	龚庄村委
2356	豫 RG141	栗	毛栗	*Castanea mollissima* Bl.	140	13	260	7	淮源镇龚庄村	龚庄村委
2357	豫 RG142	栗	毛栗	*Castanea mollissima* Bl.	100	13	180	13	淮源镇龚庄村	龚庄村委
2358	豫 RG143	栗	毛栗	*Castanea mollissima* Bl.	130	13	240	13	淮源镇龚庄村	龚庄村委
2359	豫 RG144	栗	毛栗	*Castanea mollissima* Bl.	180	12	350	13	淮源镇龚庄村	龚庄村委
2360	豫 RG145	栗	毛栗	*Castanea mollissima* Bl.	180	10	300	10	淮源镇龚庄村	龚庄村委
2361	豫 RG146	栗	毛栗	*Castanea mollissima* Bl.	180	11	310	14	淮源镇龚庄村	龚庄村委
2362	豫 RG147	栗	毛栗	*Castanea mollissima* Bl.	110	8	200	11	淮源镇龚庄村	龚庄村委
2363	豫 RG148	栗	毛栗	*Castanea mollissima* Bl.	170	11	260	13	淮源镇龚庄村	龚庄村委
2364	豫 RG149	栗	毛栗	*Castanea mollissima* Bl.	180	9	320	14	淮源镇龚庄村	龚庄村委
2365	豫 RG150	栗	毛栗	*Castanea mollissima* Bl.	140	8	280	14	淮源镇龚庄村	龚庄村委
2366	豫 RG151	栗	毛栗	*Castanea mollissima* Bl.	130	9	270	13	淮源镇龚庄村	龚庄村委
2367	豫 RG152	栗	毛栗	*Castanea mollissima* Bl.	190	11	340	9	淮源镇龚庄村	龚庄村委
2368	豫 RG153	栗	毛栗	*Castanea mollissima* Bl.	110	12	190	9	淮源镇龚庄村	龚庄村委
2369	豫 RG154	栗	毛栗	*Castanea mollissima* Bl.	100	9	170	7	淮源镇龚庄村	龚庄村委
2370	豫 RG155	栗	毛栗	*Castanea mollissima* Bl.	120	13	200	10	淮源镇龚庄村	龚庄村委
2371	豫 RG156	栗	毛栗	*Castanea mollissima* Bl.	110	12	190	13	淮源镇龚庄村	龚庄村委
2372	豫 RG157	栗	毛栗	*Castanea mollissima* Bl.	112	7	195	8	淮源镇龚庄村	龚庄村委
2373	豫 RG158	栗	毛栗	*Castanea mollissima* Bl.	140	9	240	11	淮源镇龚庄村	龚庄村委

序号	编号	中文名	别 名	拉丁名	树龄（a）	树高（m）	胸围 / 地围（cm）	冠幅（m）	具体生长位置	管护单位（人）
2374	豫 RG159	栗	毛栗	*Castanea mollissima* Bl.	120	10	200	14	淮源镇龚庄村	龚庄村委
2375	豫 RG160	栗	毛栗	*Castanea mollissima* Bl.	140	10	240	17	淮源镇龚庄村	龚庄村委
2376	豫 RG161	栗	毛栗	*Castanea mollissima* Bl.	165	9	290	12	淮源镇龚庄村	龚庄村委
2377	豫 RG162	栗	毛栗	*Castanea mollissima* Bl.	150	9	240	13	淮源镇龚庄村	龚庄村委
2378	豫 RG163	栗	毛栗	*Castanea mollissima* Bl.	160	6	260	10	淮源镇龚庄村	龚庄村委
2379	豫 RG164	栗	毛栗	*Castanea mollissima* Bl.	100	9	180	9	淮源镇龚庄村	龚庄村委
2380	豫 RG165	栗	毛栗	*Castanea mollissima* Bl.	300	11	480	13	淮源镇龚庄村	龚庄村委
2381	豫 RG166	栗	毛栗	*Castanea mollissima* Bl.	100	10	180	16	淮源镇龚庄村	龚庄村委
2382	豫 RG167	栗	毛栗	*Castanea mollissima* Bl.	100	11	170	10	淮源镇龚庄村	龚庄村委
2383	豫 RG168	栗	毛栗	*Castanea mollissima* Bl.	100	11	180	12	淮源镇龚庄村	龚庄村委
2384	豫 RG169	栗	毛栗	*Castanea mollissima* Bl.	110	9	190	12	淮源镇龚庄村	龚庄村委
2385	豫 RG170	栗	毛栗	*Castanea mollissima* Bl.	120	9	200	11	淮源镇龚庄村	龚庄村委
2386	豫 RG171	栗	毛栗	*Castanea mollissima* Bl.	160	9	260	14	淮源镇龚庄村	龚庄村委
2387	豫 RG172	栗	毛栗	*Castanea mollissima* Bl.	130	13	230	12	淮源镇龚庄村	龚庄村委
2388	豫 RG173	栗	毛栗	*Castanea mollissima* Bl.	100	7	170	6	淮源镇龚庄村	龚庄村委
2389	豫 RG174	栗	毛栗	*Castanea mollissima* Bl.	100	8	180	7	淮源镇龚庄村	龚庄村委
2390	豫 RG175	栗	毛栗	*Castanea mollissima* Bl.	160	10	300	12	淮源镇龚庄村	龚庄村委
2391	豫 RG176	栗	毛栗	*Castanea mollissima* Bl.	130	7	220	10	淮源镇龚庄村	龚庄村委
2392	豫 RG177	栗	毛栗	*Castanea mollissima* Bl.	120	5	200	10	淮源镇龚庄村	龚庄村委
2393	豫 RG178	栗	毛栗	*Castanea mollissima* Bl.	160	8	300	10	淮源镇龚庄村	龚庄村委
2394	豫 RG179	栗	毛栗	*Castanea mollissima* Bl.	130	10	220	11	淮源镇龚庄村	龚庄村委
2395	豫 RG180	栗	毛栗	*Castanea mollissima* Bl.	170	9	310	12	淮源镇龚庄村	龚庄村委
2396	豫 RG181	栗	毛栗	*Castanea mollissima* Bl.	120	9	210	12	淮源镇龚庄村	龚庄村委
2397	豫 RG182	栗	毛栗	*Castanea mollissima* Bl.	180	9	330	12	淮源镇龚庄村	龚庄村委
2398	豫 RG183	栗	毛栗	*Castanea mollissima* Bl.	210	11	380	12	淮源镇龚庄村	龚庄村委
2399	豫 RG184	栗	毛栗	*Castanea mollissima* Bl.	120	12	210	11	淮源镇龚庄村	龚庄村委
2400	豫 RG185	栗	毛栗	*Castanea mollissima* Bl.	110	13	190	13	淮源镇龚庄村	龚庄村委
2401	豫 RG186	栗	毛栗	*Castanea mollissima* Bl.	100	11	180	11	淮源镇龚庄村	龚庄村委
2402	豫 RG187	栗	毛栗	*Castanea mollissima* Bl.	160	12	250	13	淮源镇龚庄村	龚庄村委
2403	豫 RG188	栗	毛栗	*Castanea mollissima* Bl.	100	12	180	11	淮源镇龚庄村	龚庄村委
2404	豫 RG189	栗	毛栗	*Castanea mollissima* Bl.	100	11	170	11	淮源镇龚庄村	龚庄村委

序号	编号	中文名	别 名	拉丁名	树龄（a）	树高（m）	胸围 / 地围（cm）	冠幅（m）	具体生长位置	管护单位（人）
2405	豫 RG190	栗	毛栗	*Castanea mollissima* Bl.	110	12	195	13	淮源镇龚庄村	龚庄村委
2406	豫 RG191	栗	毛栗	*Castanea mollissima* Bl.	110	12	190	11	淮源镇龚庄村	龚庄村委
2407	豫 RG192	栗	毛栗	*Castanea mollissima* Bl.	100	12	190	13	淮源镇龚庄村	龚庄村委
2408	豫 RG193	栗	毛栗	*Castanea mollissima* Bl.	130	9	260	16	淮源镇龚庄村	龚庄村委
2409	豫 RG194	栗	毛栗	*Castanea mollissima* Bl.	130	9	260	11	淮源镇龚庄村	龚庄村委
2410	豫 RG195	栗	毛栗	*Castanea mollissima* Bl.	100	8	190	9	淮源镇龚庄村	龚庄村委
2411	豫 RG196	栗	毛栗	*Castanea mollissima* Bl.	121	11	213	10	淮源镇龚庄村	龚庄村委
2412	豫 RG197	栗	毛栗	*Castanea mollissima* Bl.	150	11	280	13	淮源镇龚庄村	龚庄村委
2413	豫 RG198	栗	毛栗	*Castanea mollissima* Bl.	100	10	190	8	淮源镇龚庄村	龚庄村委
2414	豫 RG199	栗	毛栗	*Castanea mollissima* Bl.	120	12	210	120	淮源镇龚庄村	龚庄村委
2415	豫 RG200	栗	毛栗	*Castanea mollissima* Bl.	100	10	199	11	淮源镇龚庄村	龚庄村委
2416	豫 RG242	栗	毛栗	*Castanea mollissima* Bl.	130	10	270	14	淮源镇仓房村	仓房村委
2417	豫 RG248	栗	毛栗	*Castanea mollissima* Bl.	100	9	185	9	淮源镇龚庄村	龚庄村委
2418	豫 RG249	栗	毛栗	*Castanea mollissima* Bl.	100	9	190	12	淮源镇龚庄村	龚庄村委
2419	豫 RG250	栗	毛栗	*Castanea mollissima* Bl.	100	9	170	8	淮源镇龚庄村	龚庄村委
2420	豫 RG251	栗	毛栗	*Castanea mollissima* Bl.	110	10	180	11	淮源镇龚庄村	龚庄村委
2421	豫 RG252	栗	毛栗	*Castanea mollissima* Bl.	130	10	220	11	淮源镇龚庄村	龚庄村委
2422	豫 RG253	栗	毛栗	*Castanea mollissima* Bl.	120	7	220	7	淮源镇龚庄村	龚庄村委
2423	豫 RG254	栗	毛栗	*Castanea mollissima* Bl.	110	11	200	11	淮源镇龚庄村	龚庄村委
2424	豫 RG255	栗	毛栗	*Castanea mollissima* Bl.	110	12	210	8	淮源镇龚庄村	龚庄村委
2425	豫 RG256	栗	毛栗	*Castanea mollissima* Bl.	135	12	240	10	淮源镇龚庄村	龚庄村委
2426	豫 RG257	栗	毛栗	*Castanea mollissima* Bl.	100	10	180	3	淮源镇龚庄村	龚庄村委
2427	豫 RG258	栗	毛栗	*Castanea mollissima* Bl.	210	14	350	12	淮源镇龚庄村	龚庄村委
2428	豫 RG259	栗	毛栗	*Castanea mollissima* Bl.	100	12	180	10	淮源镇龚庄村	龚庄村委
2429	豫 RG260	栗	毛栗	*Castanea mollissima* Bl.	100	15	180	11	淮源镇龚庄村	龚庄村委
2430	豫 RG261	栗	毛栗	*Castanea mollissima* Bl.	100	13	180	11	淮源镇龚庄村	龚庄村委
2431	豫 RG262	栗	毛栗	*Castanea mollissima* Bl.	125	12	220	10	淮源镇龚庄村	龚庄村委
2432	豫 RG263	栗	毛栗	*Castanea mollissima* Bl.	110	13	210	11	淮源镇龚庄村	龚庄村委
2433	豫 RG264	栗	毛栗	*Castanea mollissima* Bl.	120	13	230	11	淮源镇龚庄村	龚庄村委
2434	豫 RG265	栗	毛栗	*Castanea mollissima* Bl.	100	13	180	12	淮源镇龚庄村	龚庄村委
2435	豫 RG266	栗	毛栗	*Castanea mollissima* Bl.	100	14	180	12	淮源镇龚庄村	龚庄村委
2436	豫 RG267	栗	毛栗	*Castanea mollissima* Bl.	210	13	320	8	淮源镇龚庄村	龚庄村委
2437	豫 RG268	栗	毛栗	*Castanea mollissima* Bl.	105	14	190	7	淮源镇龚庄村	龚庄村委
2438	豫 RG269	栗	毛栗	*Castanea mollissima* Bl.	100	14	180	10	淮源镇龚庄村	龚庄村委

序号	编号	中文名	别 名	拉丁名	树龄（a）	树高（m）	胸围/地围（cm）	冠幅（m）	具体生长位置	管护单位（人）
2439	豫 RG270	栗	毛栗	*Castanea mollissima* Bl.	120	14	200	11	淮源镇龚庄村	龚庄村委
2440	豫 RG271	栗	毛栗	*Castanea mollissima* Bl.	150	6	260	7	淮源镇龚庄村	龚庄村委
2441	豫 RG272	栗	毛栗	*Castanea mollissima* Bl.	110	8	200	6	淮源镇龚庄村	龚庄村委
2442	豫 RG273	栗	毛栗	*Castanea mollissima* Bl.	100	8	180	11	淮源镇龚庄村	龚庄村委
2443	豫 RG274	栗	毛栗	*Castanea mollissima* Bl.	210	15	300	18	淮源镇龚庄村	龚庄村委
2444	豫 RG275	栗	毛栗	*Castanea mollissima* Bl.	110	11	200	10	淮源镇龚庄村	龚庄村委
2445	豫 RG286	栗	毛栗	*Castanea mollissima* Bl.	140	14	270	13	淮源镇板桥村	板桥村委
2446	豫 RG287	栗	毛栗	*Castanea mollissima* Bl.	100	13	190	13	淮源镇板桥村	板桥村委
2447	豫 RG288	栗	毛栗	*Castanea mollissima* Bl.	100	13	180	12	淮源镇板桥村	板桥村委
2448	豫 RG289	栗	毛栗	*Castanea mollissima* Bl.	100	12	170	11	淮源镇板桥村	板桥村委
2449	豫 RG290	栗	毛栗	*Castanea mollissima* Bl.	100	10	180	12	淮源镇板桥村	板桥村委
2450	豫 RG976	栗	毛栗	*Castanea mollissima* Bl.	150	9	240	12	淮源镇淮源村	景区管委会
2451	豫 RG977	栗	毛栗	*Castanea mollissima* Bl.	160	14	230	11	淮源镇淮源村	景区管委会
2452	豫 RG979	栗	毛栗	*Castanea mollissima* Bl.	120	9	220	12	淮源镇淮源村	景区管委会
2453	豫 RG981	栗	毛栗	*Castanea mollissima* Bl.	110	13	160	9	淮源镇淮源村	景区管委会
2454	豫 RG349	栗	毛栗	*Castanea mollissima* Bl.	200	17	280	14	大河镇黄庄村	黄庄村委
2455	豫 RG373	栗	毛栗	*Castanea mollissima* Bl.	170	15	260	17	大河镇石佛寺村	石佛寺村委
2456	豫 RG374	栗	毛栗	*Castanea mollissima* Bl.	260	10	360	13	大河镇石佛寺村	石佛寺村委
2457	豫 RG362	栗	毛栗	*Castanea mollissima* Bl.	200	15	380	12	大河镇夹山村委	夹山村委
2458	豫 RG364	栗	毛栗	*Castanea mollissima* Bl.	100	9	190	9	大河镇夹山村委	夹山村委
2459	豫 RG365	栗	毛栗	*Castanea mollissima* Bl.	100	13	200	10	大河镇夹山村委	夹山村委
2460	豫 RG366	栗	毛栗	*Castanea mollissima* Bl.	100	12	190	12	大河镇夹山村委	夹山村委
2461	豫 RG375	栗	毛栗	*Castanea mollissima* Bl.	110	18	200	13	大河镇夹山村	夹山村委
2462	豫 RG376	栗	毛栗	*Castanea mollissima* Bl.	100	11	180	11	大河镇夹山村	夹山村委
2463	豫 RG377	栗	毛栗	*Castanea mollissima* Bl.	100	13	180	13	大河镇夹山村	夹山村委
2464	豫 RG378	栗	毛栗	*Castanea mollissima* Bl.	100	13	160	11	大河镇夹山村	夹山村委
2465	豫 RG379	栗	毛栗	*Castanea mollissima* Bl.	160	9	270	9	大河镇夹山村	夹山村委
2466	豫 RG386	栗	毛栗	*Castanea mollissima* Bl.	110	18	200	12	大河镇夹山村	夹山村委
2467	豫 RG387	栗	毛栗	*Castanea mollissima* Bl.	100	16	190	9	大河镇夹山村	夹山村委
2468	豫 RG388	栗	毛栗	*Castanea mollissima* Bl.	110	16	200	14	大河镇夹山村	夹山村委
2469	豫 RG389	栗	毛栗	*Castanea mollissima* Bl.	140	15	240	15	大河镇夹山村	夹山村委
2470	豫 RG390	栗	毛栗	*Castanea mollissima* Bl.	100	15	240	15	大河镇夹山村	夹山村委
2471	豫 RG391	栗	毛栗	*Castanea mollissima* Bl.	110	16	200	12	大河镇夹山村	夹山村委
2472	豫 RG392	栗	毛栗	*Castanea mollissima* Bl.	240	8	340	13	大河镇夹山村	夹山村委

序号	编号	中文名	别名	拉丁名	树龄（a）	树高（m）	胸围/地围（cm）	冠幅（m）	具体生长位置	管护单位（人）
2473	豫 RG393	栗	毛栗	*Castanea mollissima* Bl.	130	6	230	5	大河镇夹山村	夹山村委
2474	豫 RG394	栗	毛栗	*Castanea mollissima* Bl.	110	8	200	7	大河镇夹山村	夹山村委
2475	豫 RG395	栗	毛栗	*Castanea mollissima* Bl.	100	13	190	11	大河镇夹山村	夹山村委
2476	豫 RG396	栗	毛栗	*Castanea mollissima* Bl.	130	9	230	11	大河镇夹山村	夹山村委
2477	豫 RG397	栗	毛栗	*Castanea mollissima* Bl.	200	13	300	12	大河镇夹山村	夹山村委
2478	豫 RG398	栗	毛栗	*Castanea mollissima* Bl.	250	14	350	13	大河镇夹山村	夹山村委
2479	豫 RG399	栗	毛栗	*Castanea mollissima* Bl.	160	13	270	9	大河镇夹山村	夹山村委
2480	豫 RG400	栗	毛栗	*Castanea mollissima* Bl.	140	10	240	17	大河镇夹山村	夹山村委
2481	豫 RG401	栗	毛栗	*Castanea mollissima* Bl.	125	16	220	14	大河镇夹山村	夹山村委
2482	豫 RG402	栗	毛栗	*Castanea mollissima* Bl.	110	15	200	14	大河镇夹山村	夹山村委
2483	豫 RG403	栗	毛栗	*Castanea mollissima* Bl.	120	15	210	12	大河镇夹山村	夹山村委
2484	豫 RG404	栗	毛栗	*Castanea mollissima* Bl.	120	15	210	15	大河镇夹山村	夹山村委
2485	豫 RG405	栗	毛栗	*Castanea mollissima* Bl.	110	15	200	12	大河镇夹山村	夹山村委
2486	豫 RG429	栗	毛栗	*Castanea mollissima* Bl.	140	14	270	13	城郊乡西十里村	西十里村委
2487	豫 RG430	栗	毛栗	*Castanea mollissima* Bl.	180	13	330	12	城郊乡西十里村	西十里村委
2488	豫 RG431	栗	毛栗	*Castanea mollissima* Bl.	100	13	190	12	城郊乡西十里村	西十里村委
2489	豫 RG432	栗	毛栗	*Castanea mollissima* Bl.	120	12	200	10	城郊乡西十里村	西十里村委
2490	豫 RG433	栗	毛栗	*Castanea mollissima* Bl.	160	15	300	14	城郊乡西十里村	西十里村委
2491	豫 RG434	栗	毛栗	*Castanea mollissima* Bl.	100	13	190	13	城郊乡西十里村	西十里村委
2492	豫 RG435	栗	毛栗	*Castanea mollissima* Bl.	140	12	260	11	城郊乡西十里村	西十里村委
2493	豫 RG436	栗	毛栗	*Castanea mollissima* Bl.	150	13	240	15	城郊乡西十里村	西十里村委
2494	豫 RG437	栗	毛栗	*Castanea mollissima* Bl.	145	14	270	13	城郊乡西十里村	西十里村委
2495	豫 RG438	栗	毛栗	*Castanea mollissima* Bl.	170	12	310	12	城郊乡西十里村	西十里村委
2496	豫 RG439	栗	毛栗	*Castanea mollissima* Bl.	140	13	240	14	城郊乡西十里村	西十里村委
2497	豫 RG440	栗	毛栗	*Castanea mollissima* Bl.	190	13	340	15	城郊乡西十里村	西十里村委
2498	豫 RG441	栗	毛栗	*Castanea mollissima* Bl.	120	12	200	11	城郊乡西十里村	西十里村委
2499	豫 RG442	栗	毛栗	*Castanea mollissima* Bl.	140	13	260	13	城郊乡西十里村	西十里村委
2500	豫 RG443	栗	毛栗	*Castanea mollissima* Bl.	160	12	250	14	城郊乡西十里村	西十里村委
2501	豫 RG444	栗	毛栗	*Castanea mollissima* Bl.	100	13	180	13	城郊乡西十里村	西十里村委
2502	豫 RG445	栗	毛栗	*Castanea mollissima* Bl.	100	13	190	11	城郊乡西十里村	西十里村委
2503	豫 RG446	栗	毛栗	*Castanea mollissima* Bl.	140	11	240	12	城郊乡西十里村	西十里村委
2504	豫 RG447	栗	毛栗	*Castanea mollissima* Bl.	140	12	270	13	城郊乡西十里村	西十里村委
2505	豫 RG448	栗	毛栗	*Castanea mollissima* Bl.	150	14	290	15	城郊乡西十里村	西十里村委
2506	豫 RG449	栗	毛栗	*Castanea mollissima* Bl.	100	13	180	13	城郊乡西十里村	西十里村委

序号	编号	中文名	别名	拉丁名	树龄（a）	树高（m）	胸围/地围（cm）	冠幅（m）	具体生长位置	管护单位（人）
2507	豫 RG450	栗	毛栗	*Castanea mollissima* Bl.	100	14	190	13	城郊乡西十里村	西十里村委
2508	豫 RG451	栗	毛栗	*Castanea mollissima* Bl.	100	13	190	14	城郊乡西十里村	西十里村委
2509	豫 RG452	栗	毛栗	*Castanea mollissima* Bl.	100	13	190	12	城郊乡西十里村	西十里村委
2510	豫 RG453	栗	毛栗	*Castanea mollissima* Bl.	195	14	365	14	城郊乡西十里村	西十里村委
2511	豫 RG454	栗	毛栗	*Castanea mollissima* Bl.	140	12	270	13	城郊乡西十里村	西十里村委
2512	豫 RG455	栗	毛栗	*Castanea mollissima* Bl.	155	13	224	12	城郊乡西十里村	西十里村委
2513	豫 RG456	栗	毛栗	*Castanea mollissima* Bl.	130	13	220	13	城郊乡西十里村	西十里村委
2514	豫 RG457	栗	毛栗	*Castanea mollissima* Bl.	160	12	290	14	城郊乡西十里村	西十里村委
2515	豫 RG458	栗	毛栗	*Castanea mollissima* Bl.	100	13	180	11	城郊乡西十里村	西十里村委
2516	豫 RG459	栗	毛栗	*Castanea mollissima* Bl.	100	13	180	11	城郊乡西十里村	西十里村委
2517	豫 RG460	栗	毛栗	*Castanea mollissima* Bl.	100	12	180	11	城郊乡西十里村	西十里村委
2518	豫 RG461	栗	毛栗	*Castanea mollissima* Bl.	100	14	180	9	城郊乡西十里村	西十里村委
2519	豫 RG462	栗	毛栗	*Castanea mollissima* Bl.	100	12	180	11	城郊乡西十里村	西十里村委
2520	豫 RG463	栗	毛栗	*Castanea mollissima* Bl.	100	11	180	13	城郊乡西十里村	西十里村委
2521	豫 RG464	栗	毛栗	*Castanea mollissima* Bl.	105	12	190	12	城郊乡西十里村	西十里村委
2522	豫 RG465	栗	毛栗	*Castanea mollissima* Bl.	110	13	200	13	城郊乡西十里村	西十里村委
2523	豫 RG466	栗	毛栗	*Castanea mollissima* Bl.	110	11	200	12	城郊乡西十里村	西十里村委
2524	豫 RG467	栗	毛栗	*Castanea mollissima* Bl.	115	12	215	12	城郊乡西十里村	西十里村委
2525	豫 RG468	栗	毛栗	*Castanea mollissima* Bl.	120	10	220	10	城郊乡西十里村	西十里村委
2526	豫 RG469	栗	毛栗	*Castanea mollissima* Bl.	125	11	230	12	城郊乡西十里村	西十里村委
2527	豫 RG470	栗	毛栗	*Castanea mollissima* Bl.	150	12	255	12	城郊乡西十里村	西十里村委
2528	豫 RG471	栗	毛栗	*Castanea mollissima* Bl.	260	12	390	12	城郊乡西十里村	西十里村委
2529	豫 RG472	栗	毛栗	*Castanea mollissima* Bl.	100	12	180	11	城郊乡西十里村	西十里村委
2530	豫 RG473	栗	毛栗	*Castanea mollissima* Bl.	105	12	190	11	城郊乡西十里村	西十里村委
2531	豫 RG474	栗	毛栗	*Castanea mollissima* Bl.	100	12	180	9	城郊乡西十里村	西十里村委
2532	豫 RG475	栗	毛栗	*Castanea mollissima* Bl.	105	12	190	12	城郊乡西十里村	西十里村委
2533	豫 RG476	栗	毛栗	*Castanea mollissima* Bl.	100	13	180	11	城郊乡西十里村	西十里村委
2534	豫 RG477	栗	毛栗	*Castanea mollissima* Bl.	105	13	190	12	城郊乡西十里村	西十里村委
2535	豫 RG478	栗	毛栗	*Castanea mollissima* Bl.	110	14	200	12	城郊乡西十里村	西十里村委
2536	豫 RG479	栗	毛栗	*Castanea mollissima* Bl.	100	13	180	10	城郊乡西十里村	西十里村委
2537	豫 RG480	栗	毛栗	*Castanea mollissima* Bl.	100	11	210	12	城郊乡西十里村	西十里村委
2538	豫 RG481	栗	毛栗	*Castanea mollissima* Bl.	100	13	180	11	城郊乡西十里村	西十里村委
2539	豫 RG482	栗	毛栗	*Castanea mollissima* Bl.	100	10	180	9	城郊乡西十里村	西十里村委
2540	豫 RG483	栗	毛栗	*Castanea mollissima* Bl.	150	13	270	13	城郊乡西十里村	西十里村委

序号	编号	中文名	别名	拉丁名	树龄（a）	树高（m）	胸围/地围（cm）	冠幅（m）	具体生长位置	管护单位（人）
2541	豫 RG484	栗	毛栗	*Castanea mollissima* Bl.	120	12	220	12	城郊乡西十里村	西十里村委
2542	豫 RG485	栗	毛栗	*Castanea mollissima* Bl.	100	12	180	12	城郊乡西十里村	西十里村委
2543	豫 RG486	栗	毛栗	*Castanea mollissima* Bl.	100	9	180	12	城郊乡西十里村	西十里村委
2544	豫 RG487	栗	毛栗	*Castanea mollissima* Bl.	100	11	180	11	城郊乡西十里村	西十里村委
2545	豫 RG488	栗	毛栗	*Castanea mollissima* Bl.	110	10	200	9	城郊乡西十里村	西十里村委
2546	豫 RG489	栗	毛栗	*Castanea mollissima* Bl.	120	10	220	9	城郊乡西十里村	西十里村委
2547	豫 RG490	栗	毛栗	*Castanea mollissima* Bl.	100	10	180	8	城郊乡西十里村	西十里村委
2548	豫 RG491	栗	毛栗	*Castanea mollissima* Bl.	105	11	190	9	城郊乡西十里村	西十里村委
2549	豫 RG492	栗	毛栗	*Castanea mollissima* Bl.	115	11	200	13	城郊乡西十里村	西十里村委
2550	豫 RG493	栗	毛栗	*Castanea mollissima* Bl.	200	13	300	10	城郊乡西十里村	西十里村委
2551	豫 RG494	栗	毛栗	*Castanea mollissima* Bl.	110	13	200	1010	城郊乡西十里村	西十里村委
2552	豫 RG495	栗	毛栗	*Castanea mollissima* Bl.	120	12	220	12	城郊乡西十里村	西十里村委
2553	豫 RG496	栗	毛栗	*Castanea mollissima* Bl.	100	12	180	11	城郊乡西十里村	西十里村委
2554	豫 RG497	栗	毛栗	*Castanea mollissima* Bl.	100	11	180	11	城郊乡西十里村	西十里村委
2555	豫 RG498	栗	毛栗	*Castanea mollissima* Bl.	105	12	190	12	城郊乡西十里村	西十里村委
2556	豫 RG499	栗	毛栗	*Castanea mollissima* Bl.	180	11	280	10	城郊乡西十里村	西十里村委
2557	豫 RG500	栗	毛栗	*Castanea mollissima* Bl.	105	11	190	12	城郊乡西十里村	西十里村委
2558	豫 RG501	栗	毛栗	*Castanea mollissima* Bl.	105	11	190	12	城郊乡西十里村	西十里村委
2559	豫 RG502	栗	毛栗	*Castanea mollissima* Bl.	100	10	180	10	城郊乡西十里村	西十里村委
2560	豫 RG503	栗	毛栗	*Castanea mollissima* Bl.	100	9	180	10	城郊乡西十里村	西十里村委
2561	豫 RG504	栗	毛栗	*Castanea mollissima* Bl.	130	12	240	14	城郊乡西十里村	西十里村委
2562	豫 RG505	栗	毛栗	*Castanea mollissima* Bl.	100	8	180	8	城郊乡西十里村	西十里村委
2563	豫 RG506	栗	毛栗	*Castanea mollissima* Bl.	130	13	225	13	城郊乡西十里村	西十里村委
2564	豫 RG507	栗	毛栗	*Castanea mollissima* Bl.	180	11	280	11	城郊乡西十里村	西十里村委
2565	豫 RG508	栗	毛栗	*Castanea mollissima* Bl.	180	11	280	12	城郊乡西十里村	西十里村委
2566	豫 RG509	栗	毛栗	*Castanea mollissima* Bl.	105	13	190	13	城郊乡西十里村	西十里村委
2567	豫 RG510	栗	毛栗	*Castanea mollissima* Bl.	150	13	250	12	城郊乡西十里村	西十里村委
2568	豫 RG511	栗	毛栗	*Castanea mollissima* Bl.	105	9	190	8	城郊乡西十里村	西十里村委
2569	豫 RG512	栗	毛栗	*Castanea mollissima* Bl.	130	10	225	11	城郊乡西十里村	西十里村委
2570	豫 RG513	栗	毛栗	*Castanea mollissima* Bl.	120	11	210	12	城郊乡西十里村	西十里村委
2571	豫 RG514	栗	毛栗	*Castanea mollissima* Bl.	200	10	300	10	城郊乡西十里村	西十里村委
2572	豫 RG515	栗	毛栗	*Castanea mollissima* Bl.	115	7	220	3	城郊乡西十里村	西十里村委
2573	豫 RG516	栗	毛栗	*Castanea mollissima* Bl.	155	9	260	13	城郊乡西十里村	西十里村委
2574	豫 RG517	栗	毛栗	*Castanea mollissima* Bl.	105	12	190	11	城郊乡西十里村	西十里村委

序号	编号	中文名	别名	拉丁名	树龄（a）	树高（m）	胸围 / 地围（cm）	冠幅（m）	具体生长位置	管护单位（人）
2575	豫 RG518	栗	毛栗	*Castanea mollissima* Bl.	100	11	180	9	城郊乡西十里村	西十里村委
2576	豫 RG519	栗	毛栗	*Castanea mollissima* Bl.	100	13	180	11	城郊乡西十里村	西十里村委
2577	豫 RG520	栗	毛栗	*Castanea mollissima* Bl.	130	13	230	11	城郊乡西十里村	西十里村委
2578	豫 RG521	栗	毛栗	*Castanea mollissima* Bl.	125	8	220	10	城郊乡西十里村	西十里村委
2579	豫 RG522	栗	毛栗	*Castanea mollissima* Bl.	150	11	260	12	城郊乡西十里村	西十里村委
2580	豫 RG523	栗	毛栗	*Castanea mollissima* Bl.	140	13	260	12	城郊乡西十里村	西十里村委
2581	豫 RG524	栗	毛栗	*Castanea mollissima* Bl.	120	9	210	8	城郊乡西十里村	西十里村委
2582	豫 RG525	栗	毛栗	*Castanea mollissima* Bl.	170	11	320	13	城郊乡西十里村	西十里村委
2583	豫 RG526	栗	毛栗	*Castanea mollissima* Bl.	120	13	210	12	城郊乡西十里村	西十里村委
2584	豫 RG527	栗	毛栗	*Castanea mollissima* Bl.	112	15	195	10	城郊乡西十里村	西十里村委
2585	豫 RG528	栗	毛栗	*Castanea mollissima* Bl.	100	12	180	11	城郊乡西十里村	西十里村委
2586	豫 RG529	栗	毛栗	*Castanea mollissima* Bl.	111	12	185	12	城郊乡西十里村	西十里村委
2587	豫 RG530	栗	毛栗	*Castanea mollissima* Bl.	100	11	190	11	城郊乡西十里村	西十里村委
2588	豫 RG531	栗	毛栗	*Castanea mollissima* Bl.	111	13	194	12	城郊乡西十里村	西十里村委
2589	豫 RG532	栗	毛栗	*Castanea mollissima* Bl.	100	14	190	11	城郊乡西十里村	西十里村委
2590	豫 RG533	栗	毛栗	*Castanea mollissima* Bl.	100	12	180	13	城郊乡西十里村	西十里村委
2591	豫 RG534	栗	毛栗	*Castanea mollissima* Bl.	120	14	200	13	城郊乡西十里村	西十里村委
2592	豫 RG535	栗	毛栗	*Castanea mollissima* Bl.	100	14	190	12	城郊乡西十里村	西十里村委
2593	豫 RG536	栗	毛栗	*Castanea mollissima* Bl.	140	12	260	11	城郊乡西十里村	西十里村委
2594	豫 RG537	栗	毛栗	*Castanea mollissima* Bl.	120	14	200	12	城郊乡西十里村	西十里村委
2595	豫 RG538	栗	毛栗	*Castanea mollissima* Bl.	120	14	200	12	城郊乡西十里村	西十里村委
2596	豫 RG539	栗	毛栗	*Castanea mollissima* Bl.	100	14	190	13	城郊乡西十里村	西十里村委
2597	豫 RG540	栗	毛栗	*Castanea mollissima* Bl.	120	15	200	14	城郊乡西十里村	西十里村委
2598	豫 RG541	栗	毛栗	*Castanea mollissima* Bl.	120	13	210	13	城郊乡西十里村	西十里村委
2599	豫 RG542	栗	毛栗	*Castanea mollissima* Bl.	100	13	180	10	城郊乡西十里村	西十里村委
2600	豫 RG543	栗	毛栗	*Castanea mollissima* Bl.	100	13	190	12	城郊乡西十里村	西十里村委
2601	豫 RG545	栗	毛栗	*Castanea mollissima* Bl.	100	9	180	9	城郊乡西十里村	西十里村委
2602	豫 RG647	栗	毛栗	*Castanea mollissima* Bl.	120	11	210	10	城郊乡西十里村	西十里村委
2603	豫 RG648	栗	毛栗	*Castanea mollissima* Bl.	110	12	200	12	城郊乡西十里村	西十里村委
2604	豫 RG649	栗	毛栗	*Castanea mollissima* Bl.	130	13	230	12	城郊乡西十里村	西十里村委
2605	豫 RG650	栗	毛栗	*Castanea mollissima* Bl.	120	13	220	11	城郊乡西十里村	西十里村委
2606	豫 RG651	栗	毛栗	*Castanea mollissima* Bl.	100	12	180	13	城郊乡西十里村	西十里村委
2607	豫 RG555	栗	毛栗	*Castanea mollissima* Bl.	100	16	190	12	城郊乡方家寨村	方家寨村委
2608	豫 RG557	栗	毛栗	*Castanea mollissima* Bl.	145	16	250	19	城郊乡方家寨村	方家寨村委

序号	编号	中文名	别名	拉丁名	树龄（a）	树高（m）	胸围/地围（cm）	冠幅（m）	具体生长位置	管护单位（人）
2609	豫 RG558	栗	毛栗	*Castanea mollissima* Bl.	110	12	200	10	城郊乡方家寨村	方家寨村委
2610	豫 RG559	栗	毛栗	*Castanea mollissima* Bl.	120	9	210	5	城郊乡方家寨村	方家寨村委
2611	豫 RG614	栗	毛栗	*Castanea mollissima* Bl.	100	14	190	13	城郊乡河坎村	河坎村委
2612	豫 RG615	栗	毛栗	*Castanea mollissima* Bl.	100	13	180	11	城郊乡河坎村	河坎村委
2613	豫 RG616	栗	毛栗	*Castanea mollissima* Bl.	100	13	190	11	城郊乡河坎村	河坎村委
2614	豫 RG617	栗	毛栗	*Castanea mollissima* Bl.	120	15	220	15	城郊乡河坎村	河坎村委
2615	豫 RG620	栗	毛栗	*Castanea mollissima* Bl.	130	15	240	14	城郊乡毛坡村	毛坡村委
2616	豫 RG621	栗	毛栗	*Castanea mollissima* Bl.	100	15	190	14	城郊乡毛坡村	毛坡村委
2617	豫 RG622	栗	毛栗	*Castanea mollissima* Bl.	100	13	190	11	城郊乡毛坡村	毛坡村委
2618	豫 RG705	栗	毛栗	*Castanea mollissima* Bl.	110	13	180	13	月河镇白庙村	白庙村委
2619	豫 RG706	栗	毛栗	*Castanea mollissima* Bl.	110	13	200	14	月河镇白庙村	白庙村委
2620	豫 RG707	栗	毛栗	*Castanea mollissima* Bl.	110	13	170	13	月河镇白庙村	白庙村委
2621	豫 RG708	栗	毛栗	*Castanea mollissima* Bl.	130	14	200	14	月河镇白庙村	白庙村委
2622	豫 RG709	栗	毛栗	*Castanea mollissima* Bl.	100	13	190	13	月河镇白庙村	白庙村委
2623	豫 RG710	栗	毛栗	*Castanea mollissima* Bl.	130	14	200	14	月河镇白庙村	白庙村委
2624	豫 RG711	栗	毛栗	*Castanea mollissima* Bl.	120	13	180	14	月河镇白庙村	白庙村委
2625	豫 RG712	栗	毛栗	*Castanea mollissima* Bl.	140	14	213	14	月河镇白庙村	白庙村委
2626	豫 RG713	栗	毛栗	*Castanea mollissima* Bl.	100	12	170	14	月河镇白庙村	白庙村委
2627	豫 RG714	栗	毛栗	*Castanea mollissima* Bl.	110	13	170	11	月河镇白庙村	白庙村委
2628	豫 RG715	栗	毛栗	*Castanea mollissima* Bl.	100	13	170	11	月河镇白庙村	白庙村委
2629	豫 RG716	栗	毛栗	*Castanea mollissima* Bl.	130	14	190	12	月河镇白庙村	白庙村委
2630	豫 RG717	栗	毛栗	*Castanea mollissima* Bl.	120	13	190	13	月河镇白庙村	白庙村委
2631	豫 RG718	栗	毛栗	*Castanea mollissima* Bl.	120	13	180	15	月河镇白庙村	白庙村委
2632	豫 RG719	栗	毛栗	*Castanea mollissima* Bl.	110	13	170	13	月河镇白庙村	白庙村委
2633	豫 RG720	栗	毛栗	*Castanea mollissima* Bl.	120	13	180	11	月河镇白庙村	白庙村委
2634	豫 RG721	栗	毛栗	*Castanea mollissima* Bl.	100	13	160	11	月河镇白庙村	白庙村委
2635	豫 RG722	栗	毛栗	*Castanea mollissima* Bl.	120	12	180	11	月河镇白庙村	白庙村委
2636	豫 RG723	栗	毛栗	*Castanea mollissima* Bl.	150	14	225	14	月河镇白庙村	白庙村委
2637	豫 RG724	栗	毛栗	*Castanea mollissima* Bl.	110	13	190	10	月河镇白庙村	白庙村委
2638	豫 RG725	栗	毛栗	*Castanea mollissima* Bl.	110	13	190	11	月河镇白庙村	白庙村委
2639	豫 RG726	栗	毛栗	*Castanea mollissima* Bl.	120	13	180	12	月河镇白庙村	白庙村委
2640	豫 RG727	栗	毛栗	*Castanea mollissima* Bl.	140	13	200	13	月河镇白庙村	白庙村委
2641	豫 RG728	栗	毛栗	*Castanea mollissima* Bl.	120	13	170	13	月河镇白庙村	白庙村委
2642	豫 RG729	栗	毛栗	*Castanea mollissima* Bl.	130	13	190	13	月河镇白庙村	白庙村委

序号	编号	中文名	别名	拉丁名	树龄（a）	树高（m）	胸围/地围（cm）	冠幅（m）	具体生长位置	管护单位（人）
2643	豫 RG730	栗	毛栗	*Castanea mollissima* Bl.	120	12	180	12	月河镇白庙村	白庙村委
2644	豫 RG731	栗	毛栗	*Castanea mollissima* Bl.	100	13	170	13	月河镇白庙村	白庙村委
2645	豫 RG732	栗	毛栗	*Castanea mollissima* Bl.	130	13	180	11	月河镇白庙村	白庙村委
2646	豫 RG733	栗	毛栗	*Castanea mollissima* Bl.	150	14	220	13	月河镇白庙村	白庙村委
2647	豫 RG734	栗	毛栗	*Castanea mollissima* Bl.	110	13	180	12	月河镇白庙村	白庙村委
2648	豫 RG735	栗	毛栗	*Castanea mollissima* Bl.	100	14	180	14	月河镇白庙村	白庙村委
2649	豫 RG736	栗	毛栗	*Castanea mollissima* Bl.	110	13	180	13	月河镇白庙村	白庙村委
2650	豫 RG737	栗	毛栗	*Castanea mollissima* Bl.	120	13	190	13	月河镇白庙村	白庙村委
2651	豫 RG738	栗	毛栗	*Castanea mollissima* Bl.	200	14	370	13	月河镇白庙村	白庙村委
2652	豫 RG739	栗	毛栗	*Castanea mollissima* Bl.	110	13	180	13	月河镇白庙村	白庙村委
2653	豫 RG740	栗	毛栗	*Castanea mollissima* Bl.	110	14	190	13	月河镇白庙村	白庙村委
2654	豫 RG741	栗	毛栗	*Castanea mollissima* Bl.	200	14	330	16	月河镇白庙村	白庙村委
2655	豫 RG742	栗	毛栗	*Castanea mollissima* Bl.	150	13	210	13	月河镇白庙村	白庙村委
2656	豫 RG743	栗	毛栗	*Castanea mollissima* Bl.	110	14	190	11	月河镇白庙村	白庙村委
2657	豫 RG744	栗	毛栗	*Castanea mollissima* Bl.	105	12	170	9	月河镇白庙村	白庙村委
2658	豫 RG745	栗	毛栗	*Castanea mollissima* Bl.	110	14	180	12	月河镇白庙村	白庙村委
2659	豫 RG746	栗	毛栗	*Castanea mollissima* Bl.	110	14	170	11	月河镇白庙村	白庙村委
2660	豫 RG747	栗	毛栗	*Castanea mollissima* Bl.	105	12	170	10	月河镇白庙村	白庙村委
2661	豫 RG748	栗	毛栗	*Castanea mollissima* Bl.	120	14	180	12	月河镇白庙村	白庙村委
2662	豫 RG749	栗	毛栗	*Castanea mollissima* Bl.	120	13	180	13	月河镇白庙村	白庙村委
2663	豫 RG750	栗	毛栗	*Castanea mollissima* Bl.	200	14	400	15	月河镇白庙村	白庙村委
2664	豫 RG751	栗	毛栗	*Castanea mollissima* Bl.	110	14	180	12	月河镇白庙村	白庙村委
2665	豫 RG752	栗	毛栗	*Castanea mollissima* Bl.	115	14	210	13	月河镇白庙村	白庙村委
2666	豫 RG753	栗	毛栗	*Castanea mollissima* Bl.	120	13	190	14	月河镇白庙村	白庙村委
2667	豫 RG754	栗	毛栗	*Castanea mollissima* Bl.	130	13	200	14	月河镇白庙村	白庙村委
2668	豫 RG755	栗	毛栗	*Castanea mollissima* Bl.	120	14	190	13	月河镇白庙村	白庙村委
2669	豫 RG756	栗	毛栗	*Castanea mollissima* Bl.	150	15	350	14	月河镇白庙村	白庙村委
2670	豫 RG757	栗	毛栗	*Castanea mollissima* Bl.	130	15	190	12	月河镇白庙村	白庙村委
2671	豫 RG758	栗	毛栗	*Castanea mollissima* Bl.	140	15	260	13	月河镇白庙村	白庙村委
2672	豫 RG759	栗	毛栗	*Castanea mollissima* Bl.	260	15	460	19	月河镇白庙村	白庙村委
2673	豫 RG760	栗	毛栗	*Castanea mollissima* Bl.	150	13	310	8	月河镇白庙村	白庙村委
2674	豫 RG761	栗	毛栗	*Castanea mollissima* Bl.	150	12	290	7	月河镇白庙村	白庙村委
2675	豫 RG762	栗	毛栗	*Castanea mollissima* Bl.	200	13	280	13	月河镇白庙村	白庙村委
2676	豫 RG763	栗	毛栗	*Castanea mollissima* Bl.	130	14	200	14	月河镇白庙村	白庙村委

序号	编号	中文名	别名	拉丁名	树龄（a）	树高（m）	胸围/地围（cm）	冠幅（m）	具体生长位置	管护单位（人）
2677	豫 RG764	栗	毛栗	*Castanea mollissima* Bl.	110	13	190	11	月河镇白庙村	白庙村委
2678	豫 RG765	栗	毛栗	*Castanea mollissima* Bl.	100	14	180	13	月河镇白庙村	白庙村委
2679	豫 RG766	栗	毛栗	*Castanea mollissima* Bl.	110	12	180	11	月河镇白庙村	白庙村委
2680	豫 RG767	栗	毛栗	*Castanea mollissima* Bl.	110	13	170	13	月河镇白庙村	白庙村委
2681	豫 RG768	栗	毛栗	*Castanea mollissima* Bl.	115	13	180	12	月河镇白庙村	白庙村委
2682	豫 RG769	栗	毛栗	*Castanea mollissima* Bl.	120	12	180	13	月河镇白庙村	白庙村委
2683	豫 RG770	栗	毛栗	*Castanea mollissima* Bl.	110	15	190	14	月河镇白庙村	白庙村委
2684	豫 RG771	栗	毛栗	*Castanea mollissima* Bl.	110	14	180	7	月河镇白庙村	白庙村委
2685	豫 RG772	栗	毛栗	*Castanea mollissima* Bl.	260	15	370	16	月河镇白庙村	白庙村委
2686	豫 RG773	栗	毛栗	*Castanea mollissima* Bl.	300	16	450	17	月河镇白庙村	白庙村委
2687	豫 RG774	栗	毛栗	*Castanea mollissima* Bl.	260	15	355	15	月河镇白庙村	白庙村委
2688	豫 RG775	栗	毛栗	*Castanea mollissima* Bl.	260	14	380	17	月河镇白庙村	白庙村委
2689	豫 RG776	栗	毛栗	*Castanea mollissima* Bl.	260	17	330	20	月河镇白庙村	白庙村委
2690	豫 RG777	栗	毛栗	*Castanea mollissima* Bl.	130	13	270	9	月河镇白庙村	白庙村委
2691	豫 RG778	栗	毛栗	*Castanea mollissima* Bl.	260	15	300	14	月河镇白庙村	白庙村委
2692	豫 RG779	栗	毛栗	*Castanea mollissima* Bl.	400	17	480	24	月河镇白庙村	白庙村委
2693	豫 RG780	栗	毛栗	*Castanea mollissima* Bl.	160	18	270	20	月河镇白庙村	白庙村委
2694	豫 RG781	栗	毛栗	*Castanea mollissima* Bl.	160	15	260	10	月河镇白庙村	白庙村委
2695	豫 RG782	栗	毛栗	*Castanea mollissima* Bl.	300	16	400	11	月河镇白庙村	白庙村委
2696	豫 RG783	栗	毛栗	*Castanea mollissima* Bl.	130	15	190	12	月河镇白庙村	白庙村委
2697	豫 RG784	栗	毛栗	*Castanea mollissima* Bl.	130	13	195	11	月河镇白庙村	白庙村委
2698	豫 RG785	栗	毛栗	*Castanea mollissima* Bl.	150	14	240	11	月河镇白庙村	白庙村委
2699	豫 RG786	栗	毛栗	*Castanea mollissima* Bl.	100	14	180	10	月河镇白庙村	白庙村委
2700	豫 RG787	栗	毛栗	*Castanea mollissima* Bl.	110	13	190	13	月河镇白庙村	白庙村委
2701	豫 RG788	栗	毛栗	*Castanea mollissima* Bl.	105	13	230	13	月河镇白庙村	白庙村委
2702	豫 RG789	栗	毛栗	*Castanea mollissima* Bl.	180	15	270	12	月河镇白庙村	白庙村委
2703	豫 RG790	栗	毛栗	*Castanea mollissima* Bl.	160	13	235	14	月河镇白庙村	白庙村委
2704	豫 RG791	栗	毛栗	*Castanea mollissima* Bl.	160	12	260	12	月河镇白庙村	白庙村委
2705	豫 RG792	栗	毛栗	*Castanea mollissima* Bl.	160	14	255	13	月河镇白庙村	白庙村委
2706	豫 RG793	栗	毛栗	*Castanea mollissima* Bl.	200	13	290	8	月河镇白庙村	白庙村委
2707	豫 RG794	栗	毛栗	*Castanea mollissima* Bl.	160	15	265	10	月河镇白庙村	白庙村委
2708	豫 RG795	栗	毛栗	*Castanea mollissima* Bl.	200	14	320	13	月河镇白庙村	白庙村委
2709	豫 RG796	栗	毛栗	*Castanea mollissima* Bl.	110	15	260	13	月河镇白庙村	白庙村委
2710	豫 RG797	栗	毛栗	*Castanea mollissima* Bl.	130	13	190	11	月河镇白庙村	白庙村委

序号	编号	中文名	别名	拉丁名	树龄（a）	树高（m）	胸围/地围（cm）	冠幅（m）	具体生长位置	管护单位（人）
2711	豫 RG798	栗	毛栗	*Castanea mollissima* Bl.	160	15	270	15	月河镇白庙村	白庙村委
2712	豫 RG799	栗	毛栗	*Castanea mollissima* Bl.	160	14	285	12	月河镇白庙村	白庙村委
2713	豫 RG800	栗	毛栗	*Castanea mollissima* Bl.	360	13	210	11	月河镇白庙村	白庙村委
2714	豫 RG801	栗	毛栗	*Castanea mollissima* Bl.	120	13	275	13	月河镇白庙村	白庙村委
2715	豫 RG802	栗	毛栗	*Castanea mollissima* Bl.	105	14	300	15	月河镇白庙村	白庙村委
2716	豫 RG803	栗	毛栗	*Castanea mollissima* Bl.	160	13	240	13	月河镇白庙村	白庙村委
2717	豫 RG844	栗	毛栗	*Castanea mollissima* Bl.	102	11	179	13	吴城镇郭老庄村	老湾村委
2718	豫 RG846	栗	毛栗	*Castanea mollissima* Bl.	108	11	189	13	吴城镇郭老庄村	老湾村委
2719	豫 RG847	栗	毛栗	*Castanea mollissima* Bl.	100	7	174	13	吴城镇郭老庄村	老湾村委
2720	豫 RG848	栗	毛栗	*Castanea mollissima* Bl.	105	14	184	14	吴城镇郭老庄村	老湾村委
2721	豫 RG849	栗	毛栗	*Castanea mollissima* Bl.	105	12	180	10	吴城镇郭老庄村	老湾村委
2722	豫 RG850	栗	毛栗	*Castanea mollissima* Bl.	102	13	183	13	吴城镇郭老庄村	老湾村委
2723	豫 RG852	栗	橡树	*Castanea mollissima* Bl.	110	13	190	13	吴城镇郭老庄村	老湾村委
2724	豫 RG332	楸树	梓桐 金丝楸	*Catalpa bungei* C.A.Mey	150	12	140	9	淮源镇仓房村	仓房村委
2725	豫 RG876	雪松	香柏、宝塔松	*Cedrus deodara* (Roxb.) G. Don	110	17	190	8	毛集镇王湾村	王湾村委
2726	豫 RG631	黑弹树	小叶朴	*Celtis bungeana* Bl.	150	19	120	12	城郊乡陈大庄	陈大庄村委
2727	豫 GR947	珊瑚朴	棠壳子树	*Celtis Julianae* Schneid	250	16	245	11	城关镇西杨社区	景区管委会
2728	豫 RG91	朴树	霸王树	*Celtis sinensis* Pers	120	12	130	7	淮源镇淮源村	淮源村委
2729	豫 RG92	朴树	霸王树	*Celtis sinensis* Pers	120	12	130	7	淮源镇淮源村	淮源村委
2730	豫 RG583	朴树	霸王树	*Celtis sinensis* Pers	160	8	180	7	城郊乡金亭村	金亭村委
2731	豫 RG667	朴树	霸王树	*Celtis sinensis* Pers	110	8	160	5	城关镇东环社区	东环社区
2732	豫 RG668	朴树	霸王树	*Celtis sinensis* Pers	110	7	210	6	城关镇东环社区	东环社区
2733	豫 RG672	朴树	霸王树	*Celtis sinensis* Pers	120	12	155	5	城关镇东环社区	东环社区
2734	豫 RG673	朴树	霸王树	*Celtis sinensis* Pers	120	11	155	6	城关镇东环社区	东环社区
2735	豫 RG674	朴树	霸王树	*Celtis sinensis* Pers	120	12	150	8	城关镇东环社区	东环社区
2736	豫 RG680	朴树	霸王树	*Celtis sinensis* Pers	100	9	150	6	城关镇东环社区	东环社区
2737	豫 RG681	朴树	霸王树	*Celtis sinensis* Pers	120	9	170	6	城关镇东环社区	东环社区
2738	豫 RG682	朴树	霸王树	*Celtis sinensis* Pers	120	9	170	6	城关镇东环社区	东环社区
2739	豫 RG683	朴树	霸王树	*Celtis sinensis* Pers	110	9	175	5	城关镇东环社区	东环社区
2740	豫 RG688	朴树	霸王树	*Celtis sinensis* Pers	110	10	170	6	城关镇东环社区	东环社区
2741	豫 RG689	朴树	霸王树	*Celtis sinensis* Pers	110	10	180	5	城关镇东环社区	东环社区
2742	豫 RG690	朴树	霸王树	*Celtis sinensis* Pers	120	10	190	7	城关镇东环社区	东环社区
2743	豫 RG691	朴树	霸王树	*Celtis sinensis* Pers	120	12	180	7	城关镇东环社区	东环社区
2744	豫 RG692	朴树	霸王树	*Celtis sinensis* Pers	110	9	180	6	城关镇东环社区	东环社区

序号	编号	中文名	别名	拉丁名	树龄（a）	树高（m）	胸围/地围（cm）	冠幅（m）	具体生长位置	管护单位（人）
2745	豫 RG693	朴树	霸王树	*Celtis sinensis* Pers	130	9	160	7	城关镇东环社区	东环社区
2746	豫 RG694	朴树	霸王树	*Celtis sinensis* Pers	150	9	165	8	城关镇东环社区	东环社区
2747	豫 RG695	朴树	霸王树	*Celtis sinensis* Pers	150	10	165	8	城关镇东环社区	东环社区
2748	豫 RG696	朴树	霸王树	*Celtis sinensis* Pers	130	7	160	4	城关镇东环社区	东环社区
2749	豫 RG698	朴树	霸王树	*Celtis sinensis* Pers	160	11	170	5	城关镇东环社区	东环社区
2750	豫 GR953	朴树	霸王树	*Celtis sinensis* Pers	300	23	225	15	城关镇西杨社区	景区管委会
2751	豫 RG815	朴树	霸王树	*Celtis sinensis* Pers	120	7	155		吴城镇牧场村	周发勇
2752	豫 RG818	朴树	霸王树	*Celtis sinensis* Pers	110	7	110		吴城镇牧场村	周发勇
2753	豫 RG823	朴树	霸王树	*Celtis sinensis* Pers	110	7	140		吴城镇牧场村	周发勇
2754	豫 RG826	朴树	霸王树	*Celtis sinensis* Pers	110	8	132		吴城镇牧场村	周发勇
2755	豫 RG827	朴树	霸王树	*Celtis sinensis* Pers	105	11	130		吴城镇牧场村	周发勇
2756	豫 RG828	朴树	霸王树	*Celtis sinensis* Pers	100	9	125		吴城镇牧场村	周发勇
2757	豫 RG829	朴树	霸王树	*Celtis sinensis* Pers	110	8	135		吴城镇牧场村	周发勇
2758	豫 RG830	朴树	霸王树	*Celtis sinensis* Pers	100	7	120		吴城镇牧场村	周发勇
2759	豫 RG831	朴树	霸王树	*Celtis sinensis* Pers	110	8	140		吴城镇牧场村	周发勇
2760	豫 RG832	朴树	霸王树	*Celtis sinensis* Pers	100	8	120		吴城镇牧场村	周发勇
2761	豫 RG833	朴树	霸王树	*Celtis sinensis* Pers	100	7	125		吴城镇牧场村	周发勇
2762	豫 RG834	朴树	霸王树	*Celtis sinensis* Pers	102	8	120		吴城镇牧场村	周发勇
2763	豫 RG836	朴树	霸王树	*Celtis sinensis* Pers	105	8	110		吴城镇牧场村	周发勇
2764	豫 RG837	朴树	霸王树	*Celtis sinensis* Pers	100	8	120		吴城镇牧场村	周发勇
2765	豫 RG884	朴树	霸王树	*Celtis sinensis* Pers	110	17	180	13	毛集镇毛寨村	毛寨村委
2766	豫 RG76	木瓜	木瓜树	*Chaenomeles sinensis* (Thouin)Koehne	120	8	130	6	新集乡廖井村	廖井村委
2767	豫 RG585	木瓜	木瓜树	*Chaenomeles sinensis* (Thouin)Koehne	120	5	100	7	城郊乡金亭村	金亭村委
2768	豫 RG586	木瓜	木瓜树	*Chaenomeles sinensis* (Thouin)Koehne	120	6	100	3	城郊乡金亭村	金亭村委
2769	豫 RG587	木瓜	木瓜树	*Chaenomeles sinensis* (Thouin)Koehne	120	6	100	3	城郊乡金亭村	金亭村委
2770	豫 RG588	木瓜	木瓜树	*Chaenomeles sinensis* (Thouin)Koehne	195	4	156	3	城郊乡金亭村	金亭村委
2771	豫 RG589	木瓜	木瓜树	*Chaenomeles sinensis* (Thouin)Koehne	150	5	120	3	城郊乡金亭村	金亭村委
2772	豫 RG590	木瓜	木瓜树	*Chaenomeles sinensis* (Thouin)Koehne	200	6	160	3	城郊乡金亭村	金亭村委
2773	豫 RG591	木瓜	木瓜树	*Chaenomeles sinensis* (Thouin)Koehne	190	4	150	3	城郊乡金亭村	金亭村委
2774	豫 RG592	木瓜	木瓜树	*Chaenomeles sinensis* (Thouin)Koehne	165	5	130	3	城郊乡金亭村	金亭村委
2775	豫 RG594	木瓜	木瓜树	*Chaenomeles sinensis* (Thouin)Koehne	170	6	140	5	城郊乡金亭村	金亭村委
2776	豫 RG595	木瓜	木瓜树	*Chaenomeles sinensis* (Thouin)Koehne	135	7	110	5	城郊乡金亭村	金亭村委
2777	豫 RG596	木瓜	木瓜树	*Chaenomeles sinensis* (Thouin)Koehne	120	8	100	6	城郊乡金亭村	金亭村委
2778	豫 RG835	木瓜	木瓜树	*Chaenomeles sinensis* (Thouin)Koehne	130	5	170		吴城镇牧场村	周发勇

序号	编号	中文名	别 名	拉丁名	树龄（a）	树高（m）	胸围 / 地围（cm）	冠幅（m）	具体生长位置	管护单位（人）
2779	豫 RG838	木瓜	木瓜树	*Chaenomeles sinensis* (Thouin)Koehne	150	5	210		吴城镇牧场村	周发勇
2780	豫 RG839	木瓜	木瓜树	*Chaenomeles sinensis* (Thouin)Koehne	110	5	145		吴城镇牧场村	周发勇
2781	豫 RG294	木瓜	木瓜树	*Chaenomeles sinensis* (Thouin)Koehne	170	7	150	3	淮源镇淮源村	淮源村委
2782	豫 RG665	木瓜	木瓜树	*Chaenomeles sinensis* (Thouin)Koehne	200	8	160	7	城关镇西杨社区	西杨社区
2783	豫 RG293	柘树	柘刺、柘桑	*Cudrania tricuspidata* (Carr.)Bur.	100	6	105	4	淮源镇板桥村	板桥村委
2784	豫 RG5	柿	朱果	*Diospyros kaki* Thunb	100	11	180	9	埠江镇胡楼村	胡楼村委
2785	豫 RG6	柿	朱果	*Diospyros kaki* Thunb	100	12	180	8	埠江镇胡楼村	胡楼村委
2786	豫 RG7	柿	朱果	*Diospyros kaki* Thunb	110	11	190	12	埠江镇胡楼村	胡楼村委
2787	豫 RG845	柿	朱果	*Diospyros kaki* Thunb	102	11	180	11	吴城镇郭老庄村	老湾村委
2788	豫 RG853	柿	朱果	*Diospyros kaki* Thunb	102	12	170	9	吴城镇申铺村	申铺村委
2789	豫 RG1005	君迁子	软枣	*Diospyros lotus* L.	350	13	270	15	淮源镇淮源村	景区管委会
2790	豫 RG961	君迁子	软枣	*Diospyros lotus* L.	150	15	215	8	淮源镇淮源村	景区管委会
2791	豫 RG985	香果树		*Emmenopterys Henryi* Oliv.	120	12	103	10	淮源镇淮源村	景区管委会
2792	豫 RG987	香果树		*Emmenopterys henryi* Oliv.	100	10	93	9	淮源镇淮源村	景区管委会
2793	豫 RG988	香果树		*Emmenopterys henryi* Oliv.	100	11	96	11	淮源镇淮源村	景区管委会
2794	豫 RG993	香果树		*Emmenopterys henryi* Oliv.	150	14	128	22	淮源镇淮源村	景区管委会
2795	豫 RG994	香果树		*Emmenopterys henryi* Oliv.	140	10	105	10	淮源镇淮源村	景区管委会
2796	豫 RG1006	香果树		*Emmenopterys henryi* Oliv.	100	12	75	11	淮源镇淮源村	景区管委会
2797	豫 RG80	银杏	白果 公孙树	*Ginkgo biloba* L.	500	20	310	16	淮源镇老湾村	老湾村委
2798	豫 RG81	银杏	白果 公孙树	*Ginkgo biloba* L.	600	22	405	23	淮源镇三王庙村	三王庙村委
2799	豫 RG101	银杏	白果 公孙树	*Ginkgo biloba* L.	800	20	710	20	淮源镇后棚村	后棚村委
2800	豫 RG308	银杏	白果 公孙树	*Ginkgo biloba* L.	140	20	240	14	淮源镇仓房村	仓房村委
2801	豫 RG331	银杏	白果 公孙树	*Ginkgo biloba* L.	150	15	140	11	淮源镇仓房村	仓房村委
2802	豫 RG346	银杏	白果 公孙树	*Ginkgo biloba* L.	150	14	105	11	大河镇黄庄村	黄庄村委
2803	豫 RG347	银杏	白果 公孙树	*Ginkgo biloba* L.	150	13	95	10	大河镇黄庄村	黄庄村委
2804	豫 RG350	银杏	白果 公孙树	*Ginkgo biloba* L.	150	14	130	13	大河镇黄庄村	黄庄村委
2805	豫 RG351	银杏	白果 公孙树	*Ginkgo biloba* L.	150	14	135	10	大河镇黄庄村	黄庄村委
2806	豫 RG354	银杏	白果 公孙树	*Ginkgo biloba* L.	800	24	530	21	大河镇黄庄村	黄庄村委
2807	豫 RG356	银杏	白果 公孙树	*Ginkgo biloba* L.	200	19	280	11	大河镇箭杆冲村	箭杆冲村委
2808	豫 RG357	银杏	白果 公孙树	*Ginkgo biloba* L.	200	10	230	13	大河镇箭杆冲村	箭杆冲村委
2809	豫 RG363	银杏	白果 公孙树	*Ginkgo biloba* L.	200	16	200	14	大河镇夹山村委	夹山村委
2810	豫 RG371	银杏	白果 公孙树	*Ginkgo biloba* L.	270	14	160	10	大河镇石佛寺村	石佛寺村委
2811	豫 RG410	银杏	白果 公孙树	*Ginkgo biloba* L.	170	15	280	15	朱庄乡粉坊村	粉坊村委
2812	豫 RG417	银杏	白果 公孙树	*Ginkgo biloba* L.	400	17	265	7	城郊乡西十里村	西十里村委

序号	编号	中文名	别名	拉丁名	树龄（a）	树高（m）	胸围/地围（cm）	冠幅（m）	具体生长位置	管护单位（人）
2813	豫 RG418	银杏	白果 公孙树	*Ginkgo biloba* L.	400	18	340	10	城郊乡西十里村	西十里村委
2814	豫 RG643	银杏	白果 公孙树	*Ginkgo biloba* L.	180	15	150	12	城郊乡西十里村	西十里村委
2815	豫 RG644	银杏	白果 公孙树	*Ginkgo biloba* L.	260	16	210	14	城郊乡西十里村	西十里村委
2816	豫 RG426	银杏	白果 公孙树	*Ginkgo biloba* L.	200	18	240	17	城郊乡陈大庄村	陈大庄村委
2817	豫 RG570	银杏	白果 公孙树	*Ginkgo biloba* L.	105	18	170	8	城郊乡金亭村	金亭村委
2818	豫 RG812	银杏	白果 公孙树	*Ginkgo biloba* L.	800	18	550	15	吴城镇郭老庄村	郭老庄村委
2819	豫 RG813	银杏	白果 公孙树	*Ginkgo biloba* L.	700	27	530	19	吴城镇王宽店村	王宽店村委
2820	豫 RG860	银杏	白果 公孙树	*Ginkgo biloba* L.	700	21	457	19	固县镇固县村	固县村委
2821	豫 RG861	银杏	白果 公孙树	*Ginkgo biloba* L.	600	17	580	17	固县镇柳扒村	柳扒村委
2822	豫 RG871	银杏	白果 公孙树	*Ginkgo biloba* L.	350	16	260	13	毛集镇张湾村	张湾村委
2823	豫 RG872	银杏	白果 公孙树	*Ginkgo biloba* L.	600	19	385	17	毛集镇张湾村	张湾村委
2824	豫 RG902	银杏	白果 公孙树	*Ginkgo biloba* L.	1000	28	610	27	回龙乡黄楝岗村	黄楝岗村委
2825	豫 RG915	银杏	白果 公孙树	*Ginkgo biloba* L.	150	10	135	5	回龙乡汪大庄	汪大庄村委
2826	豫 RG921	银杏	白果 公孙树	*Ginkgo biloba* L.	200	16	245	8	回龙乡汪大庄	汪大庄村委
2827	豫 RG22	皂荚	皂角	*Gleditsia sinensis* Lam	200	19	290	17	平氏镇杨庄村	杨庄村委
2828	豫 RG24	皂荚	皂角	*Gleditsia sinensis* Lam	400	19	345	22	平氏镇和庙村	和庙村委
2829	豫 RG26	皂荚	皂角	*Gleditsia sinensis* Lam	300	12	265	18	程湾镇程湾村	程湾村委
2830	豫 RG27	皂荚	皂角	*Gleditsia sinensis* Lam	100	12	180	15	程湾镇石头庄村	梁勋成
2831	豫 RG63	皂荚	皂角	*Gleditsia sinensis* Lam	110	17	150	13	安棚镇朱洼村	朱洼村委
2832	豫 RG67	皂荚	皂角	*Gleditsia sinensis* Lam	120	19	170	17	新集乡新集村	新集村委
2833	豫 RG68	皂荚	皂角	*Gleditsia sinensis* Lam	120	19	170	18	新集乡新集村	新集村委
2834	豫 RG78	皂荚	皂角	*Gleditsia sinensis* Lam	200	14	265	16	淮源镇仓房村	仓房村委
2835	豫 RG333	皂荚	皂角	*Gleditsia sinensis* Lam	200	5	200	5	淮源镇仓房村	仓房村委
2836	豫 RG82	皂荚	皂角	*Gleditsia sinensis* Lam	400	16	340	16	淮源镇三王庙村	三王庙村委
2837	豫 RG83	皂荚	皂角	*Gleditsia sinensis* Lam	450	20	395	17	淮源镇三王庙村	三王庙村委
2838	豫 RG304	皂荚	皂角	*Gleditsia sinensis* Lam	250	12	210	11	淮源镇板桥村	板桥村委
2839	豫 RG984	皂荚	皂角	*Gleditsia sinensis* Lam	105	14	220	13	淮源镇淮源村	景区管委会
2840	豫 RG991	皂荚	皂角	*Gleditsia sinensis* Lam	100	14	135	13	淮源镇淮源村	景区管委会
2841	豫 RG348	皂荚	皂角	*Gleditsia sinensis* Lam	400	21	330	21	大河镇黄庄村	黄庄村委
2842	豫 RG353	皂荚	皂角	*Gleditsia sinensis* Lam	180	22	206	16	大河镇黄庄村	黄庄村委
2843	豫 RG406	皂荚	皂角	*Gleditsia sinensis* Lam	260	18	282	22	朱庄乡响潭村	响潭村委
2844	豫 RG427	皂荚	皂角	*Gleditsia sinensis* Lam	150	14	170	16	城郊乡彭沟村	彭沟村委
2845	豫 RG564	皂荚	皂角	*Gleditsia sinensis* Lam	260	12	220	12	城郊乡方家寨村	方家寨村委
2846	豫 RG578	皂荚	皂角	*Gleditsia sinensis* Lam	130	10	190	7	城郊乡金亭村	金亭村委

序号	编号	中文名	别 名	拉丁名	树龄（a）	树高（m）	胸围 / 地围（cm）	冠幅（m）	具体生长位置	管护单位（人）
2847	豫 RG676	皂荚	皂角	*Gleditsia sinensis* Lam	100	6	132	7	城关镇东环社区	东环社区
2848	豫 RG677	皂荚	皂角	*Gleditsia sinensis* Lam	100	6	120	6	城关镇东环社区	东环社区
2849	豫 RG678	皂荚	皂角	*Gleditsia sinensis* Lam	100	6	130	4	城关镇东环社区	东环社区
2850	豫 RG679	皂荚	皂角	*Gleditsia sinensis* Lam	100	7	100	5	城关镇东环社区	东环社区
2851	豫 RG684	皂荚	皂角	*Gleditsia sinensis* Lam	110	9	165	5	城关镇东环社区	东环社区
2852	豫 RG685	皂荚	皂角	*Gleditsia sinensis* Lam	110	10	165	7	城关镇东环社区	东环社区
2853	豫 RG687	皂荚	皂角	*Gleditsia sinensis* Lam	110	9	168	7	城关镇东环社区	东环社区
2854	豫 RG811	皂荚	皂角	*Gleditsia sinensis* Lam	200	18	290	15	月河镇徐寨村	徐寨村委
2855	豫 RG863	皂荚	皂角	*Gleditsia sinensis* Lam	200	21	240	18	固县镇石头畈村	石头畈村委
2856	豫 RG870	皂荚	皂角	*Gleditsia sinensis* Lam	400	19	350	17	毛集镇张湾村	张湾村委
2857	豫 GR926	皂荚	皂角	*Gleditsia sinensis* Lam	400	10	320	9	回龙乡郭庄村	郭庄村委
2858	豫 RG808	刺柏	山刺柏	*Juniperus formosana* Hayata	110	9	110	5	月河镇徐寨村	徐寨村委
2859	豫 RG809	刺柏	山刺柏	*Juniperus formosana* Hayata	110	9	100	5	月河镇徐寨村	徐寨村委
2860	豫 RG579	栾树	灯笼树	*Koelreuteria paniculata* Laxm	105	14	170	9	城郊乡金亭村	金亭村委
2861	豫 RG686	栾树	灯笼树	*Koelreuteria paniculata* Laxm	100	10	150	7	城关镇东环社区	东环社区
2862	豫 RG72	紫薇	百日红、痒痒树	*Lagerstroemia indica* L.	180	5	195	3	新集乡廖井村	刘家有
2863	豫 RG73	紫薇	百日红、痒痒树	*Lagerstroemia indica* L.	180	4	180	3	新集乡廖井村	刘家有
2864	豫 RG74	紫薇	百日红、痒痒树	*Lagerstroemia indica* L.	100	6	125	3	新集乡廖井村	刘家有
2865	豫 RG75	紫薇	百日红、痒痒树	*Lagerstroemia indica* L.	100	5	115	3	新集乡廖井村	刘家有
2866	豫 RG573	紫薇	百日红、痒痒树	*Lagerstroemia indica* L.	500	4	240	3	城郊乡金亭村	金亭村委
2867	豫 RG574	紫薇	百日红、痒痒树	*Lagerstroemia indica* L.	280	4	190	5	城郊乡金亭村	金亭村委
2868	豫 RG575	女贞		*Ligustrum lucidum* Ait.	110	11	200	8	城郊乡金亭村	金亭村委
2869	豫 RG576	女贞		*Ligustrum lucidum* Ait.	100	12	160	5	城郊乡金亭村	金亭村委
2870	豫 RG577	女贞		*Ligustrum lucidum* Ait.	130	10	270	7	城郊乡金亭村	金亭村委
2871	豫 RG608	女贞		*Ligustrum lucidum* Ait.	110	7	200	4	城郊乡西杨村	西杨村委
2872	豫 RG609	女贞		*Ligustrum lucidum* Ait.	110	7	200	4	城郊乡西杨村	西杨村委
2873	豫 RG383	楝树	苦楝	*Melia azedarach* L.	110	15	190	12	大河镇夹山村	夹山村委
2874	豫 RG661	水杉	梳子杉 活化石	*Metasequoia glyptostroboides* Hu et Cheng	100	21	218	9	城关镇大同社区	大同社区
2875	豫 RG662	水杉	梳子杉 活化石	*Metasequoia glyptostroboides* Hu et Cheng	100	20	230	9	城关镇大同社区	大同社区
2876	豫 RG607	桑	桑树	*Morus alba* L	120	10	190	11	城郊乡西杨村	西杨村委
2877	豫 RG857	桑	桑树	*Morus alba* L	102	14	150	10	吴城镇申铺村	申铺村委
2878	豫 RG862	桑	桑树	*Morus alba* L	200	15	250	18	固县镇桐安村	桐安村委

序号	编号	中文名	别名	拉丁名	树龄（a）	树高（m）	胸围/地围（cm）	冠幅（m）	具体生长位置	管护单位（人）
2879	豫 RG864	桑	桑树	*Morus alba* L	110	11	180	15	固县镇黄畈村	黄畈村委
2880	豫 RG12	马尾松	青松	*Pinus massoniana* Lamb	100	19	150	9	埠江镇胡楼村	胡楼村委
2881	豫 RG66	马尾松	青松	*Pinus massoniana* Lamb	150	16	175	11	新集乡苏庄村	苏庄村委
2882	豫 RG424	马尾松	青松	*Pinus massoniana* Lamb	160	17	220	13	城郊乡刘湾村	刘湾村委
2883	豫 RG556	马尾松	青松	*Pinus massoniana* Lamb	140	17	150	10	城郊乡方家寨村	方家寨村委
2884	豫 RG560	马尾松	青松	*Pinus massoniana* Lamb	145	19	140	8	城郊乡方家寨村	方家寨村委
2885	豫 RG624	马尾松	青松	*Pinus massoniana* Lamb	100	18	150	9	城郊乡陈大庄	陈大庄村委
2886	豫 RG265	马尾松	青松	*Pinus massoniana* Lamb	115	19	170	7	城郊乡陈大庄	陈大庄村委
2887	豫 RG634	马尾松	青松	*Pinus massoniana* Lamb	100	8	140	15	城郊乡胡家沟村	胡家沟村委
2888	豫 GR929	马尾松	青松	*Pinus massoniana* Lamb	150	12	220	16	回龙乡榨楼村	榨楼村委
2889	豫 RG954	马尾松	青松	*Pinus massoniana* Lamb	300	19	195	8	城关镇西杨社区	景区管委会
2890	豫 RG955	马尾松	青松	*Pinus massoniana* Lamb	300	19	205	8	城关镇西杨社区	景区管委会
2891	豫 RG956	马尾松	青松	*Pinus massoniana* Lamb	300	19	225	11	城关镇西杨社区	景区管委会
2892	豫 RG957	马尾松	青松	*Pinus massoniana* Lamb	300	21	215	7	城关镇西杨社区	景区管委会
2893	豫 RG93	马尾松	青松	*Pinus massoniana* Lamb	160	19	195	8	淮源镇淮源村	淮源村委
2894	豫 RG94	马尾松	青松	*Pinus massoniana* Lamb	160	21	165	10	淮源镇淮源村	淮源村委
2895	豫 RG966	马尾松	青松	*Pinus massoniana* Lamb	130	11	130	9	淮源镇淮源村	景区管委会
2896	豫 RG967	马尾松	青松	*Pinus massoniana* Lamb	150	14	170	9	淮源镇淮源村	景区管委会
2897	豫 RG968	马尾松	青松	*Pinus massoniana* Lamb	150	16	150	8	淮源镇淮源村	景区管委会
2898	豫 RG969	马尾松	青松	*Pinus massoniana* Lamb	150	18	200	8	淮源镇淮源村	景区管委会
2899	豫 RG970	马尾松	青松	*Pinus massoniana* Lamb	150	19	170	9	淮源镇淮源村	景区管委会
2900	豫 RG971	马尾松	青松	*Pinus massoniana* Lamb	150	19	165	7	淮源镇淮源村	景区管委会
2901	豫 RG972	马尾松	青松	*Pinus massoniana* Lamb	150	19	180	7	淮源镇淮源村	景区管委会
2902	豫 RG973	马尾松	青松	*Pinus massoniana* Lamb	220	20	215	9	淮源镇淮源村	景区管委会
2903	豫 RG974	马尾松	青松	*Pinus massoniana* Lamb	160	19	220	11	淮源镇淮源村	景区管委会
2904	豫 RG975	马尾松	青松	*Pinus massoniana* Lamb	145	13	165	9	淮源镇淮源村	景区管委会
2905	豫 RG978	马尾松	青松	*Pinus massoniana* Lamb	160	18	185	9	淮源镇淮源村	景区管委会
2906	豫 RG989	马尾松	青松	*Pinus massoniana* Lamb	100	16	160	8	淮源镇淮源村	景区管委会
2907	豫 RG990	马尾松	青松	*Pinus massoniana* Lamb	155	20	186	11	淮源镇淮源村	景区管委会
2908	豫 RG992	马尾松	青松	*Pinus massoniana* Lamb	110	18	150	9	淮源镇淮源村	景区管委会
2909	豫 RG996	马尾松	青松	*Pinus massoniana* Lamb	160	18	190	8	淮源镇淮源村	景区管委会
2910	豫 RG997	马尾松	青松	*Pinus massoniana* Lamb	160	19	190	9	淮源镇淮源村	景区管委会
2911	豫 RG998	马尾松	青松	*Pinus massoniana* Lamb	150	20	210	9	淮源镇淮源村	景区管委会
2912	豫 RG3	黄连木	黄楝树 楷木	*Pistacia chinensis* Bunge	250	15	520	17	埠江镇康宁寺村	康宁寺村委

序号	编号	中文名	别名	拉丁名	树龄（a）	树高（m）	胸围/地围（cm）	冠幅（m）	具体生长位置	管护单位（人）
2913	豫 RG4	黄连木	黄楝树 楷木	*Pistacia chinensis* Bunge	150	14	295	14	埠江镇康宁寺村	康宁寺村委
2914	豫 RG8	黄连木	黄楝树 楷木	*Pistacia chinensis* Bunge	130	16	200	20	埠江镇胡楼村	胡楼村委
2915	豫 RG9	黄连木	黄楝树 楷木	*Pistacia chinensis* Bunge	110	14	180	13	埠江镇胡楼村	胡楼村委
2916	豫 RG10	黄连木	黄楝树 楷木	*Pistacia chinensis* Bunge	110	14	180	12	埠江镇胡楼村	胡楼村委
2917	豫 RG23	黄连木	黄楝树 楷木	*Pistacia chinensis* Bunge	300	16	270	15	平氏镇杨庄村	杨庄村委
2918	豫 RG59	黄连木	黄楝树 楷木	*Pistacia chinensis* Bunge	110	8	160	9	程湾镇曹河村	曹河村委
2919	豫 RG62	黄连木	黄楝树 楷木	*Pistacia chinensis* Bunge	350	12	180	15	安棚镇大倪岗村	大倪岗村委
2920	豫 RG64	黄连木	黄楝树 楷木	*Pistacia chinensis* Bunge	350	17	320	20	新集乡梁庄村	梁庄村委
2921	豫 RG65	黄连木	黄楝树 楷木	*Pistacia chinensis* Bunge	350	19	315	21	新集乡梁庄村	梁庄村委
2922	豫 RG69	黄连木	黄楝树 楷木	*Pistacia chinensis* Bunge	260	17	230	18	新集乡新集村	新集村委
2923	豫 RG70	黄连木	黄楝树 楷木	*Pistacia chinensis* Bunge	130	18	200	13	新集乡王寨村	王寨村委
2924	豫 RG77	黄连木	黄楝树 楷木	*Pistacia chinensis* Bunge	150	9	170	11	新集乡杨湾村	杨湾村委
2925	豫 RG85	黄连木	黄楝树 楷木	*Pistacia chinensis* Bunge	170	11	128	6	淮源镇淮源村	淮源村委
2926	豫 RG100	黄连木	黄楝树 楷木	*Pistacia chinensis* Bunge	160	12	320	15	淮源镇彭庄村	彭庄村委
2927	豫 RG355	黄连木	黄楝树 楷木	*Pistacia chinensis* Bunge	300	19	310	14	大河镇箭杆冲村	箭杆冲村委
2928	豫 RG385	黄连木	黄楝树 楷木	*Pistacia chinensis* Bunge	100	17	190	13	大河镇夹山村	夹山村委
2929	豫 RG407	黄连木	黄楝树 楷木	*Pistacia chinensis* Bunge	120	22	235	17	朱庄乡响潭村	响潭村委
2930	豫 RG411	黄连木	黄楝树 楷木	*Pistacia chinensis* Bunge	400	21	290	19	朱庄乡馆驿村	馆驿村委
2931	豫 RG412	黄连木	黄楝树 楷木	*Pistacia chinensis* Bunge	400	20	320	17	朱庄乡馆驿村	馆驿村委
2932	豫 RG413	黄连木	黄楝树 楷木	*Pistacia chinensis* Bunge	200	16	190	23	朱庄乡围山村	围山村委
2933	豫 RG422	黄连木	黄楝树 楷木	*Pistacia chinensis* Bunge	200	17	350	14	城郊乡刘湾村	刘湾村委
2934	豫 RG623	黄连木	黄楝树 楷木	*Pistacia chinensis* Bunge	270	20	460	19	城郊乡毛坡村	毛坡村委
2935	豫 RG666	黄连木	黄楝树 楷木	*Pistacia chinensis* Bunge	150	11	215	10	城关镇东环社区	东环社区
2936	豫 RG868	黄连木	黄楝树 楷木	*Pistacia chinensis* Bunge	400	21	295	23	黄岗镇大石桥村	大石桥村委
2937	豫 RG869	黄连木	黄楝树 楷木	*Pistacia chinensis* Bunge	500	16	300	15	黄岗镇刘老庄村	刘老庄村委
2938	豫 RG873	黄连木	黄楝树 楷木	*Pistacia chinensis* Bunge	200	14	390	18	毛集镇向老庄村	老庄村委
2939	豫 RG880	黄连木	黄楝树 楷木	*Pistacia chinensis* Bunge	100	13	150	10	毛集镇李庄村	李庄村委
2940	豫 RG890	黄连木	黄楝树 楷木	*Pistacia chinensis* Bunge	120	17	175	16	毛集镇窦庄村	窦庄村委
2941	豫 RG901	黄连木	黄楝树 楷木	*Pistacia chinensis* Bunge	140	13	250	12	回龙乡赵庄村	赵庄村委
2942	豫 RG906	黄连木	黄楝树 楷木	*Pistacia chinensis* Bunge	180	16	170	11	回龙乡栗树村	栗树村委
2943	豫 RG910	黄连木	黄楝树 楷木	*Pistacia chinensis* Bunge	150	18	240	16	回龙乡杨集村	杨集村委
2944	豫 GR928	黄连木	黄楝树 楷木	*Pistacia chinensis* Bunge	300	17	290	17	回龙乡郭庄村	郭庄村委
2945	豫 GR931	黄连木	黄楝树 楷木	*Pistacia chinensis* Bunge	300	21	340	21	回龙乡梁岗村	梁岗村委
2946	豫 RG45	侧柏	扁柏	*Platycladus orientalis* (L.) Franco	100	12	100	6	程湾镇石头庄村	石头庄村委

序号	编号	中文名	别 名	拉丁名	树龄（a）	树高（m）	胸围/地围（cm）	冠幅（m）	具体生长位置	管护单位（人）
2947	豫 RG46	侧柏	扁柏	*Platycladus orientalis* (L.) Franco	100	11	100	5	程湾镇石头庄村	石头庄村委
2948	豫 RG47	侧柏	扁柏	*Platycladus orientalis* (L.) Franco	100	11	100	6	程湾镇石头庄村	石头庄村委
2949	豫 RG61	侧柏	扁柏	*Platycladus orientalis* (L.) Franco	110	9	83	7	安棚镇大倪岗村	大倪岗村委
2950	豫 RG99	侧柏	扁柏	*Platycladus orientalis* (L.) Franco	200	13	170	13	淮源镇张庄村	张庄村委委
2951	豫 RG291	侧柏	扁柏	*Platycladus orientalis* (L.) Franco	100	12	150	7	淮源镇板桥村	板桥村委
2952	豫 RG292	侧柏	扁柏	*Platycladus orientalis* (L.) Franco	100	12	100	5	淮源镇板桥村	板桥村委
2953	豫 RG328	侧柏	扁柏	*Platycladus orientalis* (L.) Franco	130	10	110	3	淮源镇仓房村	仓房村委
2954	豫 RG334	侧柏	扁柏	*Platycladus orientalis* (L.) Franco	100	8	110	4	淮源镇仓房村	仓房村委
2955	豫 RG370	侧柏	扁柏	*Platycladus orientalis* (L.) Franco	220	15	210	13	大河镇石佛寺村	石佛寺村委
2956	豫 RG544	侧柏	扁柏	*Platycladus orientalis* (L.) Franco	100	11	110	6	城郊乡西十里村	西十里村委
2957	豫 RG654	侧柏	扁柏	*Platycladus orientalis* (L.) Franco	150	9	150	6	城郊乡西十里村	西十里村委
2958	豫 RG655	侧柏	扁柏	*Platycladus orientalis* (L.) Franco	1200	14	350	8	城关镇东风社区	东风社区
2959	豫 RG656	侧柏	扁柏	*Platycladus orientalis* (L.) Franco	1200	13	325	8	城关镇东风社区	东风社区
2960	豫 RG660	侧柏	扁柏	*Platycladus orientalis* (L.) Franco	800	13	330	8	城关镇大同社区	大同社区
2961	豫 RG703	侧柏	扁柏	*Platycladus orientalis* (L.) Franco	650	12	350	11	月河镇罗堂村	罗堂村委
2962	豫 RG865	侧柏	扁柏	*Platycladus orientalis* (L.) Franco	100	10	100	7	固县镇黄畈村	黄畈村委
2963	豫 RG866	侧柏	扁柏	*Platycladus orientalis* (L.) Franco	260	13	130	7	黄岗镇光荣村	光荣村委
2964	豫 RG867	侧柏	扁柏	*Platycladus orientalis* (L.) Franco	260	13	112	7	黄岗镇光荣村	光荣村委
2965	豫 RG891	侧柏	扁柏	*Platycladus orientalis* (L.) Franco	100	9	100	5	毛集镇窦庄村	窦庄村委
2966	豫 RG892	侧柏	扁柏	*Platycladus orientalis* (L.) Franco	100	9	100	6	毛集镇窦庄村	窦庄村委
2967	豫 RG893	侧柏	扁柏	*Platycladus orientalis* (L.) Franco	100	10	100	6	毛集镇窦庄村	窦庄村委
2968	豫 RG894	侧柏	扁柏	*Platycladus orientalis* (L.) Franco	100	10	110	7	毛集镇窦庄村	窦庄村委
2969	豫 RG895	侧柏	扁柏	*Platycladus orientalis* (L.) Franco	100	10	110	6	毛集镇窦庄村	窦庄村委
2970	豫 RG898	侧柏	扁柏	*Platycladus orientalis* (L.) Franco	300	11	165	7	回龙乡何庄村	何庄村委
2971	豫 GR927	侧柏	扁柏	*Platycladus orientalis* (L.) Franco	110	14	130	7	回龙乡郭庄村	郭庄村委
2972	豫 RG986	响叶杨	风响树	*Populus Adenopoda* Maxim.	500	24	285	15	淮源镇淮源村	景区管委会
2973	豫 RG1004	山樱桃	毛樱桃	*Prunus conradinae* Koehne	100	10	125	10	淮源镇淮源村	景区管委会
2974	豫 RG33	枫杨	鬼柳 麻柳	*Pterocarya stenoptera* C.DC	105	18	230	17	程湾镇石头庄村	石头庄村委
2975	豫 RG34	枫杨	鬼柳 麻柳	*Pterocarya stenoptera* C.DC	180	20	300	28	程湾镇石头庄村	石头庄村委
2976	豫 RG35	枫杨	鬼柳 麻柳	*Pterocarya stenoptera* C.DC	100	17	190	15	程湾镇石头庄村	石头庄村委
2977	豫 RG36	枫杨	鬼柳 麻柳	*Pterocarya stenoptera* C.DC	100	20	190	13	程湾镇石头庄村	石头庄村委
2978	豫 RG37	枫杨	鬼柳 麻柳	*Pterocarya stenoptera* C.DC	100	15	180	11	程湾镇石头庄村	石头庄村委
2979	豫 RG38	枫杨	鬼柳 麻柳	*Pterocarya stenoptera* C.DC	100	18	190	10	程湾镇石头庄村	石头庄村委
2980	豫 RG39	枫杨	鬼柳 麻柳	*Pterocarya stenoptera* C.DC	100	18	190	12	程湾镇石头庄村	石头庄村委

序号	编号	中文名	别 名	拉丁名	树龄（a）	树高（m）	胸围/地围（cm）	冠幅（m）	具体生长位置	管护单位（人）
2981	豫 RG40	枫杨	鬼柳 麻柳	*Pterocarya stenoptera* C.DC	100	17	185	12	程湾镇石头庄村	石头庄村委
2982	豫 RG41	枫杨	鬼柳 麻柳	*Pterocarya stenoptera* C.DC	100	16	195	11	程湾镇石头庄村	石头庄村委
2983	豫 RG42	枫杨	鬼柳 麻柳	*Pterocarya stenoptera* C.DC	100	16	185	10	程湾镇石头庄村	石头庄村委
2984	豫 RG43	枫杨	鬼柳 麻柳	*Pterocarya stenoptera* C.DC	100	14	185	12	程湾镇石头庄村	石头庄村委
2985	豫 RG277	枫杨	鬼柳 麻柳	*Pterocarya stenoptera* C.DC	260	17	330	16	淮源镇淮源村	淮源村委
2986	豫 RG95	枫杨	鬼柳 麻柳	*Pterocarya stenoptera* C.DC	150	17	235	9	淮源镇淮源村	淮源村委
2987	豫 RG96	枫杨	鬼柳 麻柳	*Pterocarya stenoptera* C.DC	200	19	285	17	淮源镇淮源村	淮源村委
2988	豫 RG963	枫杨	鬼柳 麻柳	*Pterocarya stenoptera* C.DC	200	20	290	23	淮源镇淮源村	景区管委会
2989	豫 RG964	枫杨	鬼柳 麻柳	*Pterocarya stenoptera* C.DC	200	23	225	22	淮源镇淮源村	景区管委会
2990	豫 RG965	枫杨	鬼柳 麻柳	*Pterocarya stenoptera* C.DC	180	19	262	19	淮源镇淮源村	景区管委会
2991	豫 RG999	枫杨	鬼柳 麻柳	*Pterocarya stenoptera* C.DC	160	14	270	13	淮源镇淮源村	景区管委会
2992	豫 RG1000	枫杨	鬼柳 麻柳	*Pterocarya stenoptera* C.DC	180	19	300	12	淮源镇淮源村	景区管委会
2993	豫 RG1001	枫杨	鬼柳 麻柳	*Pterocarya stenoptera* C.DC	170	20	285	14	淮源镇淮源村	景区管委会
2994	豫 RG1002	枫杨	鬼柳 麻柳	*Pterocarya stenoptera* C.DC	250	19	390	23	淮源镇淮源村	景区管委会
2995	豫 RG1003	枫杨	鬼柳 麻柳	*Pterocarya stenoptera* C.DC	140	18	250	18	淮源镇淮源村	景区管委会
2996	豫 RG79	枫杨	鬼柳 麻柳	*Pterocarya stenoptera* C.DC	200	17	340	17	淮源镇老湾村	老湾村委
2997	豫 RG102	枫杨	鬼柳 麻柳	*Pterocarya stenoptera* C.DC	110	23	210	16	淮源镇仓房村	仓房村委
2998	豫 RG103	枫杨	鬼柳 麻柳	*Pterocarya stenoptera* C.DC	100	20	190	12	淮源镇仓房村	仓房村委
2999	豫 RG104	枫杨	鬼柳 麻柳	*Pterocarya stenoptera* C.DC	100	19	180	11	淮源镇仓房村	仓房村委
3000	豫 RG105	枫杨	鬼柳 麻柳	*Pterocarya stenoptera* C.DC	100	18	180	11	淮源镇仓房村	仓房村委
3001	豫 RG106	枫杨	鬼柳 麻柳	*Pterocarya stenoptera* C.DC	110	19	190	11	淮源镇仓房村	仓房村委
3002	豫 RG107	枫杨	鬼柳 麻柳	*Pterocarya stenoptera* C.DC	130	19	200	13	淮源镇仓房村	仓房村委
3003	豫 RG108	枫杨	鬼柳 麻柳	*Pterocarya stenoptera* C.DC	140	19	220	14	淮源镇仓房村	仓房村委
3004	豫 RG109	枫杨	鬼柳 麻柳	*Pterocarya stenoptera* C.DC	140	16	200	13	淮源镇仓房村	仓房村委
3005	豫 RG110	枫杨	鬼柳 麻柳	*Pterocarya stenoptera* C.DC	110	17	180	9	淮源镇仓房村	仓房村委
3006	豫 RG201	枫杨	鬼柳 麻柳	*Pterocarya stenoptera* C.DC	150	21	250	13	淮源镇仓房村	仓房村委
3007	豫 RG202	枫杨	鬼柳 麻柳	*Pterocarya stenoptera* C.DC	130	20	220	12	淮源镇仓房村	仓房村委
3008	豫 RG203	枫杨	鬼柳 麻柳	*Pterocarya stenoptera* C.DC	150	20	210	11	淮源镇仓房村	仓房村委
3009	豫 RG204	枫杨	鬼柳 麻柳	*Pterocarya stenoptera* C.DC	140	21	220	12	淮源镇仓房村	仓房村委
3010	豫 RG205	枫杨	鬼柳 麻柳	*Pterocarya stenoptera* C.DC	130	21	210	12	淮源镇仓房村	仓房村委
3011	豫 RG206	枫杨	鬼柳 麻柳	*Pterocarya stenoptera* C.DC	140	18	200	11	淮源镇仓房村	仓房村委
3012	豫 RG207	枫杨	鬼柳 麻柳	*Pterocarya stenoptera* C.DC	110	20	200	10	淮源镇仓房村	仓房村委
3013	豫 RG208	枫杨	鬼柳 麻柳	*Pterocarya stenoptera* C.DC	110	20	200	11	淮源镇仓房村	仓房村委
3014	豫 RG209	枫杨	鬼柳 麻柳	*Pterocarya stenoptera* C.DC	110	21	200	13	淮源镇仓房村	仓房村委

序号	编号	中文名	别 名	拉丁名	树龄（a）	树高（m）	胸围 / 地围（cm）	冠幅（m）	具体生长位置	管护单位（人）
3015	豫 RG210	枫杨	鬼柳 麻柳	*Pterocarya stenoptera* C.DC	100	23	195	11	淮源镇仓房村	仓房村委
3016	豫 RG211	枫杨	鬼柳 麻柳	*Pterocarya stenoptera* C.DC	105	23	190	14	淮源镇仓房村	仓房村委
3017	豫 RG212	枫杨	鬼柳 麻柳	*Pterocarya stenoptera* C.DC	110	11	200	8	淮源镇仓房村	仓房村委
3018	豫 RG213	枫杨	鬼柳 麻柳	*Pterocarya stenoptera* C.DC	100	21	195	9	淮源镇仓房村	仓房村委
3019	豫 RG214	枫杨	鬼柳 麻柳	*Pterocarya stenoptera* C.DC	135	23	210	12	淮源镇仓房村	仓房村委
3020	豫 RG215	枫杨	鬼柳 麻柳	*Pterocarya stenoptera* C.DC	110	24	200	13	淮源镇仓房村	仓房村委
3021	豫 RG216	枫杨	鬼柳 麻柳	*Pterocarya stenoptera* C.DC	110	23	200	12	淮源镇仓房村	仓房村委
3022	豫 RG217	枫杨	鬼柳 麻柳	*Pterocarya stenoptera* C.DC	115	22	200	10	淮源镇仓房村	仓房村委
3023	豫 RG218	枫杨	鬼柳 麻柳	*Pterocarya stenoptera* C.DC	115	23	200	11	淮源镇仓房村	仓房村委
3024	豫 RG219	枫杨	鬼柳 麻柳	*Pterocarya stenoptera* C.DC	120	23	200	13	淮源镇仓房村	仓房村委
3025	豫 RG220	枫杨	鬼柳 麻柳	*Pterocarya stenoptera* C.DC	125	23	240	14	淮源镇仓房村	仓房村委
3026	豫 RG221	枫杨	鬼柳 麻柳	*Pterocarya stenoptera* C.DC	100	22	190	13	淮源镇仓房村	仓房村委
3027	豫 RG222	枫杨	鬼柳 麻柳	*Pterocarya stenoptera* C.DC	110	23	210	13	淮源镇仓房村	仓房村委
3028	豫 RG223	枫杨	鬼柳 麻柳	*Pterocarya stenoptera* C.DC	110	23	210	13	淮源镇仓房村	仓房村委
3029	豫 RG224	枫杨	鬼柳 麻柳	*Pterocarya stenoptera* C.DC	110	22	200	13	淮源镇仓房村	仓房村委
3030	豫 RG225	枫杨	鬼柳 麻柳	*Pterocarya stenoptera* C.DC	110	23	200	14	淮源镇仓房村	仓房村委
3031	豫 RG226	枫杨	鬼柳 麻柳	*Pterocarya stenoptera* C.DC	110	23	200	10	淮源镇仓房村	仓房村委
3032	豫 RG227	枫杨	鬼柳 麻柳	*Pterocarya stenoptera* C.DC	110	24	200	12	淮源镇仓房村	仓房村委
3033	豫 RG228	枫杨	鬼柳 麻柳	*Pterocarya stenoptera* C.DC	115	24	210	13	淮源镇仓房村	仓房村委
3034	豫 RG229	枫杨	鬼柳 麻柳	*Pterocarya stenoptera* C.DC	110	24	200	14	淮源镇仓房村	仓房村委
3035	豫 RG230	枫杨	鬼柳 麻柳	*Pterocarya stenoptera* C.DC	110	24	210	13	淮源镇仓房村	仓房村委
3036	豫 RG231	枫杨	鬼柳 麻柳	*Pterocarya stenoptera* C.DC	100	25	190	10	淮源镇仓房村	仓房村委
3037	豫 RG232	枫杨	鬼柳 麻柳	*Pterocarya stenoptera* C.DC	110	23	200	13	淮源镇仓房村	仓房村委
3038	豫 RG233	枫杨	鬼柳 麻柳	*Pterocarya stenoptera* C.DC	110	25	200	14	淮源镇仓房村	仓房村委
3039	豫 RG234	枫杨	鬼柳 麻柳	*Pterocarya stenoptera* C.DC	110	25	200	14	淮源镇仓房村	仓房村委
3040	豫 RG235	枫杨	鬼柳 麻柳	*Pterocarya stenoptera* C.DC	110	25	200	12	淮源镇仓房村	仓房村委
3041	豫 RG236	枫杨	鬼柳 麻柳	*Pterocarya stenoptera* C.DC	110	24	200	10	淮源镇仓房村	仓房村委
3042	豫 RG237	枫杨	鬼柳 麻柳	*Pterocarya stenoptera* C.DC	100	25	195	11	淮源镇仓房村	仓房村委
3043	豫 RG238	枫杨	鬼柳 麻柳	*Pterocarya stenoptera* C.DC	110	21	200	11	淮源镇仓房村	仓房村委
3044	豫 RG239	枫杨	鬼柳 麻柳	*Pterocarya stenoptera* C.DC	100	21	195	9	淮源镇仓房村	仓房村委
3045	豫 RG240	枫杨	鬼柳 麻柳	*Pterocarya stenoptera* C.DC	110	24	200	8	淮源镇仓房村	仓房村委
3046	豫 RG241	枫杨	鬼柳 麻柳	*Pterocarya stenoptera* C.DC	110	24	200	12	淮源镇仓房村	仓房村委
3047	豫 RG243	枫杨	鬼柳 麻柳	*Pterocarya stenoptera* C.DC	100	22	195	10	淮源镇仓房村	仓房村委
3048	豫 RG244	枫杨	鬼柳 麻柳	*Pterocarya stenoptera* C.DC	100	23	185	10	淮源镇仓房村	仓房村委

序号	编号	中文名	别 名	拉丁名	树龄(a)	树高(m)	胸围/地围(cm)	冠幅(m)	具体生长位置	管护单位(人)
3049	豫 RG245	枫杨	鬼柳 麻柳	*Pterocarya stenoptera* C.DC	100	22	195	11	淮源镇仓房村	仓房村委
3050	豫 RG246	枫杨	鬼柳 麻柳	*Pterocarya stenoptera* C.DC	110	12	200	11	淮源镇仓房村	仓房村委
3051	豫 RG247	枫杨	鬼柳 麻柳	*Pterocarya stenoptera* C.DC	100	11	190	12	淮源镇仓房村	仓房村委
3052	豫 RG309	枫杨	鬼柳 麻柳	*Pterocarya stenoptera* C.DC	100	15	186	12	淮源镇仓房村	仓房村委
3053	豫 RG310	枫杨	鬼柳 麻柳	*Pterocarya stenoptera* C.DC	115	15	200	13	淮源镇仓房村	仓房村委
3054	豫 RG311	枫杨	鬼柳 麻柳	*Pterocarya stenoptera* C.DC	120	16	200	12	淮源镇仓房村	仓房村委
3055	豫 RG312	枫杨	鬼柳 麻柳	*Pterocarya stenoptera* C.DC	120	14	196	12	淮源镇仓房村	仓房村委
3056	豫 RG313	枫杨	鬼柳 麻柳	*Pterocarya stenoptera* C.DC	145	15	250	13	淮源镇仓房村	仓房村委
3057	豫 RG314	枫杨	鬼柳 麻柳	*Pterocarya stenoptera* C.DC	115	16	198	12	淮源镇仓房村	仓房村委
3058	豫 RG315	枫杨	鬼柳 麻柳	*Pterocarya stenoptera* C.DC	105	15	190	14	淮源镇仓房村	仓房村委
3059	豫 RG316	枫杨	鬼柳 麻柳	*Pterocarya stenoptera* C.DC	110	14	190	10	淮源镇仓房村	仓房村委
3060	豫 RG317	枫杨	鬼柳 麻柳	*Pterocarya stenoptera* C.DC	100	11	184	10	淮源镇仓房村	仓房村委
3061	豫 RG318	枫杨	鬼柳 麻柳	*Pterocarya stenoptera* C.DC	100	15	180	13	淮源镇仓房村	仓房村委
3062	豫 RG319	枫杨	鬼柳 麻柳	*Pterocarya stenoptera* C.DC	120	16	200	12	淮源镇仓房村	仓房村委
3063	豫 RG320	枫杨	鬼柳 麻柳	*Pterocarya stenoptera* C.DC	125	16	210	14	淮源镇仓房村	仓房村委
3064	豫 RG321	枫杨	鬼柳 麻柳	*Pterocarya stenoptera* C.DC	105	16	187	12	淮源镇仓房村	仓房村委
3065	豫 RG322	枫杨	鬼柳 麻柳	*Pterocarya stenoptera* C.DC	100	15	180	11	淮源镇仓房村	仓房村委
3066	豫 RG323	枫杨	鬼柳 麻柳	*Pterocarya stenoptera* C.DC	100	14	183	12	淮源镇仓房村	仓房村委
3067	豫 RG324	枫杨	鬼柳 麻柳	*Pterocarya stenoptera* C.DC	110	14	190	12	淮源镇仓房村	仓房村委
3068	豫 RG325	枫杨	鬼柳 麻柳	*Pterocarya stenoptera* C.DC	110	16	190	13	淮源镇仓房村	仓房村委
3069	豫 RG326	枫杨	鬼柳 麻柳	*Pterocarya stenoptera* C.DC	105	15	186	12	淮源镇仓房村	仓房村委
3070	豫 RG327	枫杨	鬼柳 麻柳	*Pterocarya stenoptera* C.DC	120	16	200	12	淮源镇仓房村	仓房村委
3071	豫 RG335	枫杨	鬼柳 麻柳	*Pterocarya stenoptera* C.DC	100	15	185	14	淮源镇仓房村	仓房村委
3072	豫 RG336	枫杨	鬼柳 麻柳	*Pterocarya stenoptera* C.DC	100	16	183	14	淮源镇仓房村	仓房村委
3073	豫 RG337	枫杨	鬼柳 麻柳	*Pterocarya stenoptera* C.DC	110	18	200	15	淮源镇仓房村	仓房村委
3074	豫 RG338	枫杨	鬼柳 麻柳	*Pterocarya stenoptera* C.DC	100	16	180	9	淮源镇仓房村	仓房村委
3075	豫 RG340	枫杨	鬼柳 麻柳	*Pterocarya stenoptera* C.DC	100	15	185	11	淮源镇仓房村	仓房村委
3076	豫 RG341	枫杨	鬼柳 麻柳	*Pterocarya stenoptera* C.DC	100	16	185	12	淮源镇仓房村	仓房村委
3077	豫 RG342	枫杨	鬼柳 麻柳	*Pterocarya stenoptera* C.DC	100	16	180	13	淮源镇仓房村	仓房村委
3078	豫 RG343	枫杨	鬼柳 麻柳	*Pterocarya stenoptera* C.DC	100	17	185	12	淮源镇仓房村	仓房村委
3079	豫 RG344	枫杨	鬼柳 麻柳	*Pterocarya stenoptera* C.DC	100	16	190	14	淮源镇仓房村	仓房村委
3080	豫 RG345	枫杨	鬼柳 麻柳	*Pterocarya stenoptera* C.DC	100	13	181	10	淮源镇仓房村	仓房村委
3081	豫 RG278	枫杨	鬼柳 麻柳	*Pterocarya stenoptera* C.DC	100	11	190	16	淮源镇板桥村	板桥村委
3082	豫 RG283	枫杨	鬼柳 麻柳	*Pterocarya stenoptera* C.DC	100	8	190	11	淮源镇板桥村	板桥村委

序号	编号	中文名	别 名	拉丁名	树龄（a）	树高（m）	胸围 / 地围（cm）	冠幅（m）	具体生长位置	管护单位（人）
3083	豫 RG295	枫杨	鬼柳 麻柳	*Pterocarya stenoptera* C.DC	120	18	200	14	淮源镇板桥村	板桥村委
3084	豫 RG299	枫杨	鬼柳 麻柳	*Pterocarya stenoptera* C.DC	105	15	195	14	淮源镇板桥村	板桥村委
3085	豫 RG305	枫杨	鬼柳 麻柳	*Pterocarya stenoptera* C.DC	110	20	200	17	淮源镇板桥村	板桥村委
3086	豫 RG306	枫杨	鬼柳 麻柳	*Pterocarya stenoptera* C.DC	105	20	190	14	淮源镇板桥村	板桥村委
3087	豫 RG307	枫杨	鬼柳 麻柳	*Pterocarya stenoptera* C.DC	105	18	190	15	淮源镇板桥村	板桥村委
3088	豫 RG352	枫杨	鬼柳 麻柳	*Pterocarya stenoptera* C.DC	300	17	350	21	大河镇黄庄村	黄庄村委
3089	豫 RG358	枫杨	鬼柳 麻柳	*Pterocarya stenoptera* C.DC	100	16	250	22	大河镇夹山村委	夹山村委委
3090	豫 RG367	枫杨	鬼柳 麻柳	*Pterocarya stenoptera* C.DC	110	7	210	9	大河镇石佛寺	石佛寺村委
3091	豫 RG368	枫杨	鬼柳 麻柳	*Pterocarya stenoptera* C.DC	100	6	200	7	大河镇石佛寺村	石佛寺村委
3092	豫 RG369	枫杨	鬼柳 麻柳	*Pterocarya stenoptera* C.DC	100	12	190	10	大河镇石佛寺村	石佛寺村委
3093	豫 RG414	枫杨	鬼柳 麻柳	*Pterocarya stenoptera* C.DC	110	17	190	12	朱庄乡后河村	后河村委
3094	豫 RG415	枫杨	鬼柳 麻柳	*Pterocarya stenoptera* C.DC	145	15	220	15	朱庄乡后河村	后河村委
3095	豫 RG416	枫杨	鬼柳 麻柳	*Pterocarya stenoptera* C.DC	170	15	250	10	朱庄乡后河村	后河村委
3096	豫 RG428	枫杨	鬼柳 麻柳	*Pterocarya stenoptera* C.DC	200	25	340	24	城郊乡刘湾村	刘湾村委
3097	豫 RG419	枫杨	鬼柳 麻柳	*Pterocarya stenoptera* C.DC	300	35	410	32	城郊乡刘湾村	刘湾村委
3098	豫 RG420	枫杨	鬼柳 麻柳	*Pterocarya stenoptera* C.DC	300	28	410	23	城郊乡刘湾村	刘湾村委
3099	豫 RG421	枫杨	鬼柳 麻柳	*Pterocarya stenoptera* C.DC	200	23	380	20	城郊乡刘湾村	刘湾村委
3100	豫 RG423	枫杨	鬼柳 麻柳	*Pterocarya stenoptera* C.DC	200	10	350	11	城郊乡刘湾村	刘湾村委
3101	豫 RG425	枫杨	鬼柳 麻柳	*Pterocarya stenoptera* C.DC	200	16	300	14	城郊乡刘湾村	刘湾村委
3102	豫 RG546	枫杨	鬼柳 麻柳	*Pterocarya stenoptera* C.DC	100	17	190	14	城郊乡西十里村	西十里村委
3103	豫 RG565	枫杨	鬼柳 麻柳	*Pterocarya stenoptera* C.DC	110	12	210	14	城郊乡吴湾村	吴湾村委
3104	豫 RG568	枫杨	鬼柳 麻柳	*Pterocarya stenoptera* C.DC	140	14	230	15	城郊乡吴湾村	吴湾村委
3105	豫 RG569	枫杨	鬼柳 麻柳	*Pterocarya stenoptera* C.DC	110	15	200	13	城郊乡金亭村	金亭村委
3106	豫 RG571	枫杨	鬼柳 麻柳	*Pterocarya stenoptera* C.DC	120	17	220	13	城郊乡金亭村	金亭村委
3107	豫 RG572	枫杨	鬼柳 麻柳	*Pterocarya stenoptera* C.DC	145	20	250	19	城郊乡金亭村	金亭村委
3108	豫 RG593	枫杨	鬼柳 麻柳	*Pterocarya stenoptera* C.DC	135	7	250	5	城郊乡金亭村	金亭村委
3109	豫 RG597	枫杨	鬼柳 麻柳	*Pterocarya stenoptera* C.DC	120	12	230	12	城郊乡金亭村	金亭村委
3110	豫 RG598	枫杨	鬼柳 麻柳	*Pterocarya stenoptera* C.DC	120	17	200	10	城郊乡西杨村	西杨村委
3111	豫 RG599	枫杨	鬼柳 麻柳	*Pterocarya stenoptera* C.DC	105	19	190	11	城郊乡西杨村	西杨村委
3112	豫 RG600	枫杨	鬼柳 麻柳	*Pterocarya stenoptera* C.DC	105	19	190	12	城郊乡西杨村	西杨村委
3113	豫 RG601	枫杨	鬼柳 麻柳	*Pterocarya stenoptera* C.DC	100	17	185	8	城郊乡西杨村	西杨村委
3114	豫 RG602	枫杨	鬼柳 麻柳	*Pterocarya stenoptera* C.DC	105	19	190	13	城郊乡西杨村	西杨村委
3115	豫 RG603	枫杨	鬼柳 麻柳	*Pterocarya stenoptera* C.DC	100	17	185	12	城郊乡西杨村	西杨村委
3116	豫 RG604	枫杨	鬼柳 麻柳	*Pterocarya stenoptera* C.DC	115	20	200	15	城郊乡西杨村	西杨村委

序号	编号	中文名	别 名	拉丁名	树龄（a）	树高（m）	胸围 / 地围（cm）	冠幅（m）	具体生长位置	管护单位（人）
3117	豫 RG605	枫杨	鬼柳 麻柳	*Pterocarya stenoptera* C.DC	130	16	220	15	城郊乡西杨村	西杨村委
3118	豫 RG606	枫杨	鬼柳 麻柳	*Pterocarya stenoptera* C.DC	150	17	240	13	城郊乡西杨村	西杨村委
3119	豫 RG610	枫杨	鬼柳 麻柳	*Pterocarya stenoptera* C.DC	200	3	320	3	城郊乡西杨村	西杨村委
3120	豫 RG611	枫杨	鬼柳 麻柳	*Pterocarya stenoptera* C.DC	210	4	340	3	城郊乡西杨村	西杨村委
3121	豫 RG628	枫杨	鬼柳 麻柳	*Pterocarya stenoptera* C.DC	160	16	190	12	城郊乡陈大庄	陈大庄村委
3122	豫 RG632	侧柏	鬼柳 麻柳	*Pterocarya stenoptera* C.DC	260	10	225	12	城郊乡金庄村	金庄村委
3123	豫 RG633	枫杨	鬼柳 麻柳	*Pterocarya stenoptera* C.DC	150	15	250	15	城郊乡金庄村	金庄村委
3124	豫 RG704	枫杨	鬼柳 麻柳	*Pterocarya stenoptera* C.DC	200	15	280	18	月河镇袁庄村	袁庄村委
3125	豫 RG858	枫杨	鬼柳 麻柳	*Pterocarya stenoptera* C.DC	120	18	200	14	吴城镇申铺村	申铺村委
3126	豫 RG859	枫杨	鬼柳 麻柳	*Pterocarya stenoptera* C.DC	105	18	190	13	吴城镇申铺村	申铺村委
3127	豫 RG879	枫杨	鬼柳 麻柳	*Pterocarya stenoptera* C.DC	120	16	220	14	毛集镇湖山村	湖山村委
3128	豫 RG886	枫杨	鬼柳 麻柳	*Pterocarya stenoptera* C.DC	100	19	190	15	毛集镇窦庄村	窦庄村委
3129	豫 RG905	枫杨	鬼柳 麻柳	*Pterocarya stenoptera* C.DC	100	18	300	16	回龙乡栗树村	栗树村委
3130	豫 RG923	枫杨	鬼柳 麻柳	*Pterocarya stenoptera* C.DC	120	24	230	13	回龙乡郭庄村	郭庄村委
3131	豫 GR925	枫杨	鬼柳 麻柳	*Pterocarya stenoptera* C.DC	110	17	250	16	回龙乡郭庄村	郭庄村委
3132	豫 RG958	枫杨	鬼柳 麻柳	*Pterocarya stenoptera* C.DC	200	18	250	9	城关镇西杨社区	景区管委会
3133	豫 RG959	枫杨	鬼柳 麻柳	*Pterocarya stenoptera* C.DC	200	20	275	11	城关镇西杨社区	景区管委会
3134	豫 RG960	枫杨	鬼柳 麻柳	*Pterocarya stenoptera* C.DC	200	18	230	13	城关镇西杨社区	景区管委会
3135	豫 GR933	青檀	檀树	*Pteroceltis tatarinowii* Maxim.	200	14	250	13	城关镇西杨社区	景区管委会
3136	豫 GR934	青檀	檀树	*Pteroceltis tatarinowii* Maxim.	200	13	160	13	城关镇西杨社区	景区管委会
3137	豫 GR935	青檀	檀树	*Pteroceltis tatarinowii* Maxim.	200	14	165	13	城关镇西杨社区	景区管委会
3138	豫 GR936	青檀	檀树	*Pteroceltis tatarinowii* Maxim.	200	13	180	11	城关镇西杨社区	景区管委会
3139	豫 GR937	青檀	檀树	*Pteroceltis tatarinowii* Maxim.	200	7	160	5	城关镇西杨社区	景区管委会
3140	豫 GR938	青檀	檀树	*Pteroceltis tatarinowii* Maxim.	200	15	265	16	城关镇西杨社区	景区管委会
3141	豫 GR939	青檀	檀树	*Pteroceltis tatarinowii* Maxim.	200	16	160	11	城关镇西杨社区	景区管委会
3142	豫 GR940	青檀	檀树	*Pteroceltis tatarinowii* Maxim.	150	10	130	12	城关镇西杨社区	景区管委会
3143	豫 GR941	青檀	檀树	*Pteroceltis tatarinowii* Maxim.	200	12	185	13	城关镇西杨社区	景区管委会
3144	豫 GR942	青檀	檀树	*Pteroceltis tatarinowii* Maxim.	200	14	150	11	城关镇西杨社区	景区管委会
3145	豫 GR943	青檀	檀树	*Pteroceltis tatarinowii* Maxim.	200	15	220	16	城关镇西杨社区	景区管委会
3146	豫 GR944	青檀	檀树	*Pteroceltis tatarinowii* Maxim.	200	14	165	10	城关镇西杨社区	景区管委会
3147	豫 GR945	青檀	檀树	*Pteroceltis tatarinowii* Maxim.	200	11	172	11	城关镇西杨社区	景区管委会
3148	豫 GR948	青檀	檀树	*Pteroceltis tatarinowii* Maxim.	200	11	160	9	城关镇西杨社区	景区管委会
3149	豫 GR949	青檀	檀树	*Pteroceltis tatarinowii* Maxim.	300	15	358	11	城关镇西杨社区	景区管委会
3150	豫 GR950	青檀	檀树	*Pteroceltis tatarinowii* Maxim.	200	13	165	10	城关镇西杨社区	景区管委会

序号	编号	中文名	别名	拉丁名	树龄（a）	树高（m）	胸围/地围（cm）	冠幅（m）	具体生长位置	管护单位（人）
3151	豫 GR951	青檀	檀树	*Pteroceltis tatarinowii* Maxim.	200	14	320	11	城关镇西杨社区	景区管委会
3152	豫 GR952	青檀	檀树	*Pteroceltis tatarinowii* Maxim.	200	19	230	9	城关镇西杨社区	景区管委会
3153	豫 RG19	葛花	葛条花	*Pueraria lobata*	110	9	45	9	埠江镇胡楼村	胡楼村委
3154	豫 RG97	葛花	葛条花	*Pueraria lobata*	800	14	110	12	淮源镇张庄村	张庄村委
3155	豫 RG13	麻栎	橡树	*Quercus acutissima* Carruth.	100	17	180	12	埠江镇胡楼村	胡楼村委
3156	豫 RG14	麻栎	橡树	*Quercus acutissima* Carruth.	160	19	260	13	埠江镇胡楼村	胡楼村委
3157	豫 RG15	麻栎	橡树	*Quercus acutissima* Carruth.	100	18	170	9	埠江镇胡楼村	胡楼村委
3158	豫 RG16	麻栎	橡树	*Quercus acutissima* Carruth.	100	19	180	10	埠江镇胡楼村	胡楼村委
3159	豫 RG17	麻栎	橡树	*Quercus acutissima* Carruth.	100	14	180	12	埠江镇胡楼村	胡楼村委
3160	豫 RG18	麻栎	橡树	*Quercus acutissima* Carruth.	100	16	170	9	埠江镇胡楼村	胡楼村委
3161	豫 RG276	麻栎	橡树	*Quercus acutissima* Carruth.	100	12	160	9	淮源镇龚庄村	龚庄村委
3162	豫 RG279	麻栎	橡树	*Quercus acutissima* Carruth.	170	15	180	15	淮源镇板桥村	板桥村委
3163	豫 RG280	麻栎	橡树	*Quercus acutissima* Carruth.	170	16	180	13	淮源镇板桥村	板桥村委
3164	豫 RG281	麻栎	橡树	*Quercus acutissima* Carruth.	180	13	180	13	淮源镇板桥村	板桥村委
3165	豫 RG282	麻栎	橡树	*Quercus acutissima* Carruth.	170	15	180	13	淮源镇板桥村	板桥村委
3166	豫 RG284	麻栎	橡树	*Quercus acutissima* Carruth.	180	11	190	12	淮源镇板桥村	板桥村委
3167	豫 RG285	麻栎	橡树	*Quercus acutissima* Carruth.	185	13	200	11	淮源镇板桥村	板桥村委
3168	豫 RG301	麻栎	橡树	*Quercus acutissima* Carruth.	105	15	190	12	淮源镇板桥村	板桥村委
3169	豫 RG302	麻栎	橡树	*Quercus acutissima* Carruth.	100	14	180	12	淮源镇板桥村	板桥村委
3170	豫 RG303	麻栎	橡树	*Quercus acutissima* Carruth.	105	13	170	12	淮源镇板桥村	板桥村委
3171	豫 RG962	麻栎	橡树	*Quercus acutissima* Carruth.	150	16	215	15	淮源镇淮源村	景区管委会
3172	豫 RG980	麻栎	橡树	*Quercus acutissima* Carruth.	100	19	190	13	淮源镇淮源村	景区管委会
3173	豫 RG982	麻栎	橡树	*Quercus acutissima* Carruth.	120	16	170	14	淮源镇淮源村	景区管委会
3174	豫 RG983	麻栎	橡树	*Quercus acutissima* Carruth.	100	15	168	14	淮源镇淮源村	景区管委会
3175	豫 RG359	麻栎	橡树	*Quercus acutissima* Carruth.	260	25	435	27	大河镇上河村	上河村委
3176	豫 RG360	麻栎	橡树	*Quercus acutissima* Carruth.	130	19	350	18	大河镇上河村	上河村委
3177	豫 RG361	麻栎	橡树	*Quercus acutissima* Carruth.	130	17	210	14	大河镇夹山村委	夹山村委
3178	豫 RG380	麻栎	橡树	*Quercus acutissima* Carruth.	100	13	180	11	大河镇夹山村	夹山村委
3179	豫 RG381	麻栎	橡树	*Quercus acutissima* Carruth.	110	13	190	12	大河镇夹山村	夹山村委
3180	豫 RG382	麻栎	橡树	*Quercus acutissima* Carruth.	110	13	190	12	大河镇夹山村	夹山村委
3181	豫 RG384	麻栎	橡树	*Quercus acutissima* Carruth.	105	15	190	16	大河镇夹山村	夹山村委
3182	豫 RG372	麻栎	橡树	*Quercus acutissima* Carruth.	110	19	200	13	大河镇石佛寺村	石佛寺村委
3183	豫 RG408	麻栎	橡树	*Quercus acutissima* Carruth.	240	19	320	26	朱庄乡响潭村	响潭村委
3184	豫 RG409	麻栎	橡树	*Quercus acutissima* Carruth.	200	21	280	27	朱庄乡响潭村	响潭村委

序号	编号	中文名	别名	拉丁名	树龄（a）	树高（m）	胸围/地围（cm）	冠幅（m）	具体生长位置	管护单位（人）
3185	豫 RG548	麻栎	橡树	*Quercus acutissima* Carruth.	130	16	200	15	城郊乡向庄村	向庄村委
3186	豫 RG549	麻栎	橡树	*Quercus acutissima* Carruth.	120	14	180	10	城郊乡向庄村	向庄村委
3187	豫 RG550	麻栎	橡树	*Quercus acutissima* Carruth.	130	16	190	14	城郊乡向庄村	向庄村委
3188	豫 RG551	麻栎	橡树	*Quercus acutissima* Carruth.	130	16	200	10	城郊乡向庄村	向庄村委
3189	豫 RG552	麻栎	橡树	*Quercus acutissima* Carruth.	115	20	200	16	城郊乡方家寨村	方家寨村委
3190	豫 RG553	麻栎	橡树	*Quercus acutissima* Carruth.	110	14	190	9	城郊乡方家寨村	方家寨村委
3191	豫 RG561	麻栎	橡树	*Quercus acutissima* Carruth.	120	19	200	20	城郊乡方家寨村	方家寨村委
3192	豫 RG562	麻栎	橡树	*Quercus acutissima* Carruth.	100	18	190	13	城郊乡方家寨村	方家寨村委
3193	豫 RG566	麻栎	橡树	*Quercus acutissima* Carruth.	110	14	195	14	城郊乡吴湾村	吴湾村委
3194	豫 RG567	麻栎	橡树	*Quercus acutissima* Carruth.	115	15	200	13	城郊乡吴湾村	吴湾村委
3195	豫 RG613	麻栎	橡树	*Quercus acutissima* Carruth.	165	18	220	16	城郊乡河坎村	河坎村委
3196	豫 RG618	麻栎	橡树	*Quercus acutissima* Carruth.	120	16	190	13	城郊乡河坎村	河坎村委
3197	豫 RG619	麻栎	橡树	*Quercus acutissima* Carruth.	150	16	230	16	城郊乡河坎村	河坎村委
3198	豫 RG626	麻栎	橡树	*Quercus acutissima* Carruth.	145	14	210	12	城郊乡陈大庄	陈大庄村委
3199	豫 RG627	麻栎	橡树	*Quercus acutissima* Carruth.	135	13	200	13	城郊乡陈大庄	陈大庄村委
3200	豫 RG629	麻栎	橡树	*Quercus acutissima* Carruth.	205	20	230	15	城郊乡陈大庄	陈大庄村委
3201	豫 RG630	麻栎	橡树	*Quercus acutissima* Carruth.	195	17	260	16	城郊乡陈大庄	陈大庄村委
3202	豫 RG637	麻栎	橡树	*Quercus acutissima* Carruth.	120	16	210	15	城郊乡胡家沟村	胡家沟村委
3203	豫 RG638	麻栎	橡树	*Quercus acutissima* Carruth.	100	15	190	12	城郊乡胡家沟村	胡家沟村委
3204	豫 RG645	麻栎	橡树	*Quercus acutissima* Carruth.	100	18	180	13	城郊乡西十里村	西十里村委
3205	豫 RG547	麻栎	橡树	*Quercus acutissima* Carruth.	140	14	240	8	城郊乡西十里村	西十里村委
3206	豫 RG653	麻栎	橡树	*Quercus acutissima* Carruth.	100	16	190	11	城郊乡西十里村	西十里村委
3207	豫 RG805	麻栎	橡树	*Quercus acutissima* Carruth.	110	15	200	11	月河镇沈庄村	沈庄村委
3208	豫 RG806	麻栎	橡树	*Quercus acutissima* Carruth.	130	19	240	15	月河镇沈庄村	沈庄村委
3209	豫 RG807	麻栎	橡树	*Quercus acutissima* Carruth.	130	18	260	15	月河镇沈庄村	沈庄村委
3210	豫 RG810	麻栎	橡树	*Quercus acutissima* Carruth.	110	18	230	15	月河镇徐寨村	徐寨村委
3211	豫 RG814	麻栎	橡树	*Quercus acutissima* Carruth.	200	19	395	21	吴城镇贾岗村	吴城镇贾岗村委
3212	豫 RG840	麻栎	橡树	*Quercus acutissima* Carruth.	105	16	180	7	吴城镇郭老庄村	老湾村委
3213	豫 RG841	麻栎	橡树	*Quercus acutissima* Carruth.	105	15	180	10	吴城镇郭老庄村	老湾村委
3214	豫 RG842	麻栎	橡树	*Quercus acutissima* Carruth.	102	17	180	14	吴城镇郭老庄村	老湾村委
3215	豫 RG843	麻栎	橡树	*Quercus acutissima* Carruth.	105	17	180	12	吴城镇郭老庄村	老湾村委
3216	豫 RG851	麻栎	橡树	*Quercus acutissima* Carruth.	120	18	210	17	吴城镇郭老庄村	老湾村委
3217	豫 RG854	麻栎	橡树	*Quercus acutissima* Carruth.	120	18	200	16	吴城镇申铺村	申铺村委
3218	豫 RG855	麻栎	橡树	*Quercus acutissima* Carruth.	105	17	180	12	吴城镇申铺村	申铺村委

序号	编号	中文名	别 名	拉丁名	树龄（a）	树高（m）	胸围 / 地围（cm）	冠幅（m）	具体生长位置	管护单位（人）
3219	豫 RG856	麻栎	橡树	*Quercus acutissima* Carruth.	105	17	185	13	吴城镇申铺村	申铺村委
3220	豫 RG885	麻栎	橡树	*Quercus acutissima* Carruth.	110	24	205	15	毛集镇毛寨村	毛寨村委
3221	豫 RG889	麻栎	橡树	*Quercus acutissima* Carruth.	100	14	185	11	毛集镇窦庄村	窦庄村委
3222	豫 RG896	麻栎	橡树	*Quercus acutissima* Carruth.	100	17	190	14	毛集镇窦庄村	窦庄村委
3223	豫 RG897	麻栎	橡树	*Quercus acutissima* Carruth.	100	15	170	13	毛集镇窦庄村	窦庄村委
3224	豫 RG899	麻栎	橡树	*Quercus acutissima* Carruth.	160	21	290	26	回龙乡何庄村	何庄村委
3225	豫 RG900	麻栎	橡树	*Quercus acutissima* Carruth.	200	22	295	24	回龙乡赵庄村	赵庄村委
3226	豫 RG907	麻栎	橡树	*Quercus acutissima* Carruth.	200	24	320	26	回龙乡杨集村	杨集村委
3227	豫 RG908	麻栎	橡树	*Quercus acutissima* Carruth.	180	21	295	17	回龙乡杨集村	杨集村委
3228	豫 RG909	麻栎	橡树	*Quercus acutissima* Carruth.	150	19	230	17	回龙乡杨集村	杨集村委
3229	豫 RG911	麻栎	橡树	*Quercus acutissima* Carruth.	200	23	310	30	回龙乡杨集村	杨集村委
3230	豫 RG912	麻栎	橡树	*Quercus acutissima* Carruth.	200	21	295	22	回龙乡杨集村	杨集村委
3231	豫 RG913	麻栎	橡树	*Quercus acutissima* Carruth.	120	15	205	13	回龙乡杨集村	杨集村委
3232	豫 RG916	麻栎	橡树	*Quercus acutissima* Carruth.	150	18	240	12	回龙乡汪大庄	汪大庄村委
3233	豫 RG917	麻栎	橡树	*Quercus acutissima* Carruth.	150	17	215	14	回龙乡汪大庄	汪大庄村委
3234	豫 RG918	麻栎	橡树	*Quercus acutissima* Carruth.	150	16	215	18	回龙乡汪大庄	汪大庄村委
3235	豫 RG919	麻栎	橡树	*Quercus acutissima* Carruth.	110	18	205	13	回龙乡汪大庄	汪大庄村委
3236	豫 RG920	麻栎	橡树	*Quercus acutissima* Carruth.	150	18	210	14	回龙乡汪大庄	汪大庄村委
3237	豫 GR930	麻栎	橡树	*Quercus acutissima* Carruth.	300	23	300	15	回龙乡梁岗村	梁岗村委
3238	豫 GR932	麻栎	橡树	*Quercus acutissima* Carruth.	160	17	225	17	回龙乡梁岗村	梁岗村委
3239	豫 RG995	栓皮栎	花栎 软木栎	*Quercus variabilis* Bl.	300	15	285	12	淮源镇淮源村	景区管委会
3240	豫 RG1	圆柏	扁柏	*Sabina chinensis* (L.) Ant.	1100	16	365	15	埠江镇李营村	李营村委
3241	豫 RG2	圆柏	扁柏	*Sabina chinensis* (L.) Ant.	1100	15	360	14	埠江镇李营村	李营村委
3242	豫 RG635	圆柏	扁柏	*Sabina chinensis* (L.) Ant.	150	8	120	7	城郊乡胡家沟村	胡家沟村委
3243	豫 RG659	圆柏	扁柏	*Sabina chinensis* (L.) Ant.	1000	13	440	12	城关镇大同社区	大同社区
3244	豫 RG20	圆柏	刺柏、柏树	*Sabina chinensis* (L.) Ant.	500	14	185	11	平氏镇计庄村	计庄村委
3245	豫 RG296	圆柏	刺柏、柏树	*Sabina chinensis* (L.) Ant.	320	9	110	4	淮源镇板桥村	板桥村委
3246	豫 RG297	圆柏	刺柏、柏树	*Sabina chinensis* (L.) Ant.	320	8	110	3	淮源镇板桥村	板桥村委
3247	豫 RG298	圆柏	刺柏、柏树	*Sabina chinensis* (L.) Ant.	280	8	100	3	淮源镇板桥村	板桥村委
3248	豫 RG652	圆柏	刺柏、柏树	*Sabina chinensis* (L.) Ant.	110	9	130	6	城郊乡西十里村	西十里村委
3249	豫 RG29	腺柳	红叶柳	*Salix chaenomeloides* kimura	300	12	410	19	程湾镇艾庄村	艾庄村委
3250	豫 RG31	旱柳	柳树	*Salix matsudana* Koidz.	110	15	240	16	程湾镇和湾村	和湾村委
3251	豫 RG300	旱柳	柳树	*Salix matsudana* Koidz.	170	10	350	17	淮源镇板桥村	板桥村委
3252	豫 RG669	旱柳	柳树	*Salix matsudana* Koidz.	100	13	190	12	城关镇东环社区	东环社区

序号	编号	中文名	别名	拉丁名	树龄(a)	树高(m)	胸围/地围(cm)	冠幅(m)	具体生长位置	管护单位(人)
3253	豫 RG671	旱柳	柳树	*Salix matsudana* Koidz.	100	13	176	14	城关镇东环社区	东环社区
3254	豫 RG820	乌桕	木子树 腊子树	*Sapium sebiferum* (L.) Roxb.	120	9	160		吴城镇牧场村	周发勇
3255	豫 RG821	乌桕	木子树 腊子树	*Sapium sebiferum* (L.) Roxb.	130	7	155		吴城镇牧场村	周发勇
3256	豫 RG822	乌桕	木子树 腊子树	*Sapium sebiferum* (L.) Roxb.	130	10	150		吴城镇牧场村	周发勇
3257	豫 RG824	乌桕	木子树 腊子树	*Sapium sebiferum* (L.) Roxb.	120	10	155		吴城镇牧场村	周发勇
3258	豫 RG825	乌桕	木子树 腊子树	*Sapium sebiferum* (L.) Roxb.	130	9	155		吴城镇牧场村	周发勇
3259	豫 RG636	乌桕	木子树 腊子树	*Sapium sebiferum* (L.) Roxb.	120	6	140	6	城郊乡胡家沟村	胡家沟村委
3260	豫 RG60	乌桕	木子树 腊子树	*Sapium sebiferum* (L.) Roxb.	110	14	160	12	程湾镇曹河村	曹河村委
3261	豫 RG330	乌桕	木子树 腊子树	*Sapium sebiferum* (L.) Roxb.	120	6	150	2	淮源镇仓房村	仓房村委
3262	豫 RG98	乌桕	木子树 腊子树	*Sapium sebiferum* (L.) Roxb.	800	14	140	12	淮源镇张庄村	张庄村委
3263	豫 RG84	紫柳	红叶柳	*seem Salix* wilsonii Seemen	100	10	270	15	淮源镇三王庙村	三王庙村委
3264	豫 RG581	紫柳	红叶柳	*seem Salix* wilsonii Seemen	105	11	190		城郊乡金亭村	金亭村委
3265	豫 RG582	紫柳	红叶柳	*seem Salix* wilsonii Seemen	100	10	170	9	城郊乡金亭村	金亭村委
3266	豫 RG584	紫柳	红叶柳	*seem Salix* wilsonii Seemen	120	5	190	3	城郊乡金亭村	金亭村委
3267	豫 RG580	紫柳	红叶柳	*seem Salix* wilsonii Seemen	100	8	160	7	城郊乡金亭村	金亭村委
3268	豫 RG639	紫柳	红叶柳	*seem Salix* wilsonii Seemen	160	15	300	16	城郊乡胡家沟村	胡家沟村委
3269	豫 RG640	紫柳	红叶柳	*seem Salix* wilsonii Seemen	100	14	180	6	城郊乡胡家沟村	胡家沟村委
3270	豫 RG646	紫柳	红叶柳	*seem Salix* wilsonii Seemen	115	10	210	12	城郊乡西十里村	西十里村委
3271	豫 RG657	紫柳	红叶柳	*seem Salix* wilsonii Seemen	120	8	245	11	城关镇西杨社区	西杨社区
3272	豫 RG658	紫柳	红叶柳	*seem Salix* wilsonii Seemen	120	8	210	8	城关镇西杨社区	西杨社区
3273	豫 RG663	紫柳	红叶柳	*seem Salix* wilsonii Seemen	150	13	200	17	城关镇西杨社区	西杨社区
3274	豫 RG664	紫柳	红叶柳	*seem Salix* wilsonii Seemen	150	13	180	16	城关镇西杨社区	西杨社区
3275	豫 RG670	紫柳	红叶柳	*seem Salix* wilsonii Seemen	100	12	150	11	城关镇东环社区	东环社区
3276	豫 RG877	紫柳	红叶柳	*seem Salix* wilsonii Seemen	120	7	180	8	毛集镇王湾村	王湾村委
3277	豫 RG878	紫柳	红叶柳	*seem Salix* wilsonii Seemen	100	9	160	7	毛集镇王湾村	王湾村委
3278	豫 GR924	紫柳	红叶柳	*seem Salix* wilsonii Seemen	150	14	260	10	回龙乡郭庄村	郭庄村委
3279	豫 RG21	槐	槐树、豆槐	*Sophora japonica* Linn	300	9	185	8	平氏镇雷庄村	雷庄村委
3280	豫 RG25	槐	槐树、豆槐	*Sophora japonica* Linn	300	14	170	12	平氏镇小河塘村	小河塘村委
3281	豫 RG30	槐	槐树、豆槐	*Sophora japonica* Linn	100	8	200	6	程湾镇和湾村	和湾村委
3282	豫 RG32	槐	槐树、豆槐	*Sophora japonica* Linn	110	13	190	10	程湾镇石头庄村	石头庄村委
3283	豫 RG44	槐	槐树、豆槐	*Sophora japonica* Linn	100	12	190	11	程湾镇石头庄村	石头庄村委
3284	豫 RG88	槐	槐树、豆槐	*Sophora japonica* Linn	200	14	110	10	淮源镇淮源村	淮源村委
3285	豫 RG329	槐	槐树、豆槐	*Sophora japonica* Linn	120	6	170	5	淮源镇仓房村	仓房村委
3286	豫 RG339	槐	槐树、豆槐	*Sophora japonica* Linn	280	16	195	11	淮源镇仓房村	仓房村委

序号	编号	中文名	别 名	拉丁名	树龄（a）	树高（m）	胸围/地围（cm）	冠幅（m）	具体生长位置	管护单位（人）
3287	豫 RG554	槐	槐树、豆槐	*Sophora japonica* Linn	120	12	180	9	城郊乡方家寨村	方家寨村委
3288	豫 RG563	槐	槐树、豆槐	*Sophora japonica* Linn	270	5	170	8	城郊乡方家寨村	方家寨村委
3289	豫 RG612	槐	槐树、豆槐	*Sophora japonica* Linn	260	12	200	10	城郊乡河坎村	河坎村委
3290	豫 RG675	槐	槐树、豆槐	*Sophora japonica* Linn	100	6	150	6	城关镇东环社区	东环社区
3291	豫 RG697	槐	槐树、豆槐	*Sophora japonica* Linn	140	8	170	5	城关镇东环社区	东环社区
3292	豫 RG882	槐	槐树、豆槐	*Sophora japonica* Linn	110	20	210	15	毛集镇毛寨村	毛寨村委
3293	豫 RG903	槐	槐树、豆槐	*Sophora japonica* Linn	300	11	230	8	回龙乡桑树湾村	桑树湾村委
3294	豫 RG904	槐	槐树、豆槐	*Sophora japonica* Linn	400	8	275	9	回龙乡桑树湾村	桑树湾村委
3295	豫 RG914	槐	槐树、豆槐	*Sophora japonica* Linn	120	11	235	11	回龙乡汪大庄	汪大庄村委
3296	豫 RG922	槐	槐树、豆槐	*Sophora japonica* Linn	350	15	375	14	回龙乡郭庄村	郭庄村委
3297	豫 RG28	金桂	桂花	*Sweet Tea* Olive	1200	13	270	14	程湾乡石头庄村	石头庄村委
3298	豫 RG875	金桂	桂花	*Sweet Tea* Olive	110	17	190	8	毛集镇王湾村	王湾村委
3299	豫 RG874	金桂	桂花	*Sweet Tea* Olive	100	9	145	7	毛集镇王湾村	王湾村委
3300	豫 RG89	榔榆	赤肚榆	*Ulmus parvifolia* Jacq.	120	8	110	5	淮源镇淮源村	淮源村委
3301	豫 RG881	榔榆	赤肚榆	*Ulmus parvifolia* Jacq.	100	22	210	13	毛集镇毛寨村	毛寨村委
3302	豫 RG883	白榆	家榆、榆钱	*Ulmus pumila* L.	110	17	180	13	毛集镇毛寨村	毛寨村委
3303	豫 RG11	榆树	家榆	*Ulmus pumila* L.	100	15	190	12	埠江镇胡楼村	胡楼村委
3304	豫 RG887	榆树	家榆	*Ulmus pumila* L.	120	19	210	14	毛集镇窦庄村	窦庄村委
3305	豫 RG888	榆树	家榆	*Ulmus pumila* L.	110	12	165	11	毛集镇窦庄村	窦庄村委
3306	豫 RG71	榆树	家榆	*Ulmus pumila* L.	700	18	180	12	新集乡杨湾村	杨湾村委
3307	豫 RG641	榆树	家榆	*Ulmus pumila* L.	100	16	150	14	城郊乡胡家沟村	胡家沟村委
3308	豫 RG642	榆树	家榆	*Ulmus pumila* L.	100	5	120	4	城郊乡胡家沟村	胡家沟村委
3309	豫 RG699	榆树	家榆	*Ulmus pumila* L.	100	17	190	14	城关镇淮庙社区	淮庙社区
3310	豫 RG700	榆树	家榆	*Ulmus pumila* L.	100	16	190	11	城关镇淮庙社区	淮庙社区
3311	豫 RG701	榆树	家榆	*Ulmus pumila* L.	125	18	220	11	城关镇淮庙社区	淮庙社区
3312	豫 RG702	榆树	家榆	*Ulmus pumila* L.	140	15	220	13	城关镇东风社区	淮庙社区
3313	豫 GR946	榉树	大叶榉	*Zelkova serrata* (Thunb.) Makino	250	26	210	13	城关镇西杨社区	景区管委会
3314	豫 RG86	柞木	刺冬青	*Xylosma racemosum* (Sieb. et Zucc.) Miq.	100	7	95	7	淮源镇淮源村	淮源村委
3315	豫 RG90	柞木	刺冬青	*Xylosma racemosum* (Sieb. et Zucc.) Miq.	100	8	100	4	淮源镇淮源村	淮源村委

第五篇

索引表

分树种索引表

一、树种目录

二、索引表

A

索引说明
示例：石头庄村（11）2310–2320（359）表示：（11）某树种在该乡镇分布的总数量；2310–2320 表示该部分树种在古树名木表中的排列序号；（359）表示该部分树种在古树名木表中的排列页码

君迁子

E

香果树

小果冬青

H

白绣球

I

冬青

J

核桃

胡桃

刺柏

化香树

侧柏

青檀

槲栎

栎树

巴东栎

短柄枹栎

栓皮栎

R

杜鹃花

S

圆柏

柳树

腺柳